21世纪高等学校规划教材 | 计算机应用

C语言程序设计

刘韶涛 潘秀霞 应晖 编著

清华大学出版社
北京

内容简介

本书共分12章。内容包括程序设计概述，C语言概述，基本数据类型、运算符和表达式，顺序结构程序设计，选择结构程序设计，循环结构程序设计，数组，函数，指针，编译预处理，结构体、共用体与枚举类型和文件等。

本书适合作为高等学校非计算机专业C语言程序设计课程教材，也可作为程序开发人员的参考书。

图书在版编目(CIP)数据

C语言程序设计/刘韶涛等编著. —北京：清华大学出版社，2011.1
(21世纪高等学校规划教材・计算机应用)
ISBN 978-7-302-23944-4

Ⅰ. ①C… Ⅱ. ①刘… Ⅲ. ①C语言—程序设计 Ⅳ. ①TP312

中国版本图书馆CIP数据核字(2010)第197586号

责任编辑：魏江江 顾 冰
责任校对：时翠兰
责任印制：李红英
出版发行：清华大学出版社 **地 址**：北京清华大学学研大厦A座
http://www.tup.com.cn **邮 编**：100084
社 总 机：010-62770175 **邮 购**：010-62786544
投稿与读者服务：010-62795954，jsjjc@tup.tsinghua.edu.cn
质 量 反 馈：010-62772015，zhiliang@tup.tsinghua.edu.cn
印 刷 者：北京富博印刷有限公司
装 订 者：北京市密云县京文制本装订厂
经 销：全国新华书店
开 本：185×260 **印 张**：18.5 **字 数**：446千字
版 次：2011年1月第1版 **印 次**：2011年1月第1次印刷
印 数：1～4000
定 价：29.50元

产品编号：033353-01

编审委员会成员

（按地区排序）

出版说明

随着我国改革开放的进一步深化，高等教育也得到了快速发展，各地高校紧密结合地方经济建设发展需要，科学运用市场调节机制，加大了使用信息科学等现代科学技术提升、改造传统学科专业的投入力度，通过教育改革合理调整和配置了教育资源，优化了传统学科专业，积极为地方经济建设输送人才，为我国经济社会的快速、健康和可持续发展以及高等教育自身的改革发展做出了巨大贡献。但是，高等教育质量还需要进一步提高以适应经济社会发展的需要，不少高校的专业设置和结构不尽合理，教师队伍整体素质亟待提高，人才培养模式、教学内容和方法需要进一步转变，学生的实践能力和创新精神亟待加强。

教育部一直十分重视高等教育质量工作。2007 年 1 月，教育部下发了《关于实施高等学校本科教学质量与教学改革工程的意见》，计划实施"高等学校本科教学质量与教学改革工程(简称'质量工程')"，通过专业结构调整、课程教材建设、实践教学改革、教学团队建设等多项内容，进一步深化高等学校教学改革，提高人才培养的能力和水平，更好地满足经济社会发展对高素质人才的需要。在贯彻和落实教育部"质量工程"的过程中，各地高校发挥师资力量强、办学经验丰富、教学资源充裕等优势，对其特色专业及特色课程(群)加以规划、整理和总结，更新教学内容、改革课程体系，建设了一大批内容新、体系新、方法新、手段新的特色课程。在此基础上，经教育部相关教学指导委员会专家的指导和建议，清华大学出版社在多个领域精选各高校的特色课程，分别规划出版系列教材，以配合"质量工程"的实施，满足各高校教学质量和教学改革的需要。

为了深入贯彻落实教育部《关于加强高等学校本科教学工作，提高教学质量的若干意见》精神，紧密配合教育部已经启动的"高等学校教学质量与教学改革工程精品课程建设工作"，在有关专家、教授的倡议和有关部门的大力支持下，我们组织并成立了"清华大学出版社教材编审委员会"(以下简称"编委会")，旨在配合教育部制定精品课程教材的出版规划，讨论并实施精品课程教材的编写与出版工作。"编委会"成员皆来自全国各类高等学校教学与科研第一线的骨干教师，其中许多教师为各校相关院、系主管教学的院长或系主任。

按照教育部的要求，"编委会"一致认为，精品课程的建设工作从开始就要坚持高标准、严要求，处于一个比较高的起点上；精品课程教材应该能够反映各高校教学改革与课程建设的需要，要有特色风格、有创新性(新体系、新内容、新手段、新思路，教材的内容体系有较高的科学创新、技术创新和理念创新的含量)、先进性(对原有的学科体系有实质性的改革和发展，顺应并符合 21 世纪教学发展的规律，代表并引领课程发展的趋势和方向)、示范性(教材所体现的课程体系具有较广泛的辐射性和示范性)和一定的前瞻性。教材由个人申报或各校推荐(通过所在高校的"编委会"成员推荐)，经"编委会"认真评审，最后由清华大学出版社审定出版。

目前，针对计算机类和电子信息类相关专业成立了两个“编委会”，即“清华大学出版社计算机教材编审委员会”和“清华大学出版社电子信息教材编审委员会”。推出的特色精品教材包括：

（1）21世纪高等学校规划教材·计算机应用——高等学校各类专业，特别是非计算机专业的计算机应用类教材。

（2）21世纪高等学校规划教材·计算机科学与技术——高等学校计算机相关专业的教材。

（3）21世纪高等学校规划教材·电子信息——高等学校电子信息相关专业的教材。

（4）21世纪高等学校规划教材·软件工程——高等学校软件工程相关专业的教材。

（5）21世纪高等学校规划教材·信息管理与信息系统。

（6）21世纪高等学校规划教材·财经管理与计算机应用。

（7）21世纪高等学校规划教材·电子商务。

清华大学出版社经过二十多年的努力，在教材尤其是计算机和电子信息类专业教材出版方面树立了权威品牌，为我国的高等教育事业做出了重要贡献。清华版教材形成了技术准确、内容严谨的独特风格，这种风格将延续并反映在特色精品教材的建设中。

清华大学出版社教材编审委员会

联系人：魏江江

E-mail：weijj@tup.tsinghua.edu.cn

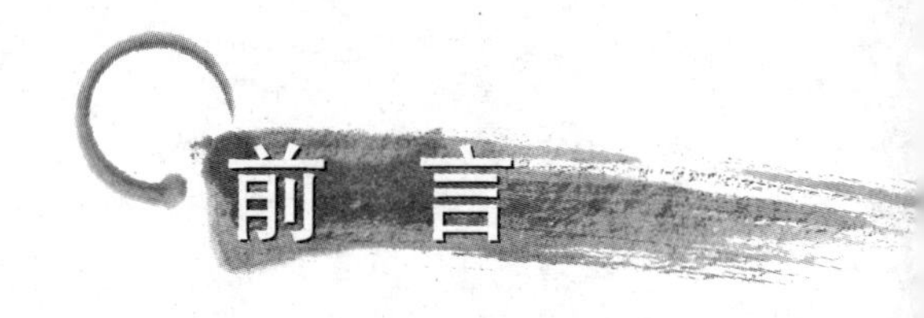

前言

C语言以其简洁、灵活、高效和实用的特点，至今普遍用于软件项目的开发之中。但是，对于大多数的读者，特别是对于非计算机专业的读者，要学好和用好C语言来解决实际的问题，并不是很容易的事情。我们在多年的教学实践中发现，许多读者在学完C程序设计课程之后，对C语言的基本概念、基本方法和基本应用等都模糊不清或者理解不透，他们未能很好地理解C语言基本概念的内涵，不会灵活运用所学基本知识去解决常见的实际问题，而且普遍存在上机调试程序的能力较差。为此，我们组织了多名在C语言教学一线的教师，根据我们积累多年的实际教学经验，经过细心筛选，整理和编著了这本《C语言程序设计》教材。

怎么让初学者能逐步理解和掌握C语言程序设计的基本概念、基本方法和基本应用？怎么让具有C语言编程基础的读者能深入理解C的内涵，提高应用C解决实际问题的能力？这是我们编写教材中始终考虑的两个问题。编写过程中，我们力求突出C语言的应用重点和难点，而不过多涉及其语法细节；引导读者养成良好的程序设计风格和培养程序设计的基本思路，让读者能理解和逐步掌握解决问题的方法，以达到触类旁通的效果；尽量把教学实践中学生学习中的问题反映到教材编写中，并加以解决；本书着重应用，对相关概念的阐述追求精练、准确、通俗易懂；在应用举例中，尽量偏重经典实用、富有趣味性。同时，强调前后章节例题的连贯、统一和逐步提升；增加程序设计基础知识等内容的阐述，使读者对程序设计的概念具有较为全面的认识。

本书适合多层次读者的要求，既能作为初学者学习C语言的教材，也能满足对C语言有较深认识和理解的读者的要求；既可以作为学生学习C语言的教材，也可以作为讲授C程序设计的教师的教学参考书。每章都有基本内容和重点内容的说明，对所有例题都做了详细的分析和讨论，所有例程都在Turbo C 2.0和Visual C++ 6.0集成环境下调试通过。

与本书配套的《C语言程序设计学习指导与上机实践》一书，对本书各章的重点和难点内容加以阐释和举例，并以较大的篇幅介绍了Turbo C和Visual C++集成开发环境的使用和程序的调试方法，以及各章的实验内容安排。

本书由刘韶涛副教授主编并审阅。其中第1～4章由潘秀霞编写，第5、6、11、12章由应晖编写，第7～10章由刘韶涛编写。范慧琳副教授对本书的编写给予了全程的指导和关心，并给出了很多建设性的意见和建议。华侨大学教务处和计算机科学与技术学院，也对本书的编写给予了大力的支持，在此一并表示衷心的感谢！

由于时间仓促，加上编者水平有限，书中难免存在不妥与错误之处，恳请读者批评指正。

编　者

2010年7月25日

目 录

第1章 程序设计概述

基本内容

- 计算机系统的基础知识；
- 数据在内存中的存储；
- 程序设计语言基础知识；
- 高级语言编写程序的过程；
- 算法和数据结构的基础知识；
- 结构化程序设计的基本概念。

重点内容

- 数据在内存中的存储特性；
- 程序设计语言的基础知识和高级语言编写程序的过程；
- 算法和数据结构的基本概念；
- 结构化程序设计的基本概念。

本书介绍高级语言程序设计的基础知识以及使用C语言进行程序设计的方法。通过学习，读者能够知道怎样编写一个C语言程序，并且能够用结构化程序设计的方法编写结构清晰、数据结构和算法不太复杂的程序。本书前4章介绍计算机系统、程序设计和C语言程序设计的基础知识，穿插结构化程序设计的内容。这几章可为以后进一步学习C语言程序设计打下坚实的基础。

本章将介绍和计算机程序设计有关的概念。读者将学习计算机系统的组成以及计算机硬件和软件的关系。通过了解程序设计语言的简史，理解程序设计语言的进化以及C程序语言的历史背景和地位。接着将描述如何编写一个程序，考察所使用的工具和涉及的步骤。然后再对一种程序设计方法进行概述，包括应用计算机求解问题的过程，算法的表示和结构化程序设计方法等。

大多数人都知道计算机能完成人工难以完成的工作，本章要向读者介绍计算机要完成这些工作的整个过程。

首先，来看看计算机是如何工作的，然后看看要进行程序设计需要做哪些工作。

1.1 计算机系统

自1946年第一台电子计算机ENIAC诞生以来，至今已有60多年的历史。虽然电子计算机在外形、性能和应用领域等方面发生了巨大的变化，但是至今的电子计算机仍然沿用冯·诺依曼通用计算机的思想。

(1) 计算机硬件由 5 大部件组成：运算器、控制器、存储器、输入和输出设备。

(2) 采用二进制形式表示计算机的指令和数据。

(3) “存储程序与程序控制”的思想：将程序(由一系列指令组成)和数据存放在存储器中,并由计算机自动地执行程序。

图 1-1 是计算机的工作过程,也就是应用计算机求解问题、执行程序的过程。首先将事先设计好的程序通过系统的输入设备,并在操作系统的统一控制下将程序送入内存储器。控制器通过程序指令的一步步执行来处理数据。最终执行的结果再由输出设备输出。

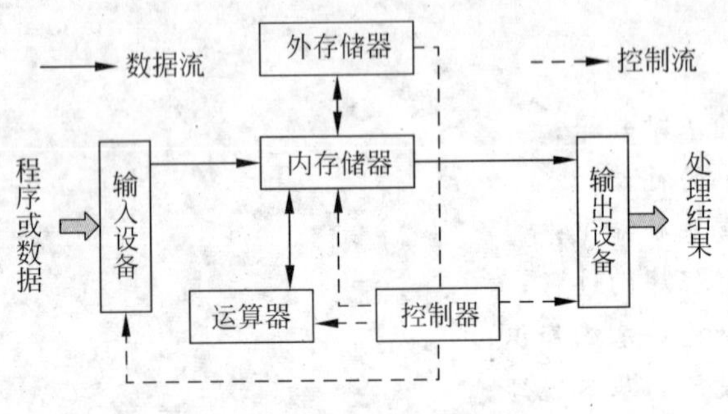

图 1-1 计算机的工作过程

1.1.1 计算机硬件

计算机硬件系统是指所有构成计算机的物理实体,包括计算机系统中的一切电子、机械和光电设备等。计算机硬件的 5 个部分：输入设备、中央处理器(CPU,包括控制器和运算器)、主存储器、输出设备以及辅助存储设备,如图 1-2 所示。

图 1-2 计算机硬件系统

输入设备通常是键盘,它将程序和数据输入到计算机。其他的输入设备有鼠标、书写笔、触摸屏或基于声音的输入设备等。

CPU 负责执行算术、数据比较、移动数据(至系统中的不同位置)等指令。

主存储器，也称主存或内存，是在处理过程中临时存放数据或程序的场所。当关闭个人计算机或从一台分时计算机退出时，主存的数据会被删除。

输出设备通常是呈现输出信息的显示器或打印机。呈现在显示器上的输出信息称为软拷贝，打印机打印出的信息则称为硬拷贝。

辅助存储器，也称为外存，用于输入及输出，它是程序和数据的永久存放之处。当关闭计算机时，程序和数据仍然存放于辅助存储器中，并为其后的需要做好准备。

1.1.2 计算机软件

计算机软件系统是计算机运行时所需的各种程序、数据及其相关文档的总称。不管硬件系统体系结构如何，计算机软件系统可以分为两个部分：系统软件和应用软件。系统软件管理计算机资源，是硬件和用户间的接口，但不直接服务于用户的需求。应用软件则直接负责帮助用户解决问题。图 1-3 是计算机软件的类型图。

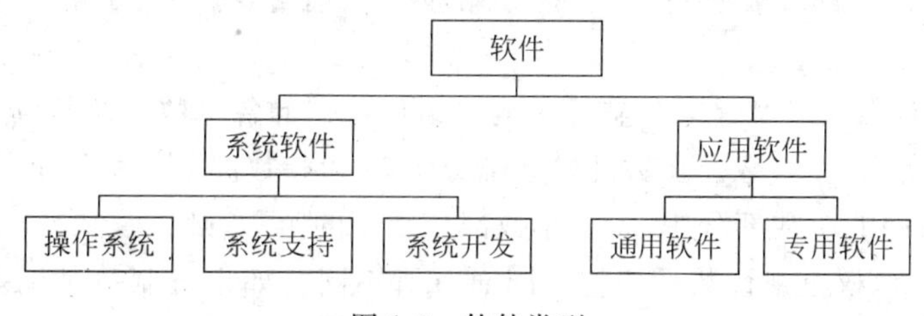

图 1-3　软件类型

系统软件包括管理计算机硬件资源和执行信息处理任务时所需的程序。这些程序可分为操作系统、系统支持和系统开发软件。操作系统提供了诸如用户界面、文件和数据库存取以及通信协议等功能。这种软件的主要目的是使系统以一种有效的方式运行，同时允许用户访问系统。系统支持软件提供了系统工具和其他的运作服务。系统工具的实例包括排序程序和磁盘格式化程序等。运作服务则包括为保护系统和数据而给系统操作员和安全监控器提供系统性能统计数据的程序等。系统开发软件包括将程序翻译为可执行的机器语言的翻译器，保证程序免于错误的调试工具和计算机辅助软件工程(CASE)等。

应用软件分为两类：通用软件和专用软件。通用软件购买于软件开发商，可以用于多个应用。例如，字处理软件、数据库管理系统和计算机辅助设计系统等。它们被称为通用软件是因为它们能帮助用户解决多种计算机的普遍应用问题。专用软件仅被用于特定的目的。例如会计师使用的分户总账系统，建筑商使用的材料需求规划系统。它们仅用于设计时指定的任务，不能应用于其他的一般性任务。

图 1-4 展示了系统软件和应用软件之间的关系。图中的圈表示界面，内部核心是硬件，用户位于外层。使用系统时，一般用户使用的是应用软件，应用软件和位于系统软件层的操作系统交互，

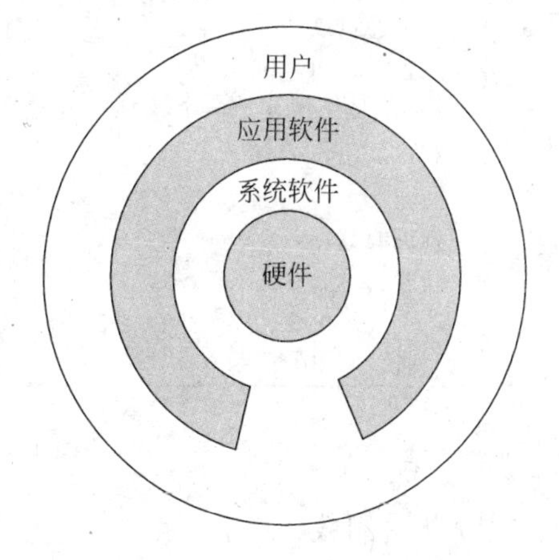

图 1-4　系统软件和应用软件之间的关系

而系统软件则提供了和硬件直接交互的能力。同时,用户在需要时可通过底部开口直接和操作系统交互。

如果用户买不到能满足需要的软件,那么就需要定制开发他们需要的软件。本书讲授的C语言就是当今众多软件开发工具中的一种。

1.1.3 计算机计数系统

1. 数制及其转换

计算机的数据和指令都是由二进制表示的。任何数据在计算机内部都要转换成二进制。

在计算机应用中,可使用多种计数系统。计算机本身使用二进制(基为2)。二进制系统在每个数位上只能有两种值,即0和1。程序员使用十六进制(基为16)和八进制(基为8)作为速记符号来表示二进制数。当然,程序员也可使用十进制(基为10)。所有这些进制在C语言程序设计中都会被使用,为了更好地理解C语言,有必要了解一些计算机计数的基本知识。

这里的所有计数系统都是与位置相关的。组成数据的各个数符及其位置决定了该数据的值。如图1-5所示,在整数及实数的整数部分中,n为整数部分数字的个数,那么位置从0到$n-1$。在实数中的小数部分中,m为小数部分数字的个数,则位置从-1到$-m$。每个位置被分配一个权重,权重视计数系统的不同而有所不同。如十进制数是以10为基,二进制是以2为基。

十进制数

位置:3 2 1 0 −1 −2

1 2 3 5. 4 5 $=1\times10^3+2\times10^2+3\times10^1+5\times10^0+4\times10^{-1}+5\times10^{-2}$

权重:10^3 10^2 10^1 10^0 10^{-1} 10^{-2}

二进制数

位置:3 2 1 0 −1 −2 −3

1 0 1 1. 0 0 1 $=1\times2^3+0\times2^2+1\times2^1+1\times2^0+0\times2^{-1}+0\times2^{-2}+1\times2^{-3}$

权重:2^3 2^2 2^1 2^0 2^{-1} 2^{-2} 2^{-3}

十六进制数

位置:2 1 0

A 0 E $=10\times16^2+0\times16^1+14\times16^0$

权重:16^2 16^1 16^0

八进制数

位置:2 1 0

7 0 5 $=7\times8^2+0\times8^1+5\times8^0$

权重:8^2 8^1 8^0

图1-5 各种计数系统的权重

1) 十进制数

十进制系统使用10个符号来表达数量值:0、1、2、3、4、5、6、7、8和9。每个权重是以

10 为底数，以其位置为指数所得的幂。在位置－1 上的符号，其权重为 10^{-1}；在位置 0 上的符号，其权重为 10^{0}；在位置 1 上的符号，其权重为 10^{1}；等等。

2）二进制数

二进制系统提供了所有计算机操作的基础。它使用两个符号：0 和 1。在二进制系统中，每个权重等于以 2 为底数，以其位置为指数所得的幂。在位置－1 上的符号，其权重为 2^{-1}；在位置 0 上的符号，其权重为 2^{0}；等等。

二进制数转换成十进制数是将每个数字乘以它的权重，并将所有加权后的结果相加。如二进制数 1001110.101 转换成等值的十进制数 78.625。

十进制数转换成二进制数的方法是将整数部分除以 2，写下余数，最先出现的余数成为二进制数中最低位数字。接下来将上次除法得到的商再除以 2，写下第 2 位新的余数，重复此过程，直至商为 0。小数部分转换需要将小数乘以 2，取其整数部分，得到一个二进制数。将乘积的小数部分再乘以 2，得到下一个二进制数字。依次重复，直至乘积为 0。若乘积永远不会为 0，则乘到所需要保留的有效小数位为止。先得到的是高位二进制数字，后得到的是低位二进制数字。

例如，将 43.36 转换为二进制数，43.36D≈101011.0101B。

3）十六进制数

十六进制方便地将一个大的二进制数格式化为简短的形式。它使用 16 个符号：0，1，…，9，A，B，C，D，E，F。其中 A～F 对应十进制数的 10 到 15。A～F 可大写也可小写。

十六进制系统中，每个权重是以 16 为底数，所在位置为指数的幂。在位置 0 上的符号，其权重为 16^{0}；在位置 1 上的符号，其权重为 16^{1}；等等。

十六进制到十进制的转换是将每个数字乘以它的权重，并将所有加权后的结果相加。十进制数转换成十六进制的过程与十进制转换成二进制的过程类似，只是整数部分除以 16 而非 2，小数部分乘以 16 而非 2。

同样，八进制数也是相类似，这里就不再说明了。

二进制整数到十六进制的转换，可将二进制数字从右往左每 4 位划分为一组，然后将每个 4 位的组转换成一个十六进制数。例如，110 1110B＝6EH。

十六进制数转换成二进制数是将每一个十六进制数字转换成 4 位的二进制数，并将结果连接起来。例如，E53H＝1110 0101 0011B。

而二进制数转换成八进制数则是每 3 位二进制数转换成 1 位八进制数；而八进制数转换成二进制数则是每 1 位八进制数转换成 3 位二进制数并连接起来。例如 1 101 110B＝156O，362O ＝11 110 010B。

2. 数值在计算机中的表示

1）正负号的表示

对于数值型数据，有正数和负数之分，在计算机中一般用 0 表示正号，用 1 表示负号，符号位放在数的最高位。

大多数计算机采用补码表示数。对于正数，其原码、反码和补码是相同的，而对于负数则不同。在求负数反码的时候，除了符号位外，其余各位按位取反，即 1 都替换成 0，0 替换成 1。负数的补码是其反码加 1。

例如，占两字节的数＋75 在计算机内表示的原码、反码和补码都是 00000000

01001011；占两字节的数－75 的原码是 10000000 01001011，反码是 11111111 10110100，补码是 111111111 0110101。

2）小数点的表示

数值型数据中还有实数，那么在处理实数时如何表示小数点呢？在计算机中表示小数点的位置有两种方法：定点表示法和浮点表示法。

定点小数法是指小数点准确固定在数据某一个位置上，实际上小数位并不占用空间，默认在该位置。小数点约定在符号位之后，数值表示成纯小数，称为定点小数，如图 1-6(a)所示；小数点约定在最低位之后，数值表示成整数，称为定点整数，如图 1-6(b)所示。定点数的运算规则比较简单，但不适宜对数值范围变化较大的数据进行运算。

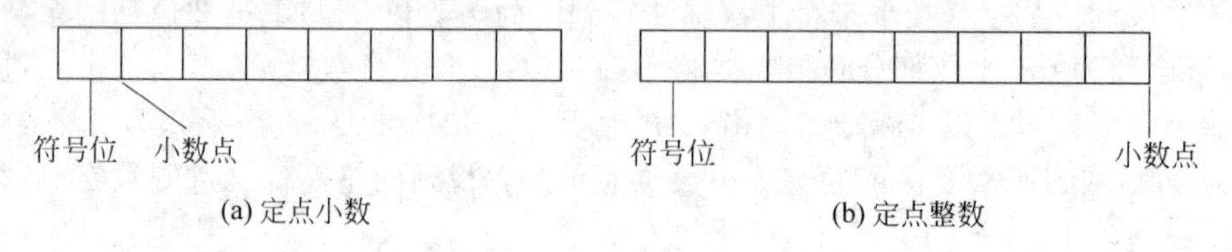

图 1-6 定点表示示意图

为扩大数的表示范围，可以采用浮点形式表示（也称为科学表示法）。任何一个实数 X，采用二进制浮点形式表示为：

$$X = \pm M \times 2^{\pm E}$$

其中，M 称为数 X 的尾数，采用二进制纯小数形式（0. xxxx），它代表了 X 的全部有效数字，例如，$1101B = 0.1101B \times 2^{100}$ 中的 0.1101B 是 1101B 的尾数；E 称为数 X 的阶码，表示 2 的几次方。E 通常采用二进制整数形式，它决定了数的范围，且 M 和 E 都可以是正数或负数。具体的表示形式如图 1-7 所示。不少 C 语言编译系统以 24 位表示尾数部分，以 8 位表示阶码部分。

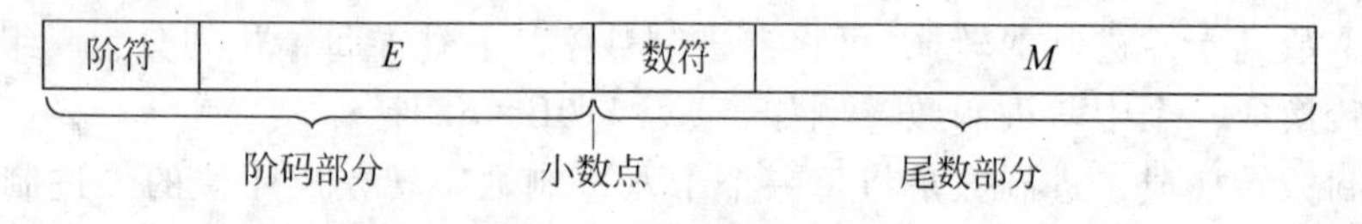

图 1-7 浮点表示示意图

由于位数所限，计算机处理的数也就有一定限度，太大的数或太小的数计算机中无法用所限的位数表示时，就发生了上溢和下溢。又由于十进制转换成二进制数的过程中，常会发生有限的小数会转换成无限的小数，这时必须要截取有效位数，这使得计算机处理数值运算过程中会出现不精确的问题。这些在第 3 章介绍浮点型数值时将会看到。

1.1.4 数据在存储器中的特性

程序和数据都存储在存储器中。有关存储常常涉及的术语有：

- 位(b)：存储一个二进制代码 0 或 1 的最小单元。
- 字节(B)：连续的 8 个位组成的存储单元。
- 字(word)：连续多个字节组成的存储单元。统一称 32 位二进制为一个“长字”，而称 16 位二进制为一个“短字”。

- 地址：为了访问方便，每个字节都分配一个编号，称为“地址”。在多数计算机中，地址是从低到高连续编址的，最小从 0 开始，最大到实际内存结束，大多也是按字节编址的。

例如，16 位系统的内存结构示例。如图 1-8 所示，内存储器的单元很多，一般以字节计算。16 位系统一般有 64K 的寻址空间。设占两字节的变量 x 在内存中安排了两个连续的地址：2000H 和 2001H。其中 2000H 是首地址，如图 1-8(a)所示。变量 x 中值的二进制形式如图 1-8(b)所示，表示成一般的十进制形式如图 1-8(c)所示。

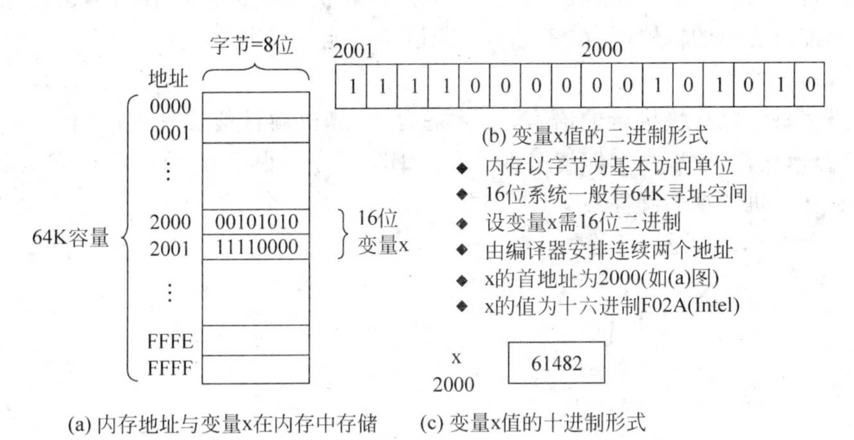

图 1-8 存储地址、变量和变量值

要注意区分存储单元的地址与存储单元的值的不同。图 1-8 中 2000H 和 2001H 是存储单元的地址。存储单元中的内容 61482 是该存储单元的值。在高级程序设计语言中涉及存储单元，必须把变量名、存储单元地址、存储单元值三个概念一同考虑。一旦定义了一个变量，就在内存中开辟了一个存储单元，具有确定的存储单元地址，但存储单元的值是不确定的，其所在的内存中有一个垃圾值(之前遗留的)或不定值(随机值)，用“?”表示。

以存放整型数据的存储单元 num 为例，讨论存数和取数的特点：当变量 num 定义后，其值不确定；当存入一个数 7 到变量 num 后，就有了一个确定的值；当从变量中取数后，变量的值仍然是 7；只有当一个新的值如 3 存入变量，变量的值为 3，取出时仍为 3。变量的值可以反复地取用。

1.2 程序设计语言

这些控制着计算机运行的程序是由称为“计算机程序员”的人员编写的。程序员在程序中指定了一系列的动作，计算机按照这一系列动作顺序执行，最终完成程序员所要解决的问题，获得结果。

长期以来，“编写程序”和“执行程序”是利用计算机解决问题的主要方法和手段。给计算机编写程序必须使用计算机语言。

多年来，程序设计语言已经从机器语言进化到接近自然语言的高级语言。图 1-9 是计算机语言进化的概括。

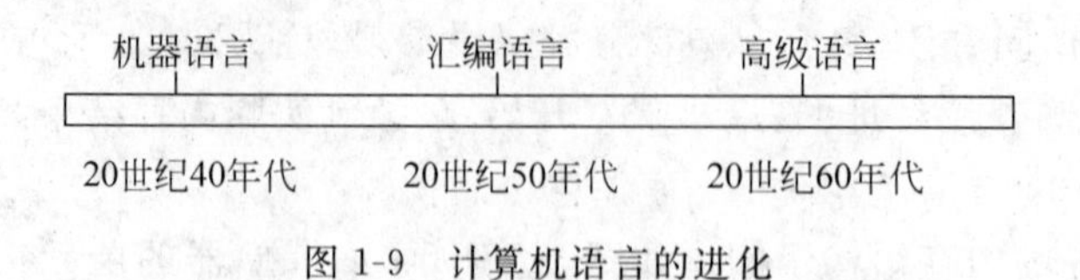

图 1-9 计算机语言的进化

1.2.1 机器语言

机器语言是由 0、1 序列组成的指令码，它是计算机历史早期仅有的可以使用的语言。每种计算机都有自己的机器语言，特定的机器语言只能在特定的一类计算机上使用。因此，机器语言可移植性差。

机器语言是可以直接执行的语言，也就是说，计算机硬件能够理解的语言只有机器语言，因此执行速度快，效率高。但使用机器语言编写程序是很不方便的，它很难记忆，且要求使用者熟悉计算机的很多硬件细节。

典型的机器语言如下：

1010 1111

0011 0111

0111 0110

⋮

1.2.2 汇编语言

随着计算机硬件结构越来越复杂，指令系统也变得越来越庞大，对大多数程序员来说，用机器语言设计程序显然太慢，并且非常枯燥，一般工程技术人员难以掌握。为了取代计算机能够直接执行的数值串，程序员开始使用代表计算机基本操作的类英语符号或助记符来编写程序，如用 ADD 表示加法操作。这些符号(助记符)构成了汇编语言的基础。由于计算机不能理解这些助记符，因此需要将这些符号翻译成机器语言。

典型的程序如下：

```
汇编语言              机器语言汇编
MOV   A,47            1010   1111
ADD   A,B             0011   0111
HALT                  0111   0110
⋮                     ⋮
```

汇编语言用程序员容易理解的方式组织程序，但是机器使用这些程序则较为困难，因此在机器运行它之前必须先进行翻译。这种方式是一个趋势的开始：编程语言变得越来越方便于程序员使用，而计算机用于翻译的时间却越来越长。

汇编语言源程序与机器语言程序相比，阅读和理解都比较方便，但对一般人员来说，其描述问题的方式与人类习惯还是相差甚远的，而且通常仍要求编程人员对计算机硬件有深入的了解。

1.2.3 高级语言

随着汇编语言的使用，大大提高了编程效率，计算机的用途也迅速扩大，但汇编语言仍然是面向机器的。即使完成最简单的任务，仍然需要程序员关注程序运行的硬件。为提高程序员的效率，将其关注点转移到求解问题的期望上来，研究人员设计了一系列的高级语言。

用高级语言编写的指令非常类似于日常英语，并且包含常用的数字符号。如“加”操作直接使用＋。下面的程序是以C语言形式编写的整数的加法。

C语言表示的加法程序：

```
#include < stdio.h >
void main(void){
    int num1,num2, sum;
    scanf(" %d  %d\n", &num1, &num2);
    sum = num1 + num2;
    printf("sum = %d\n",sum);
}
```

高级语言使程序员从汇编语言的细节中解放出来。当然，它同汇编语言一样不能直接被计算机硬件理解，必须被转换为机器语言。这个转换过程称为编译（对有些高级语言，这个转换过程称为“解释”）。把高级语言程序转换为机器语言的翻译程序称为“编译器”。

高级语言种类繁多，常用的面向过程的语言有BASIC、Pascal、FORTRAN和C等。当前流行的面向对象的语言有C++、Java和C#等。

1.3 高级语言程序的创建和运行过程

通过1.2节了解到：计算机硬件仅能理解以机器语言编码的程序；用高级语言编写的程序必然要转换为机器语言代码。以高级语言的C程序为例，它是如何创建并转换为机器语言代码的呢？

这个过程包括4步：编写和编辑程序，编译程序，将程序和需要的库模块相链接，执行程序。图1-10是这些步骤的图示。在这个过程中，为了修正错误和改进代码，这些步骤会重复循环多次，而并非单一的、直接的、线性的过程。

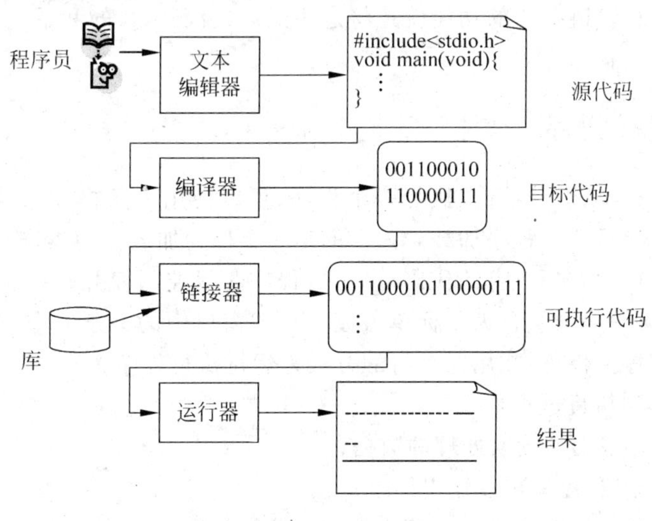

图1-10　C程序的编写与运行

1.3.1 编写和编辑程序

用来编写程序的软件称为文本编辑器(Text Editor)。文本编辑器帮助用户输入、修改和存储字符数据。文本编辑器可以是通用的字符处理器,目前更为常用的是一个与编译器、运行器包含在一起的特殊的集成开发环境(Integrated Development Environment,IDE)。比如,可以用普通文本编辑器来编辑C程序文本,也可以用包含了编译器和运行器的C/C++集成开发平台(如Turbo C 2.0/3.0、Visual C++ 6.0和Win-Tc等)来编辑、编译和运行C程序。

在完成程序编写后,可将文件保存到磁盘。该文件是编译器的输入,称为源文件。

1.3.2 编译程序

存储在磁盘的源文件中的代码必须被转换为机器语言。这是编译器的工作。C语言的编译器实际上是两个分离的程序:预处理器和翻译器。

预处理器读入源代码并为翻译器做好准备。在处理源代码时,预处理器扫描那些被称为预处理器命令的特殊指令。这些指令包括指示预处理器去查找特殊的代码库,对代码进行代换,以及为将代码转换为机器语言所需准备的其他处理等。有关编译预处理指令的相关概念和使用,请参见第10章。

在预处理器为编译准备好代码之后,翻译器执行将程序转换为机器语言的实际工作。翻译器读入翻译单元并将产生的目标模块写入一个文件,后者将和其他预先编译好的单元组合在一起以形成最终的程序。目标模块是机器语言形式的代码。尽管编译器的输出是机器语言的代码,但它还不能运行,因为它没有包括所需的C和其他函数。

1.3.3 链接程序

一个C程序一般由多个函数组成。我们编写了其中的一些,形成了源程序的一部分。然而,还有其他函数,如输入输出过程和数学函数等,它们存在于其他地方,程序必须和它们关联在一起才能运行。链接器的功能就是将这些函数(自己编写的和系统提供的)组合在一起以形成最终可执行程序。

1.3.4 执行程序

一旦程序连接完毕就可执行。执行一个程序,可以使用一条操作系统命令(如run)将程序加载到内存并执行。将程序加载到内存的是一个称为加载器的操作系统程序。其定位可执行程序并读入内存。当所有的代码被载入,程序获得控制权并执行。在今天的集成开发环境下,这些步骤一般被组合为鼠标单击或下拉式窗口中的一条命令。也可以在操作系统下双击生成的程序文件等,或用命令行的方式来运行执行程序。

程序的一次典型执行过程是:

(1) 程序从用户或文件读取处理的数据;

(2) 处理完数据,程序就可以输出结果;

(3) 数据输出可以呈现在用户的显示器上或写入文件之中;

(4) 程序完成工作之后，它会告知操作系统，操作系统再将程序从内存中移去。

1.4　程序设计基础——算法和数据结构

程序是为使计算机完成一个预定的任务而设计的一系列语句或指令。程序设计是设计、书写及检查调试程序的过程。

首先程序员要用计算机语言编写程序才能让计算机按照程序指令一步步地完成任务。计算机只是程序的执行者，并非程序的制造者。程序解决问题的方法是由程序员来处理的，程序员首先要自己找到解决问题的方法，并用程序设计语言正确地描述它，才可能让计算机去执行并完成任务。

程序员开发程序一般按照以下步骤：

理解问题→确定问题的求解方案→编写代码→调试与测试→整理与撰写文档

↙　↖　　　↙　↖

数据结构→确定算法　　　编译与运行→测试改进

接到程序设计任务后，程序员首先就要分析问题、理解(搞清楚)要计算机解决什么问题(需求分析)；然后确定问题求解方案，分析问题，从中提取操作的对象，并找出这些对象之间含有的关系；接着用数学语言进行描述，也就是确定问题的数据结构；最后用算法描述对此问题求解步骤，这是解决问题的关键。算法描述后，检查确认，然后方可编写程序。接着对程序进行调试与测试改进。成功之后，将相关文档进行整理以备后用。所以可以这样认为，程序＝数据结构＋算法＋程序设计方法＋文档。

因此，程序开发是一个多步骤的过程，学习和进行程序设计，要按这个步骤一步一步地解决问题。掌握和学会问题求解方法是学习高级语言的重点，也是最大难点。它将贯穿于学习和教学的整个过程，渗透到各个学习和教学环节中。

有的问题(数值型问题)可以用数学方程等来描述，如预报人口增长情况的数学模型为微分方程；求解梁架结构中应力的数学模型为线性方程。但是还有更大量的非数值问题没法用数学方程等来描述，它的数学模型是用表、树和图之类的数据结构，如数据库文档的管理(表)、计算机与人对弈(树)、交通路径的选择(图)等。对于这些(复杂的非数值型)问题的解决，必然涉及描述问题(建模)的数据结构和解决问题的算法(基于数据结构)等知识。

为了了解求解思路，来看两个问题。

问题一：你的朋友要求你帮他布置一间屋子，你要怎样做呢？

(1) 首先要仔细了解你的朋友(客户)的需求。当确认自己已经完全理解后，再和客户讨论你的理解，进一步对问题进行确认无误的询问。为澄清理解而提出下面一些问题：

① 多大的屋子？屋子各部分的结构(关系)是怎样的？

② 屋子需要有哪些功能？

③ 资金预算是多少？等等。

(2) 一旦完全理解了问题，澄清了手上的问题，接着就需要给出求解方案。也就是给出解决问题的操作步骤，即算法。假定下面是对上面问题的回答。

① 测量屋子，并画出其平面图。

② 屋子有厨房、卫生间、书房和卧室以及它们之间的关系等。

③ 查询各种需要的物件的价格组合，以保证在预算的范围内，等等。

将屋子分成厨房模块、卫生间模块、书房模块和卧室模块，分别进行布置。画出结构图和布置过程图。

(3) 按照结构图和布置流程图一个模块一个模块，一个步骤一个步骤地完成房屋的布置。

(4) 检查、调整，完善整个布置。

问题二：求方程 $ax^2+bx+c=0$ 的根。

这是一个常见的数学问题。大家都很熟悉它的解题办法了。

(1) 首先要澄清三个常数 a、b、c 的值的关系。清楚什么时候有两个不等的实根，什么时候有相等的实根，什么时候没有实根。

(2) 给出求解方案。当 $d=b^2-4ac>0$ 时，有两个不等的实根；当 $d=0$ 时，有两个相等的实根；否则有两个复数根。可以用算法的流程图表示，如图 1-11 所示。

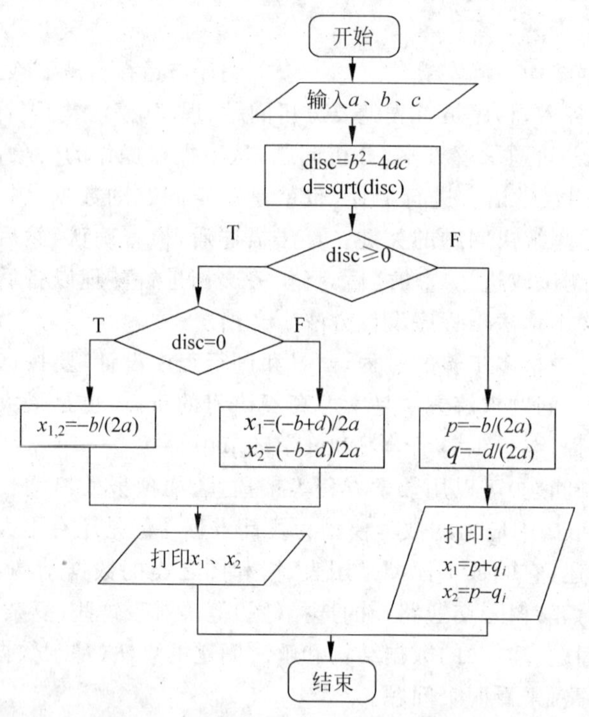

图 1-11 求二次方程根的算法流程图表示

(3) 将算法用某种高级语言编写成程序。编写程序时，先从结构图顶上方框开始，从上而下的方式进行，这称为自顶向下的实现。

(4) 调试与测试程序。编完程序之后，必须对其进行测试。程序设计人员要了解程序内部的确切信息，必须确认每一条指令和每一种情况都被测试到。关于软件测试，可以进一步参考软件工程中软件测试部分的内容。

1.4.1 算法的特性

问题解决的过程是由一系列确定的有限的步骤完成的，也就是算法。它是整个程序设计过程中的灵魂。

一个算法应具有下述特性：

(1) 有穷性。一个算法应当在执行有限步骤后结束，不应出现无终止的循环或永远执行不完的步骤。

(2) 确定性。算法中的每一步必须有确切的含义，不能有二义(即不能作两种或多种解释)，不应含混不清或模棱两可。

(3) 有0个或多个输入量或者初始值。

(4) 有1个或多个输出量。

(5) 可执行性。算法中的每一步是能够准确实现的。

1.4.2　算法的表示

有三个工具：结构图、伪代码和流程图可以描述算法。通常会使用结构图和伪代码或使用结构图和流程图。

结构图用于设计整个程序，而伪代码和流程图用于设计程序中的独立部分。这些部分在伪代码中称为模块，在C中称为函数。

1. 结构图

结构图，也称为层次结构图，表示程序的功能流程。结构图说明了如何将程序分解为逻辑步骤，而每个步骤是一个独立的模块。结构图说明了所有部分(模块)之间的交互。

在编写程序之前，将操作步骤表示为结构图是非常重要的。这就如同建筑师设计蓝图，建筑师在没有详细的计划之前是不会开始建造房屋的。

2. 伪代码

伪代码是英语、汉语和程序逻辑的混合语言，使用它的目的是从算法细节上描述将要设计的程序。需要足够详细地定义完成任务所需的步骤，以便之后可以顺利转换为计算机程序。例如将本节的问题二表示成伪代码，见算法1-1。

算法1-1　求二次方程的根的伪代码。

```
input a,b,c
disc = b² - 4ac
d = sqrt(disc)
if disc≥0 then
    if  disc = 0 then
            x1,x2 = - b/(2a)
    else
            x1 = ( - b + d)/(2a)
            x2 = ( - b - d)/(2a)
    end if
    print x1,x2
else
    p = - b/(2a)
    q = - d/(2a)
```

```
    print p + q," + ",p - q,"i"
  end if
```

以上伪代码中的大多数语句是易于理解的,首先输入三个参数,然后判断各种情况下的根,然后输出根。

3. 流程图

流程图是用一些图框来表示各种操作的程序设计工具。美国国家标准化协会(American National Standard Institute,ANSI)规定了一些常用流程图符号,如图 1-12 所示,已被世界各国程序工作者普遍采用。

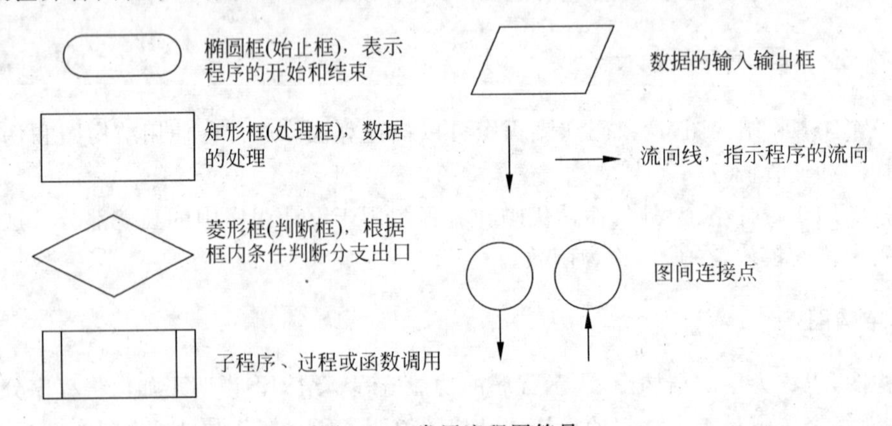

图 1-12 常用流程图符号

由于流程图是可视化的工具,因此对于初学者来说,使用流程图学习程序设计比伪代码容易掌握。而专业程序员则更常用伪代码。

还有另一种表示算法的流程图,它将以上介绍的传统流程图的流程线去掉,算法的每一步用矩形框表示,并把它们按执行顺序连接起来对算法进行描述,这种描述的方法称为 N-S 流程图。例如,将图 1-11 所示的流程图表示成 N-S 流程图,如图 1-13 所示。

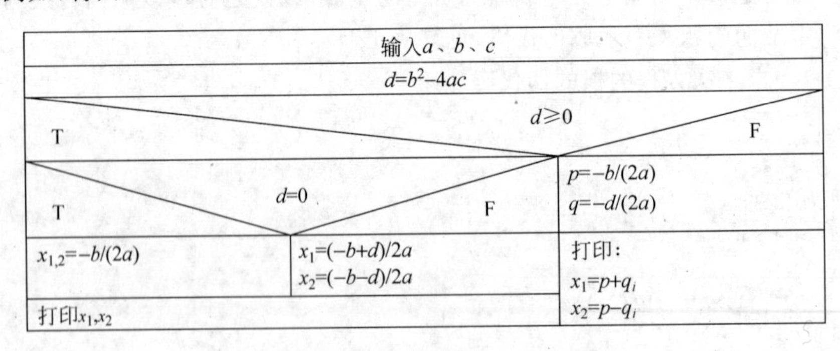

图 1-13 求二次方程根的 N-S 流程图表示

1.4.3 算法示例

下面举几个简单的算法例子。

例 1-1 设 $a=100,b=200$,现要将 a 与 b 中的值互换并输出。

算法流程如图 1-14 所示。

例 1-2　输入 a 与 b 两个值，若 $a>b$，则输出 a，否则输出 b。

算法流程如图 1-15 所示。

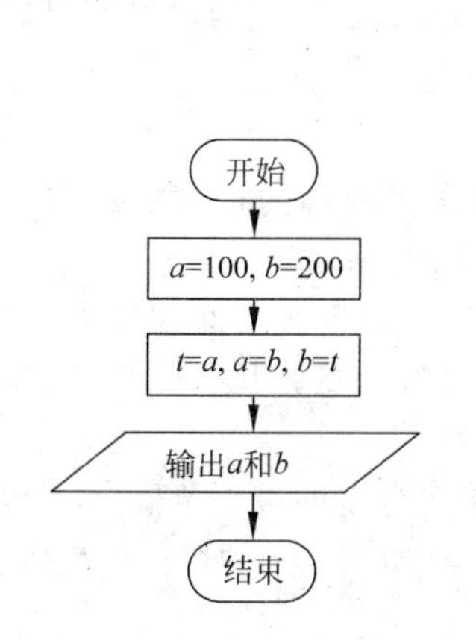

图 1-14　例 1-1 算法流程图

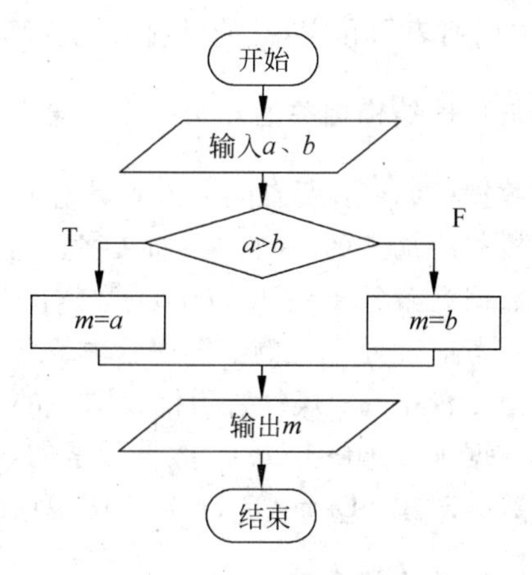

图 1-15　例 1-2 算法流程图

例 1-3　输入 a、b、c 三个值，请输出三个值中最大的一个。

算法流程如图 1-16 所示。

例 1-4　sum＝1＋2＋3＋4＋…＋100。

算法流程如图 1-17 所示。

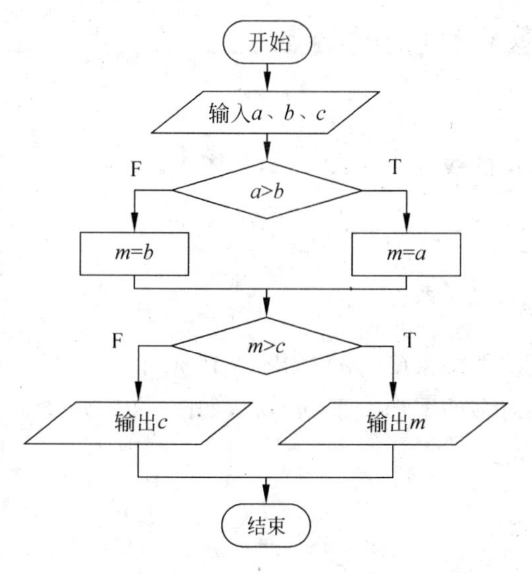

图 1-16　例 1-3 算法流程图

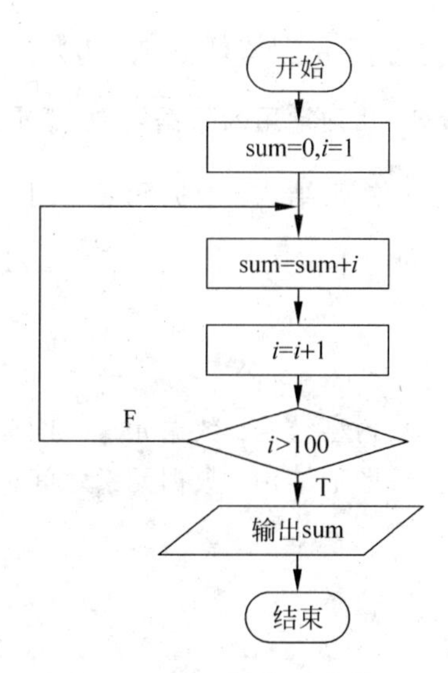

图 1-17　例 1-4 算法流程图

1.4.4　数据结构的基本概念

前面已经讲过，可以把计算机解决的问题分为两类：一类是数值问题，如求若干个数的最大值和最小值、求方程的根等；另一类是非数值问题，如最短路问题、机器下棋问题等。对于非数值问题的解决，往往比较复杂，关键是在于问题的描述（建模）和在此基础上的算法设计。即首先要建立问题的数学模型，研究要处理的对象和它们之间的关系，以及如何在计算机内存中表示这些对象以及它们的关系。然后再设计相应的算法加以解决。

数据结构就是一门讨论“描述现实世界实体的数学模型（非数值计算）及其上的操作在计算机中如何表示和实现”的学科。它与算法一样，都是进行复杂程序设计的基础。

1. 与数据结构相关的几个基本概念

- 数据(Data)：所有能输入到计算机中，且能被计算机处理的符号的总称，它是计算机程序加工的“原料”。如文字、字符、图形、图像和声音等。
- 数据元素(Data Element)：数据的基本单位，在计算机程序中通常作为一个整体进行考虑和处理。例如图书检索系统中一本书的书目信息；下棋对弈状态树中的一个棋盘格局；煤气管道铺设图中的一个圆圈等。
- 数据项 (Data Item)：数据元素的分量，是数据不可分割的最小单位。
- 数据对象 (Data Object)：同类型数据元素的集合，如一个系的全体学生等。

2. 数据结构的含义

目前，数据结构还没有被一致公认的定义。它具有三个层面的含义：

(1) 数据的逻辑结构。问题所涉及的数据对象，以及数据对象内部各个数据元素之间的特定关系。

(2) 数据的存储结构。全体数据元素以及数据元素之间的特定关系在计算机内部的表达。

(3) 数据的运算集合。为解决问题而对数据施加的一组操作。

3. 几种常用的数据结构（逻辑结构）

- 线性结构：数据元素之间存在一种简单的线性关系(1∶1)，如图1-18所示。

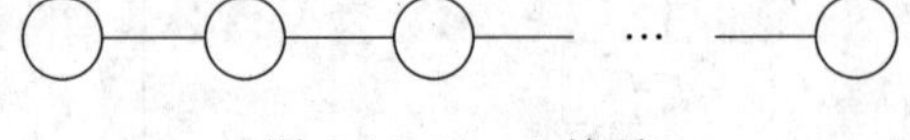

图1-18　1∶1关系

- 树型结构：数据元素之间存在一种层次的关系(1∶n)，如图1-19所示。
- 图形结构：数据元素之间存在一种多对多的图形关系(n∶n)，如图1-20所示。

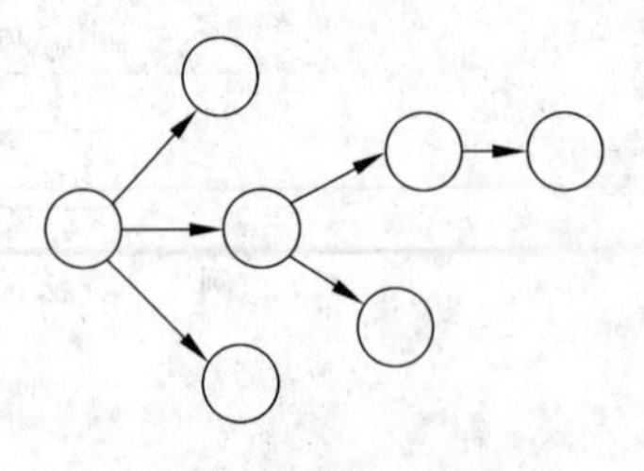

图1-19　1∶n关系

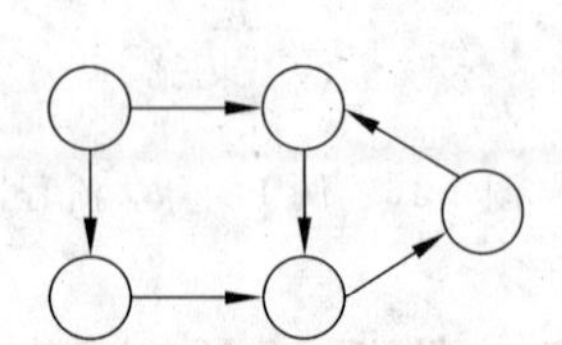

图1-20　n∶n关系

4. 几种常用的存储结构

数据的存储结构是指将问题所涉及的数据对象中的所有数据元素存入计算机，并且在计算机内部表达出数据元素之间存在的关系。常用的存储技术有顺序存储、链式存储、散列存储和索引存储等。

5. 数据的运算集合

数据的运算集合是指对数据进行加工和处理的一组算法。数据的运算，既面向问题（逻辑）又面向计算机（物理）：操作集合的定义由问题决定；操作的实现与数据在计算机内的存储方式有关。

关于各种常用数据结构的表示和存储实现，请参考数据结构的书籍，这里不再详细讨论。本书涉及的问题大多为简单的数值问题，这些问题的解决不需要数据结构的相关知识。当然，也会涉及非数性值问题（如数据的排序等），可以直接采用C提供的构造数据类型（即简单的数据结构，如数组、结构体等）来解决。

1.5　结构化程序设计

20世纪60年代，许多大型软件开发工作遭到了重大的挫折：软件开发进度被推迟、成本超出预算、成品不可靠。人们认识到软件开发比想象的要复杂得多。那个阶段的研究工作导致了"结构化程序设计"的诞生。结构化程序设计是编写清晰、正确和易于修改的程序的严格方法。

结构化程序设计方法要求程序员按照一定的规范、采用成熟的设计方法进行程序设计，而不允许程序员随心所欲地编写程序。它强调程序的风格，程序结构的规范化以及自顶向下、逐步细化和模块化的设计方法，其追求的主要目标是提高程序的易读性和易维护性。

1.5.1　结构化程序设计思想

结构化程序设计由E. W. dijkstra在1969年提出，是以模块化设计为中心，将待开发的软件系统划分为若干个相互独立的模块，这样使完成每一个模块的工作变得单纯而明确，为设计一些较大的软件打下了良好的基础。

在结构化程序设计的具体实施中，要注意如下要素：

(1) 使用程序设计语言中的顺序、选择和循环等有限的控制结构表示程序的控制逻辑；选用的控制结构只准许一个入口和一个出口。

(2) 程序语句组成容易识别的块，每块只有一个入口和一个出口；复杂结构应该用嵌套的基本控制结构进行组合嵌套来实现。

(3) 语言中所没有的控制结构，应该采用前后一致的方法来模拟；严格控制goto语句的使用。

1.5.2　三种基本程序结构

按照结构化程序设计的观点，任何算法功能都可以通过由程序模块组成的三种基本程序结构：顺序结构、选择结构和循环结构的组合来实现。

1. 顺序结构

顺序结构是指按顺序执行几个语句。图1-21表示执行完A框所指定的操作后，必然接着执行B框所指定的操作。尽管用顺序符号表示的活动可能非常复杂，例如输入或输出操作，但逻辑流程必须是从顶部进入符号，并从底部流出符号。顺序符号不允许符号内有任何选择决策或流程转向。它由赋值、输入输出、模块调用和复合语句构成。具体语句将在第4章中介绍。

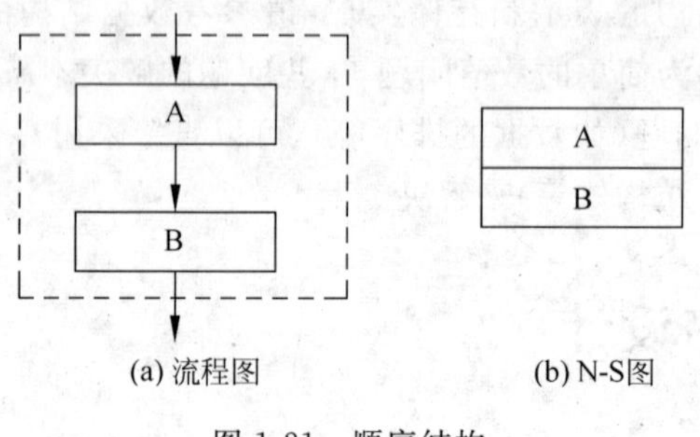

(a) 流程图　　(b) N-S图

图1-21　顺序结构

2. 选择结构

选择结构又称选取结构或分支结构，如图1-22所示。它与顺序结构不同，选择语句能使程序流程改变，它允许系统执行一些选定的语句，而跳过其他语句。结构化程序设计技术使用两种选择语句：两路选择和多路选择。具体的C语句将在第5章介绍。

此结构必包含一个判断框。根据给定的条件p是否成立而选择执行A框或B框。A或B两个框中可以有一个是空的，即不执行任何操作。

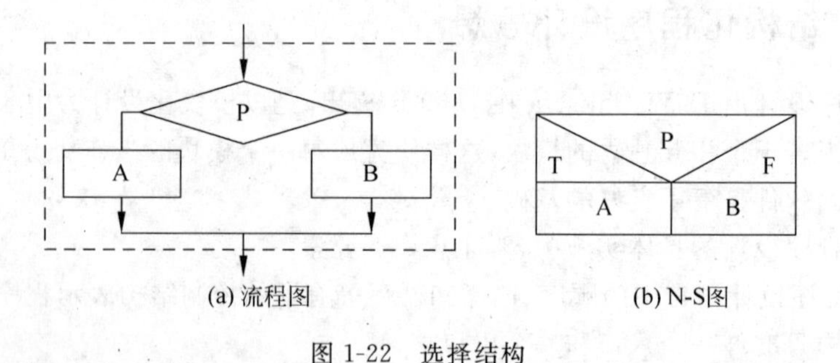

(a) 流程图　　(b) N-S图

图1-22　选择结构

3. 循环结构

循环结构又称为重复结构，即程序反复执行某个或某些操作，直到某条件为假(或为真)时才可终止循环。在循环结构中，最主要的是什么情况下执行循环？哪些操作需要循环执行？循环结构的基本形式有两种：当型循环结构(先判断后执行循环体)和直到型循环结构(先执行循环体后判断)，如图1-23所示。有关C语言的循环控制结构的具体内容在第6章中介绍。

这三种基本结构的共同特点是：只有一个入口和一个出口；结构内的每一部分都有机会被执行到；结构内不存在“死循环”。

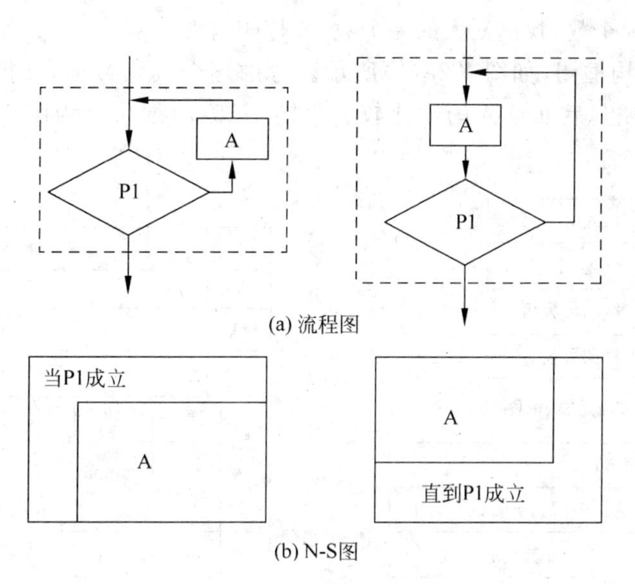

(a) 流程图

(b) N-S图

图 1-23　循环结构

1.5.3　结构化程序设计举例

下面用自顶向下、逐步细化的方法进行算法的设计。

例 1-5　打印 2000—2100 年中是闰年的年份。

分析：闰年的条件是：能被 4 整除但不能被 100 整除；或能被 100 整除且能被 400 整除。

解：首先画出结构框图，如图 1-24(a)所示。对其细化，得到图 1-24(b)。再对图 1-24(b)中的阴影部分细化，得到图 1-24(c)。

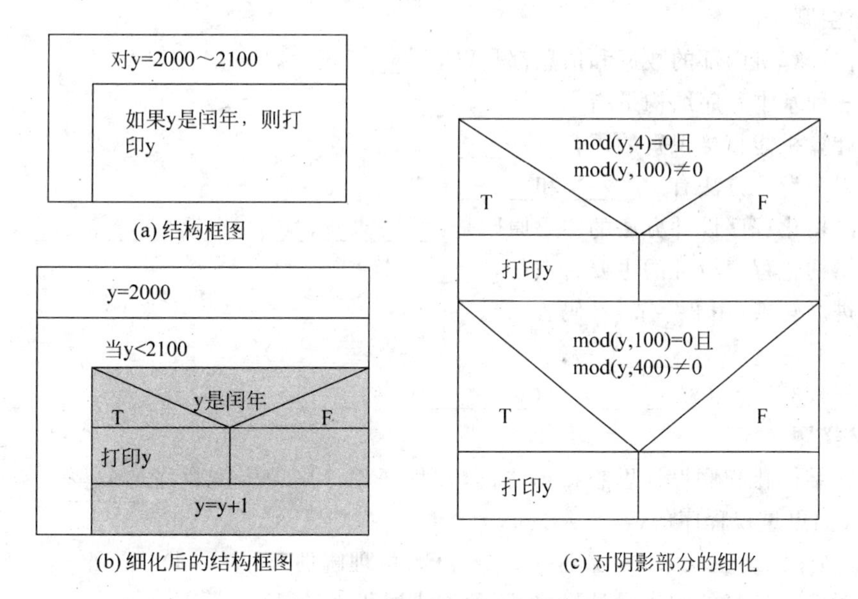

(a) 结构框图

(b) 细化后的结构框图

(c) 对阴影部分的细化

图 1-24　自顶向下，逐步细化

例 1-6 输入 n 个数，找出最大的一个数，并打印出来。

解：先画出结构框图，如图 1-25(a)所示。考虑逐个读入数据，并把当前各数中的最大者保留下来，以便与后面读入的数比较。将图 1-25(a)细化后为图 1-25(b)，再细化为图 1-25(c)。

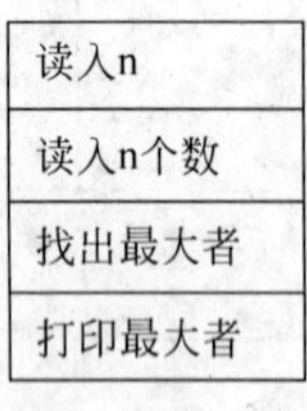

(a) 结构框图

(b) 第一次细化

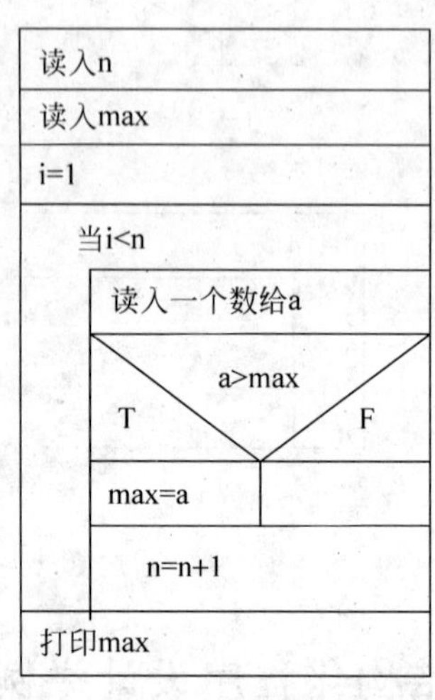

(c) 第二次细化

图 1-25 自顶向下，逐步细化

习题

1. 填空题

(1) 在计算机内部的数据和信息都是以________表示。

(2) 三种基本程序结构是指________、________、________。

(3) 计算机能直接识别的语言是________。

(4) 程序设计方法有________和________。

(5) 结构化程序设计方法的主要原则是：________、________、________、________。

(6) 结构化程序设计的主要特点是________。

(7) 进制转换(用 2 字节，补码表示)。

① $(1234)_{10}=(\qquad)_2=(\qquad)_8=(\qquad)_{16}$

② $(-1234)_{10}=(\qquad)_2=(\qquad)_8=(\qquad)_{16}$

2. 选择题

(1) 在结构化程序设计思想提出之前，在程序设计中曾强调程序的效率。与程序的效率相比，人们更重视程序的(　　)。

A. 安全性　　B. 一致性　　C. 可理解性　　D. 合理性

(2) 对建立良好的程序设计风格，下面的描述正确的是(　　)。

A. 程序应简单、清晰、可读性好　　B. 符号名的命名只要符合语法

C. 充分考虑程序的执行效率　　　　D. 程序注释的来源可有可无

(3) 结构化程序设计主要强调的是程序的(　　)。

A. 规模　　　B. 易读性　　　C. 执行效率　　　D. 可移植性

3. 程序题

选用传统流程图、N-S图或伪代码表示以下各题的算法。

(1) 读入三个数分别存入a、b、c变量中，实现将其按从大到小的顺序把它们打印出来。

(2) 将200～500之间的素数打印出来。

(3) 求sum＝1＋2＋3＋…＋100。

(4) 求两个数中的最大公倍数和最小公约数。

(5) 输入10个数，找出最大的一个数，并打印出来。

第2章 C语言概述

基本内容

- C语言的发展背景和特点；
- C程序的结构和基本词汇符号；
- C程序的编写风格；
- 编写C程序的基本过程。

重点内容

- C程序的结构和基本词汇符号；
- 编写C程序的基本过程。

从第1章中，知道C语言是一种高级程序设计语言，本书将要详细介绍和使用它。接下来要花很多的时间来学习和使用C，因此，有必要对C语言的发展背景和使用特点等有一个比较全面的认识。

2.1 C语言的发展和特点

2.1.1 背景

C语言与大部分现代程序设计语言类似，来源于ALGOL。ALGOL是第一个采用块结构的程序语言。

20世纪60年代初诞生的ALGOL语言为结构化程序设计的发展做了良好的铺垫。1963年，剑桥大学将ALGOL 60语言发展成为CPL(Combined Programming Language)语言。

1967年，剑桥大学的Matin Richards对CPL语言进行了简化，于是产生了BCPL语言。

1970年，美国贝尔实验室的Ken Thompson对BCPL进行了修改，并为它起了一个有趣的名字——“B语言”。并且他用B语言写了第一个UNIX操作系统(现在最流行的网络操作系统之一)。

1972年，Dennis Ritchie设计了C语言，它继承了ALGOL、BCPL和B语言的许多思想，并加入了数据类型的概念。它们之间的相互关系如图2-1所示。

传统的C语言是指1972年的版本。1978年，Brian W. Kernighan和Dennis Ritchie在他们编写的*The C Programming Language*一书中对C语言进行了文档化和推广。1983年，美

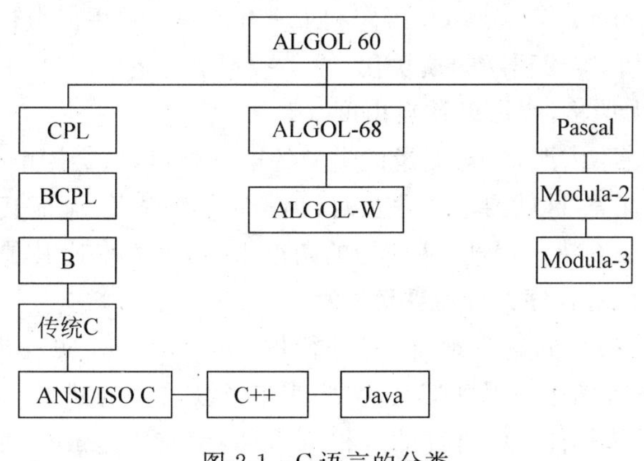

图 2-1 C 语言的分类

国国家标准化协会(ANSI)开始制定 C 语言的标准,并于 1989 年 12 月通过。1990 年,国际标准化组织(ISO)接受了 ANSI 提出的标准。C 的这个版本(ANSI/ISO 9899：1990)称为 C89。Brian W. Kernighan 和 Dennis Ritchie 在第 2 版的 *The C Programming Language* 中介绍了标准版(ANSI C)的内容。目前,ANSI C 已经在世界范围内使用。

在 ANSI 标准化后,C 语言的标准在一段相当的时间内都保持不变。C89 在 1995 年进行了一些微小的调整,改进后的版本称为 C95。但是这个版本很少为人所知。此后,一个更重要的版本更新发生在 1999 年,这个版本就是通常提及的 C99。它被 ANSI 于 2000 年 3 月采用,增加了一些变化。

由于 C89 标准仍然完全包含在 C99 中,而 C++是在 C89 版本的基础之上建立的,目前大多数程序员使用的仍是此版本。所以本书介绍 ANSI C,即 C89 版本。

2.1.2 ANSI C 的特点

与其他语言相比较,C 语言主要具有如下的特点。

(1) 语言简洁、紧凑,使用方便、灵活。

C 语言一共有 32 个关键字(如表 2-1 所示)、9 种控制语句,程序书写自由,主要用小写字母表示。它把高级语言的基本结构和语句与低级语言的实用性结合起来。C 语言可以像汇编语言一样对位、字节和地址进行操作,而这三者是计算机最基本的工作单元。

(2) 运算符丰富。

C 语言的运算符包含的范围很广泛,共有 34 种运算符(见附录 C)。C 语言把括号、赋值和强制类型转换等都作为运算符处理,从而使 C 语言的运算类型极其丰富,表达式类型多样化。灵活使用各种运算符可以实现在其他高级语言中难以实现的运算。

(3) 数据结构丰富。

C 语言提供的数据类型有整型、浮点型、字符型、数组类型、指针类型、结构体类型、共同体类型和枚举类型等。这些类型能用来实现各种复杂的数据结构(如线性表、树和图等)的运算。尤其是指针类型数据,使用十分灵活和多样化。

(4) 具有结构化的控制语句。

C 语言是完全模块化和结构化的语言。C 语言提供了结构化设计的语句,如 if…else 语句、while语句、do…while语句、switch语句和for语句等。并用函数作为程序的模块单位，这些函数可方便地调用，实现程序的模块化。

(5) 语法限制不太严格，程序设计自由度大。

C语言的语法限制不太严格，对变量的类型约束不严格，这会影响程序的安全性。C对数组下标越界不作检查等，这就要求程序员自己仔细检查程序，保证其正确，而不要过分依赖C语言的编译程序去查错。因此，从使用的角度上讲，C语言比其他高级语言较难掌握。它要求使用C语言的人对程序设计更熟练一些。

(6) C语言允许直接访问物理地址，能进行位(bit)操作，能实现汇编语言的大部分功能，可以直接对硬件进行操作。因此C语言既具有高级语言的功能，又具有低级语言的许多功能，可用来编写系统软件。C语言的这种双重性，使它既是成功的系统描述语言，又是通用的程序设计语言。有人把C语言称为“高级语言中的低级语言”或“中级语言”，意味它兼有高级语言和低级语言的特点，但C语言仍是高级语言。

(7) 生成目标代码质量高，程序执行效率高。C语言一般只比汇编程序生成的目标代码效率低10%～20%。

(8) 用C语言编写的程序可移植性好(与汇编语言比)。基本上不做修改就能用于各种型号的计算机和各种操作系统。

总之，C语言语法简洁、紧凑、使用方便、灵活；具有丰富的运算符和数据结构；并能通过函数来实现程序的模块化。它既可以用来编写系统软件，也可以用来编写应用软件。它是当今国际上广泛流行的一种计算机高级程序设计语言。

2.2 C语言的程序结构与基本词汇符号

在介绍C程序结构和组成C程序的基本词汇符号之前，先看一些简单的程序。

例 2-1 在屏幕上显示“Hello World!”。

```
#include <stdio.h>
void main(void) {
    printf("Hello World!\n");
}
```

再将第1章中的例1-1～例1-3写成例2-2～例2-4的C程序。

例 2-2 设a=100，b=200，现将a与b中的值互换。

```
/* 交换两数的值 */
#include <stdio.h>
void main(void) {
    int a,b,t;
    a = 100;
    b = 200;
    t = a; a = b; b = t;
    printf("a = %d,b = %d\n",a,b);
  }
```

例 2-3 输入a与b两个值，若a>b，则输出a，否则输出b。

```
/* 输出两数中的大数 */
#include <stdio.h>
void main(void) {
    int  a,b,m;
    scanf("%d%d",&a, &b);
    if (a>b )  m=a ;
    else       m=b;
    printf("max=%d\n",m);
}
```

例 2-4　采用函数调用的方法,设计程序输出三数中的大数。

```
/* 输出三数中的大数 */
#include <stdio.h>
int max(int x, int y){                    /* 输出两数 x 和 y 中的大数 */
    int     z;
    if (x>y )  z=x ;
    else       z=y;
    return  z;
}
void main(void){
    int  a,b,c,m;
    scanf("%d%d%d",&a,&b,&c);
    m=max(a,b);
    m=max(m,c);
    printf("max=%d\n",m);
}
```

2.2.1　C 语言的程序结构

从上例中可以看出,一个 C 程序由一个或多个函数构成,而每个函数包括两方面的内容:对数据的描述和对操作的描述。C 程序有且仅有一个 main 函数(主函数),可以有多个其他函数。主函数可以在适当的地方(调用点)调用其他函数。C 程序总是从 main()开始,程序中有许多语句,还有"注释"等,如图 2-2 所示。

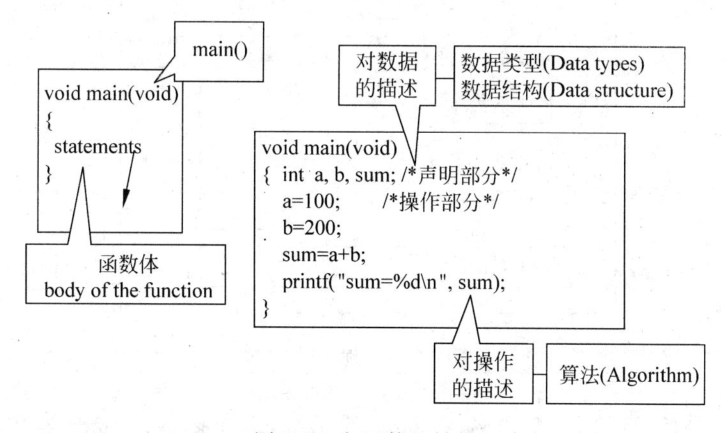

图 2-2　主函数的结构

对于一个大型的C程序来说,C程序结构体现了“自顶向下,逐步细化”的模块化设计思想,其程序结构如图2-3所示。

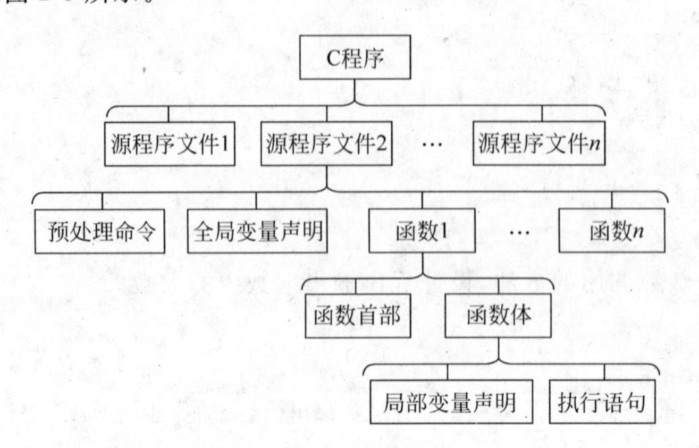

图2-3 C程序的结构

(1) 一个C语言源程序可以由一个或多个源文件组成。对于大的程序之所以用多个源文件,是为了进行分别编译,从而提高编译的效率。

每一个C源程序文件都是由一个或多个预处理命令、一个全局声明部分和一个或多个函数组成。全局声明部分位于程序的开始,后面将详细介绍这部分内容。总之,全局声明的基本意思是对于程序的所有部分都是可见的。

(2) 程序的业务逻辑主要是通过它的函数以及函数中的代码块来实现。所有函数都包括两部分内容:声明和语句。声明部分在函数的开始,它描述了函数所使用的数据。函数内部的声明部分被认为是局部(相对于全局声明而言),因为它仅在函数内部可见。语句部分紧跟在声明部分,它包括促使计算机执行某种操作(如两个数相加)的指令。在C语言中,指令采用语句的方式编写,因此这部分称为语句部分。图2-4描述了简单C语言程序的各个组成部分。

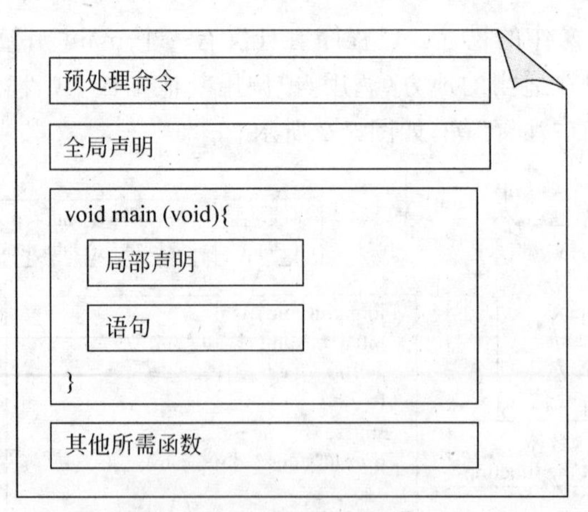

图2-4 C程序结构

(3) 程序必须有且仅有一个命名为main的函数,即主函数。main函数是程序执行的入口点。main函数从{开始,到}结尾。程序可以通过主函数调用其他函数实现程序的功能。从例 2.4 中可以看到，在 main 函数中调用了 max 函数。

(4) 源程序中可以有预处理命令(include 命令仅为其中的一种)，预处理命令放在程序的开始部分，其功能是告诉预处理器该做哪些准备工作。所有预处理命令以＃号开始，这是 C 语言的语法之一。

上面例子中的预处理命令 #include ＜stdio. h＞告诉编译器包括"标准输入输出头文件"到这个程序中。此程序需要使用该库文件打印信息到终端上。注意，在＃与关键词 include 之间不能有空格。

在今天复杂的程序设计环境中，编写一个小至没有调用任何库函数的 C 语言程序是不可能的。本书附录 B 列出了一些常用的库函数。有关预处理命令的内容可以查阅第 10 章。

(5) 每一个说明，每一个语句都必须以分号(;)结尾。但预处理命令，函数头和花括号"}"之后不能加分号。

2.2.2 C 语言的基本词汇符号

任何一种高级语言都有自己的基本词汇符号和语法规则，程序代码都是由这些基本词汇符号根据该语言的规则编写而成。C 语言规定了其所需的基本字符集和标识符。

1. 字符集

在 C 语言程序中允许出现的所有基本字符的组合称为 C 语言的字符集。C 语言的字符集就是 ASCII 字符集，主要分为 52 个大小写英文字母、10 个数字、33 个键盘符号和若干转义字符。见附录 A。

2. 关键字

在 C 语言的程序中有特殊含义的英文单词称为"保留字"或"关键字"，主要用于构成语句、进行存储类型和数据类型定义。C 语言的 32 个关键字如表 2-1 所示。这些关键字都用小写英文字母表示。C 语言中区分大小写，如 if 是关键字，IF 则不是。在 C 程序中，关键字不能用于其他目的，既不能作变量名，也不能作函数名。

表 2-1　C 语言的 32 个关键字

数据类型	基本数据类型(5 个)	void、char、int、float、double
	类型修饰关键字(4 个)	short、long、signed、unsigned
	复杂类型关键字(4 个) 运算符关键字(1 个)	struct、union、enum、typedef、sizeof(运算符关键字)
	存储级别关键字(6 个)	auto、static、register、extern、const、volatile
流程控制关键字	跳转结构(4 个)	return、continue、break、goto
	分支结构(5 个)	if、else、switch case、default
	循环结构(3 个)	for、do、while

3. 标识符

出现在所有计算机语言中的一个重要特征是标识符(identifier)。标识符用来命名程序中的数据及其他实体。每个被标识的实体存储在计算机中,并有唯一的地址。如果没有标识数据位置的标识符存在,在程序中就不得不通过地址来使用数据和相关的实体。因此,可以简单地将数据和一个标识符相关联,并让编译器追踪数据的物理地址。

1）预定义标识符

除了上述的关键字外,还有一类具有特殊含义的标识符,它们被用作库函数名和预编译命令,这类标识符在C语言中称为预定义标识符。

预定义标识符包括预编译程序命令和C编译系统提供的库函数名。其中预编译程序命令有define、undef、include、ifdef、ifndef、endif和line等。编译预处理命令详见第10章。常用的库函数名见附录B。

2）用户定义标识符

用户定义标识符是程序员根据自己的需要定义的一类标识符,用于标识变量、符号常量、用户定义函数、类型名和文件指针等。这类标识符主要由英文字母、数字或下划线构成,但开头字符一定是字母或下划线。

好的标识符应是简短的,但又具有良好的描述含义。例如,为了简洁,一般使用缩写方式的标识符,比如除去一个单词中的所有元音字母,如student缩写为stdnt。在C89中,标识符最长只能包含31个字符。下面总结了标识符的形成规则。

① 第一个字符必须以字母和下划线开始。

② 只能由字符、数字及下划线构成。

③ 只有前31个字符有效。

④ 不能与关键字相同,也不应该和库函数及用户自定义的函数重名。

为什么将下划线作为标识符的候选字符呢？原因是下划线可以用来划分一个标识符的组成部分。为了使标识符具有更丰富的表达能力,有时标识符采用两个或多个单词,当多个单词连接在一起,使用下划线对单词进行分割可使标识符具有更强的可读性。

下划线是传统C语言中标识符的单词分割方式,每个单词的第一个字母采用大写的方式是另一种分割单词的方法。越来越多的程序员开始喜欢采用单词首字母大写的方式分割标识符。表2-2列出了合法与非法标识符的例子。

表2-2 合法与非法标识符

有效的名字		无效的名字	
a	有效但设计风格晦涩	$ sum	$是非法字符
Student_name	合法而有意义	2names	第一个字母是数字
_SystemName	有效且有意义	Sum-salary	包含连字线
INT_MAX	系统预定义值	Stdnt Nmbr	包含空格
INT_MIN	系统预定义值	int	保留字

表中有些标识符采用全大写的方式,它们一般是系统预定义的标识符。

3）分隔符

分隔符是用来分隔标识符的符号。空格字符、水平制表符、垂直制表符、换行符、换页符及注释均是C的分隔符,通称为空白字符,空白字符在语法上仅起分隔单词的作用。在相邻的标识符、关键字和常量之间需要用一个或多个空白字符(不同个数的空白字符效果是一样的)将其分开。

2.3 C语言的编写风格

这里要介绍C语言的一些编写风格，使初学者编写的程序有更好的可读性、移植性和可维护性等。掌握C语言的一些编写风格是学习C语言的一项基本技能。

从书写清晰，便于阅读、理解、维护的角度出发，在书写程序时应遵循以下规则：

(1) 一个说明或一个语句占一行。C语言程序没有严格的书写格式，既可以一行写多个语句，也可以一个语句分几行来写。每个语句以"；"结尾。但为了便于阅读，建议一个语句或几个紧凑的语句写一行。同时，习惯上用小写字母写C语句。

(2) 有足够多的注释。程序适当加注释后，可以大大提高程序的可读性。注释可以出现在程序的任何位置，但要与程序结构配合起来效果才好。并且需要注意以下几点：

① 注释必须与程序一致，通常情况下，注释是说明这些代码做些什么，而不是怎么做的。

② 注释不是重复程序语句，而应提供从程序本身难以得到的信息。

③ 对程序段作注释，而不是对每个语句作注释。

④ 注释语句不支持嵌套，换句话说，不能在一个注释中包含另一个注释。

例如，/* ======/*----------*/========*/ 是一个无效注释嵌套。当编译器遇到第1个/*开始标识，它将忽略从此开始直到结束标识之间的所有内容，这样，第2个/*被编译器忽略。当遇到第1个*/，就与第1个/*匹配，这样，第2个*/将没有匹配标识，这将产生严重错误。但是，有些编译器也支持注释的嵌套，例如TURBO C2.0(需要设置选项 options/compiler/source/nest comments 为ON，该选项的默认值为OFF)和WIN-TC等。

(3) 采用缩排式书写程序也有助于阅读。

① 缩进。

为增强程序的可读性，大多数程序员都在他们的程序中采用缩进的方式。C程序的一般规则是每一个新块或条件语句都要缩进一层。有两种形式的缩进写法，第一种是简短形式：

```
if(x > y){
        t = x;
        x = y;
        y = t;
}
```

在这种写法中，大多数括号({})和语句在同一行中。另一种风格是括号单独占一行：

```
if(x > y)
{
    t = x;
    x = y;
    y = t;
}
```

这两种格式都很常用，本书将会同时出现这两种格式。读者可以选择自己更喜欢的方式。

缩进量常见的有2个、4个和8个空格。有些代码编辑工具显示一个Tab位置为4个字节或8个字节，可以用Tab来创建缩进。有些编辑器，如UNIX Emacs、Turbo C++、Borland C++以及Microsoft Visual C++等，本身就包含了书写换行自动缩进的功能。

② 有合适的空格与空行。

程序书写要分节和段，以保证程序的清晰和易读。每段开头有一个主题注释句，段落之间用空行隔开。要善于使用空格区分一句程序中的变量、符号和表达式等，使它们对照整齐或者更清晰。要善于使用空行区分程序块。

例如：

```
name = "young";
age = 21;
college = "ZIT";
```

又如：

```
if ( (x>100) || (x<0) )
printf("Wrong number!");
```

图2-5显示一种C程序的格式风格。

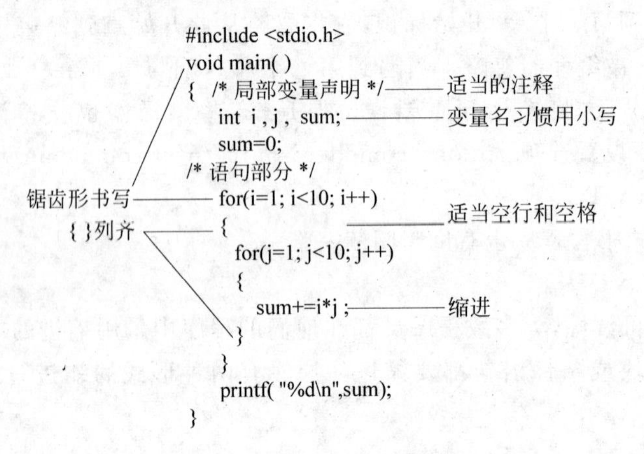

图2-5　C程序的书写风格之一

又如，给例2-1的程序加入注释：

```
/* The greeting program. This program demonstrates
some of the components of a simple C program.
        Written by : Zhangxiao
        Date:      2010 - 3 - 24
 */
#include <stdio.h>
void  main ()
{
/* Local declarations */
/*  Statements */
```

块注释：说明程序的功能、程序员、时间等相关信息

```
    printf("Hello World!\n");              /* 输出 Hello World!到屏幕上 */———行注释
}
```

总之,书写C程序代码时,要注意书写的风格。最重要的原则是:让程序尽量简单、清楚、易懂。程序既是一组计算机指令,也是描述算法和数据的说明书。应该尽量使用注释来描述程序,记录做过的事情。

2.4 运行C程序的步骤和方法

2.4.1 基本过程

开发一个C程序的基本过程,如图2-6所示。由编辑、编译、连接、运行和调试组成。

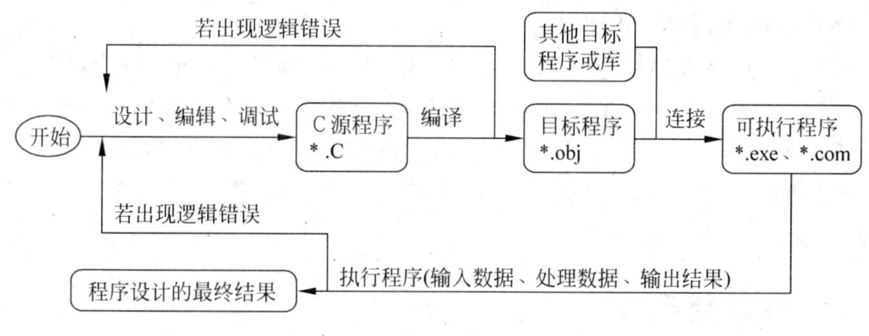

图2-6 C程序的开发过程

1. 编辑(Edit)

程序员用C语言编写的程序称为C的源程序(扩展名为.c的文件)。编辑就是编写源程序的过程,它包括新建一个源程序文件或修改已有的源程序文件,它的操作有插入、删除和修改源程序。除了Turbo C 2.0集成开发环境能够编辑源程序外,还可使用DOS环境中的EDIT、CCED、WPS或Windows环境中的Word、记事本、写字板等常用的编辑软件来编辑C的源程序,存盘时应采用纯文本方式保存文件。

2. 编译(Compile)

源程序是以纯文本方式形式存储的,必须翻译成机器语言才能被计算机识别。完成这一翻译工作的就是所谓的编译程序。源程序经过编译程序翻译成等价的机器语言程序——目标程序(扩展名为*.obj的文件),这一翻译过程称为编译。Turbo C 2.0集成开发环境带有编译程序。

3. 链接(Link)

如果编译成功,还应将目标程序和C的库函数链接成可执行程序(一般为*.exe的文件),并存储在计算机的存储设备(外存)中,以便执行。负责目标程序和库函数连接工作的程序称为链接程序。Turbo C 2.0集成开发环境带有连接程序。

4. 执行(Execute)

源程序经过编译、连接成为可执行文件(扩展名为.exe或.com)后,一般存于计算机的外存中。所谓执行程序就是把一可执行文件从外存调入计算机内存,并由计算机完成该程序预定的功能,如完成输入数据、处理数据及输出结果等任务。执行程序也称为运行程序。

5. 调试(Debug)

源程序中难免会存在错误。程序调试是指对程序进行查错和排错。最常见的错误是编译错误和逻辑错误。

发生错误后都要回到编辑阶段,分析错误原因,修改C源程序,再重复上述操作,直到得到正确的运行结果,程序才算调试成功。学会调试程序,也是学习C程序设计的重点和难点之一,必须多练、多分析,积累经验。

通常可以使用C++编译程序编译C程序。使用C++编译程序编译C程序时必须注意文件的扩展名。C程序使用C扩展名,C++程序使用CPP扩展名。当用C++编译程序编译C程序时,要将程序指定为C扩展名,以便告诉C++编译程序执行"C编译"。

常用的集成环境有Turbo C 2.0、Turbo C 3.0、Turbo C++ 3.0、WIN-TC和Visual C++ 6.0等。

2.4.2 错误处理

程序代码编写完成后,在调试过程中,常会出现一些错误。程序员的大量工作是在调试中进行,下面介绍C语言中常见的一些错误(有关错误信息提示,可参阅实验教材相关内容)。

1. 错误类型

在C程序的开发过程中都有产生错误的可能,错误一般可分为4类:

(1) 编译错误。在编译时编译器对程序语法进行检查,一旦发现语法错误,光标停在第一个错误点,显示出错误信息。第一个错误信息是重要的。从这一错误点开始,向前仔细查找语法错误,一次只排除一个错误。编译错误包括语法错误(Error)和警告错误(Warning)。例如,某一变量未定义先使用,则会出现语法错误。又如,某变量未赋初值就用来求和,则会出现警告错误。

(2) 逻辑错误。一个程序在编译时没有出现错误,执行后仍然得不到正确结果,这是由于在算法的设计过程或程序的表达式中存在错误,如表达式书写错误、程序控制流程错误等。排除逻辑错误,一般也要用跟踪法查明错误点和错误原因。

(3) 运行错误。程序执行时在某些特殊情况发生的错误,如变量越界、除零错误等。排除运行错误,一般要用跟踪法或单步运行,查明错误点和错误原因。

(4) 链接错误。把目标程序连接成可执行程序时出现错误,如找不到库文件错误等。

2. 错误提示语法

一旦发生某些开发环境能检查出的错误,软件会给出提示错误信息。以 Hello World! 程序为例,如果将程序中语句 printf("Hello World! \n");中的";"改成中文的分号(;),运行一下程序,看有什么结果?

1) Turobo C 2.0 错误信息

C 语言的错误信息的形式:

2) Visual C++ 6.0 错误信息

C 语言的错误信息的形式:

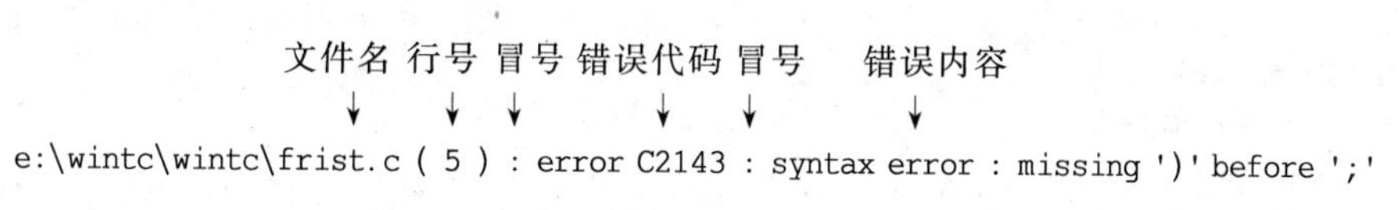

习题

1. 判断题

(1) 头文件(如 stdio.h)的目的是存放程序的源代码。( )

(2) 任何可打印的、有效的 ASCII 字符都可以出现在标识符中。( )

(3) 标准 C 中从键盘获取数据是通过 print 函数。( )

2. 选择题

(1) 以下关于 C 程序结构的表述错误的是( )。

A. C 程序以全局声明部分开始

B. 声明部分包含了给计算机的命令

C. 每个程序至少需要包含一个函数

D. 有且仅有一个 main 函数

E. 在每个函数内部都有一个局部声明

(2) 以下关于注释的说明错误的是( )。

A. 注释是程序员的内部文档

B. 注释主要以指示预处理器对程序进行格式化

C. 注释以"/ *"开始

D. 注释不能嵌套

E. 注释以"* /"结尾

3. 程序题

(1) 找出以下程序的错误。

```
void main;
{
    int i
```

```
    scanf(" %d",&i);                                /* 输入 i 的值/ *
    printf(" %d\n",i);
}
```

(2) 找出以下程序的错误。

```
void Main(void)
{
    int i;
    print( %d\n",i);
}
```

(3) 找出以下程序的错误。

```
/* File name: error.c */
/* The program is error program!
void main(void);
{
    INT a,b,c,sum;
    a := 1; b := 2; C := 3;
    SUM = A + B + C;
    printf("SUM = %d\n",sum)
}
```

第3章 数据类型、运算符和表达式

基本内容

- C的基本数据类型及其使用；
- 常量和变量的含义与使用；
- 各种运算符和表达式；
- 运算符的优先级和结合性；
- 混合运算中的数据类型转换。

重点内容

- C的基本数据类型；
- 各种类型的常量和变量；
- 常见的运算符及其构成的表达式；
- 运算符的优先级和结合性。

用C语言编写用户的应用程序，离不开对数据进行操作，而数据是以某种特定的形式存在的。我们需要了解这些数据的关系和它在计算机中的存储结构，以及可对这些数据进行的操作。本章介绍C语言的基础元素：数据和运算符，以及由数据和操作符构成的表达式。数据可由变量、常数或函数返回值来表达。C语言支持各种不同的数据类型，并提供大量的运算符。

3.1 基本数据类型

对程序要处理的所有数据，C程序中都需要明确它们的类型。数据的类型决定了这种类型数据的取值范围和所能进行的操作。例如整型(int)是由整数构成，整型数据能够进行加(+)、减(−)、乘(*)、除(/)、取模(%)等运算，整型数据的取值范围为−32 768～32 767。

ANSI C定义了5种基本数据类型：字符型(char)、整型(int)、浮点型、双精度浮点型(double)和空类型(void)。这些类型是构成其他几种类型的基础。如图3-1所示，除了基本类型以外，还有各种构造类型和指针类型。利用已有的这些数据类型还可以构成更复杂的数据结构。例如，利用指针和结构体类型可以构成表、树、栈等复杂的数据结构。这些数据结构可以用来为大量的非数值问题建立数学模型。

除了void外，基本数据类型的前面均可以带有各种类型修饰符，修饰符用来改变基本类型的意义，以便准确地适应特定情况的需要。这些基本类型修饰有以下4种：

- signed(有符号)
- unsigned(无符号)
- long(长型)
- short(短型)

以上4种类型修饰符适用于int型；char可以由unsigned和signed修饰；也可以用long修饰double。表3-1列出了C支持的所有合法的数据类型，以及它们的最小范围和典型字节大小。需要注意的是，C语言只规定每种数据类型的最小范围而不是字节大小。而真实的空间大小取决于具体的编译系统和计算机硬件。

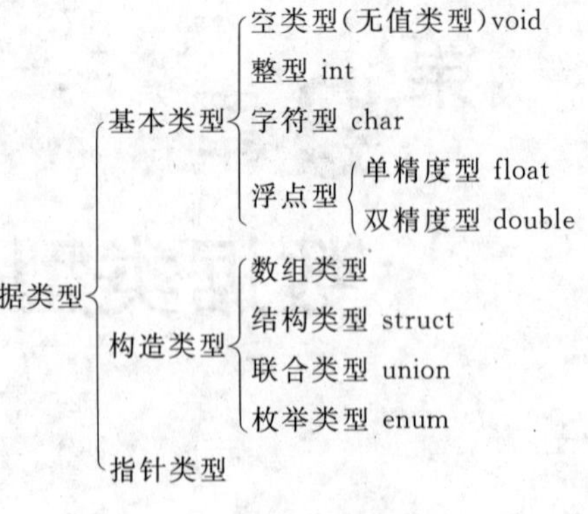

图3-1　C语言的数据类型

表3-1　ANSI C标准中的基本数据类型

类型标识符	名　字	典型字节大小	最小取值范围	典型的取值范围
void	空值型	0	无值	无值
char	字符型	1	−127～127	−128～127
unsigned char	无符号字符型	1	0～255	0～255
signed char	有符号字符型	1	−127～127	−128～127
int	整型	2或4	−32 767～32 767	−32 768～32 767
unsigned int	无符号整型	2或4	0～65 535	0～65 535
signed int	有符号整型	2或4	同int	−32 768～32 767
short int	短整型	2	同int	−32 768～32 767
unsigned short int	无符号短整型	2	0～65 535	0～65 535
signed short int	有符号短整型	2	同short int	−32 768～32 767
long int	长整型	4	−2 147 483 647～2 147 483 647	−2 147 483 648～2 147 483 647
signed long int	有符号长整型	4	−2 147 483 647～2 147 483 647	−2 147 483 648～2 147 483 647
unsigned long int	无符号长整型	4	0～4 294 967 295	0～4 294 967 295
float	单精度型(浮点型)	4	1E−37～1E+37 6位精度	−3.4E−38～+3.4E+38 7位精度
double	双精度型	8	1E−37～1E+37 10位精度	−1.7E−308～+1.7E308 16位精度
long double	长双精度型	10	1E−37～1E+37 10位精度	−1.2E−4932～+1.2E+4932 19位精度

注：ANSI标准只是规定了long double类型所占空间长度至少与double类型一样长，而double类型所占空间长度至少与float类型一样长。因此，实数类型所占空间的实际长度与具体的编译器有关。

因为整数的缺省定义是有符号数，所以signed int、signed short int、signed long int中的修饰符signed是多余的，一般不写，但仍允许使用。

某些编译系统允许将 unsigned 用于浮点型，如 unsigned double。但是这一用法降低了程序的可移植性，一般建议不要采用。

3.1.1 void 类型

void 类型通过 void 关键字定义，它没有值，同时也没有相应的操作。尽管如此，void 却是一种非常有用的数据类型。例如，在编写如 main 函数这样没有参数的函数时，可以采用 void 作为参数类型。这同样可以适应于第 8 章函数所讲的没有返回值的函数定义的情况，而在第 9 章中则可以被用来定义通用的指针。

3.1.2 字符类型

char 类型的对象在任何情况下都是 1 个字节。计算机中的字符是指计算机字符集中的任何值。大部分计算机采用 ASCII 作为字符集，用一些标准化的数值表示字母和数字字符的二进制编码，可参见附录 A。常见的数字字符'0'～'9'对应的 ASCII 码是十进制 48～57，英文大写字母'A'～'Z'对应的 ASCII 码是十进制 65～90，英文小写字母'a'～'z'对应的 ASCII 码是十进制 97～122。

3.1.3 整数类型

整数类型的值是不含小数部分的数值，如 23、0、－387 都是整数(常数)。int 型所占的字节大小通常与程序的执行环境的字长相同。对于 16 位的环境，如 DOS 或 Windows 3.1，int 是 16 位的；对于大多数 32 位环境，如 Windows 95/98/NT/2000，int 是 32 位的。

如果想了解数据类型所分配的存储字节数，C 语言提供了一个 sizeof 运算符，该运算符直接返回该数据类型所占用的字节数。尽管数据类型所分配的存储空间是依赖于计算机型号的，但对于同一型号的计算机，以下关系是必须满足的：

sizeof(short)≤sizeof(int)≤sizeof(long)

有符号和无符号整数之间的区别在于怎样解释整数的最高位。如果定义一个有符号整数，则 C 编译程序生成的代码认为该数最高位是符号标志：0 表示该数为正；1 表示该数为负。

为了使 C 语言具有良好的对不同硬件平台的可移植性，C 有一个名为 limits.h 的库文件，其中给出了整数存放空间大小的信息。例如，整数最小值定义为 INT_MIN，而整数最大值定义为 INT_MAX。

3.1.4 实数类型

实数类型数据由整数和小数两部分构成，如 12.34。C89 支持 float、double 和 long double。类似于整型数据，实型数据的定义组织方式也是从小到大的方式。无论什么机型，C 语言要求以下关系必须满足：

sizeof(float)≤sizeof(double)≤sizeof(long double)

与整型类似，针对浮点型也有一个标准库 float.h，用来定义相关数值的大小。与整型不同的是,实数类型总是有符号的。

3.2 变量

变量是内存中已命名的位置,其中放置程序可修改的值。C语言用变量名来标识这个位置。变量是具有类型的内存单元,类型可以是整型、字符型及由它们派生出来的类型。类型决定了变量可以进行的操作。

所有C变量都必须在使用前声明和定义。

3.2.1 变量声明与定义

在C语言中,声明用来命名对象,如变量;定义用来创建对象。当创建变量的时候,声明赋予它一个符号名字,定义给它一个存储空间。变量一旦被定义,它就可存储数据并接受程序对它的操作。一般来说,程序员并不关心变量在内存中的具体位置,只需要知道可通过它的符号名称对其进行访问即可。

变量定义的一般形式是:

```
类型名    变量列表;
```

类型名必须是有效的C数据类型,但不能是void类型。变量列表可以由一个或由逗号分隔的多个标识符名构成。在命名变量时,要注意提高变量名的可读性,最后以西文状态下的分号";"作为结尾。例如:

```
变量类型        变量标识符
char            code;                /* 定义了 code 为字符型变量 */
int             i,j,l;               /* 定义了 i、j 和 l 为整型变量 */
unsigned long   debt;                /* 定义了 debt 为无符号长整型变量 */
float           profit,payrate;      /* 定义了 profit、payrate 为单精度型变量 */
double          pi;                  /* 定义了 pi 为双精度型变量 */
```

通常情况下变量是不会自动被初始化的,只有一些例外(如静态变量和全局变量),在第8章变量的存储类别中会了解到。当变量定义以后,其相应的存储空间往往包含着垃圾值(前期使用所遗留下来的没有意义的值),在这种情况下,程序员需要在使用它们之前对其进行初始化并把初始化的数据存放其中。

3.2.2 变量初始化

C语言程序中,多数变量都能在声明时初始化。将等号和一个常值放在变量名的右侧,一般形式如下:

```
类型名    变量名 = 常值;
```

例如:

```
char ch = '#';
int count = 0;
```

```
double profit = 0.23;
```

注意，对于声明：

```
int count, sum = 0;
```

是 count 和 sum 都被初始化了，还是仅有 sum 被初始化了？答案是仅紧接在数值前面的变量被初始化，也就是只有 sum 被初始化为 0。如果希望在定义的时候同时初始化两个变量，应该提供两个初始值：

```
int count = 0, sum = 0;
```

为了避免混淆和错误，尽量一行只定义一个变量。

```
int count = 0;
int sum = 0;
```

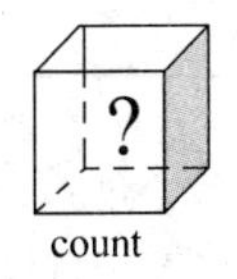

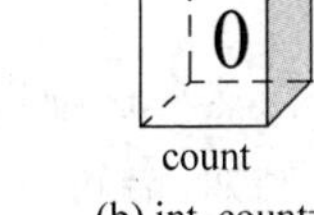

图 3-2　定义 count 变量并给其赋值

图 3-2(a)说明了变量定义 count，还没有赋值的，也就是未初始化的变量。问号表明这一变量的值尚属未知。图 3-2(b)表明变量 count 在初始化(或赋值)之后分配了值 0。

3.3　常量

常量是指在程序的执行过程中不能改变的固定值，可以是任何基本数据类型的值。和变量一样，常量也有类型。常量的表示方法依其基本类型而定。

3.3.1　常量的表示

1. 字符常量

字符常量包含在一对单引号中，如'c'和'%'。这种把字符放在一对单引号中的做法适用于多数可打印字符。但是有些字符是没有形状的(如回车符)，不能通过键盘放到字符串里或不能通过输出显示(如响铃)。为此，C 语言采用了特殊的反斜线字符常量。这种反斜线称为转义字符，如表 3-2 所示，允许用户书写程序时方便地使用这些特殊字符。

表 3-2　转义字符

反斜线码	意　义
'\0'	空字符
'\a'	报警(响铃)
'\n'	换行：输出到屏幕和文本文件为回车且换行，输出到二进制文件仅为换行
'\r'	回车
'\t'	横向跳格：制表键，光标右移到下一输出区首，通常每个输出区占 8 个字符

续表

反斜线码	意　义
'\v'	垂直制表
'\f'	换页
'\b'	退格
'\\'	反斜杠字符\
'\''	单引号字符'
'\"'	双引号字符"
'\?'	问号字符
'\$d_1d_2d_3$'	表示字符的 ASCII 码值为 $d_1d_2d_3$（八进制）
'\x d_1d_2'	表示字符的 ASCII 码值为 d_1d_2（十六进制）

虽然在这种情况下字符常量由多个字母构成，但最终表示的还是一个字符。

例如，语句 printf("\n\tHello C !\a\n")；输出一个新行和一个制表符，然后输出串 Hello C!，然后响铃，换到下一行。

2. 整型常量

尽管整数在存储器中以二进制形式存储，但在程序设计中还是采用常用的书写格式，表示成十进制、八进制或十六进制数形式。

如果在程序中仅仅使用一串数字，则它的类型是有符号整数（默认类型）；如果这个数字太大的话，则是有符号长整数。可以通过在数字后面增加 u 或 U，l 或 L 来显式表示给定数字的类型，而避免计算机采用默认的数据类型。这些字母可以以任意的顺序进行组合使用。注意，语言中没有提供特殊的方法来指定短整型常量。如果不写后缀，则默认为就是 int 类型。当大写和小写都允许时，为了避免混淆，建议全部使用大写（因为小写字母 l 容易被看作数字 1）。表 3-3 列出了整型常量的一些例子。缺省类型则与使用的个人计算机有关。

表 3-3　整型常量示例

表示形式	值	类　型
+123	123	int
−323	−323	int
−32 000L	−32 000	long int
765 432LU	765 432	unsigned long int

有时，八进制或十六进制数比十进制数更容易使用。八进制常量必须由 0 和紧随其后的八进制数字串构成。十六进制常量以 0x（或 0X）开始。例如：

```
int   oct = 017;                          /*  八进制常量 017 对应十进制数 15   */
int   hex = 0x93;                         /*  十六进制常量 ox93 对应十进制数 147   */
```

3. 实型常量

实型常量要求有小数点和小数分量，如 11.343 等。它还可以用科学表示法表示，如

1.1343E1。默认的实型常量是 double 型的。如果期望的类型是 float 或 long double，则需要用字母进行特定标注。F 或 f 表示 float 类型，l 或 L 表示 long double 类型，在这里同样避免使用 l，而用 L。表 3-4 给出了实数常量的一些例子。

表 3-4　实数常量示例

表示形式	值	类　型
0.	0.0	double
.0	0.0	double
2.0	2.0	double
3.1416	3.1416	double
−2.0f	−2.0	float
13.4E−2F	0.134	float
3.141 592 653 6L	3.141 592 653 6	long double

实型不能用八进制和十六进制形式表示。

4. 字符串常量

字符串常量是由双引号括起来的 0 个或多个字符构成的。以下都是字符串常量：

"A"、""、"Good morning!"、"123"、"How are you?\n"

其中""是空字符串，仅用连续的两个双引号括起来。"A"是仅包括一个字符的字符串，这与'A'是不同的。还要注意的是空字符与空字符串的区别：空字符'\0'表示没有值，作为字符，是以 8 位的 0 表示的；空字符串""是一个字符串里面没有包含任何东西。

C 规定，在每一个字符串常量的结尾加一个字符串结束标志('\0')，以便系统据此判断字符串是否结束。'\0'是一个 ASCII 码为 0 的字符，称为“空操作字符”，即它不引起任何控制动作，也不是一个可显示的字符。所以字符串"A"占了 2 字节的内存，而字符'A'就一个字节。

虽然 C 语言支持字符串常量，但并没有正式规定字符串类型。有关字符串的详细讨论将在第 7 章和第 9 章中进行。

3.3.2　代码常量

在编写程序时如何使用常量呢？在编程中经常采用的代码常量是字面常量、预定义常量和存储常量。

1. 字面常量

字面常量是未经命名而被使用的数据。如果在程序设计时已经知道该值不会再发生改变，则可以直接在语句中使用该值。

例如，a=b+5;中的 5。

2. 预定义常量

另一种指定常量的方式是采用预定义命令。跟其他预处理命令一样，预定义命令也是以＃作为开始。预处理命令一般放在程序的开始部分，当然放在其他位置也是合法的。把这些命令放在程序的开始部分有利于方便程序员查找和修改。例如：

```
#define RATE 0.015
```

当预处理器对程序进行处理时，它把所有的预定义名字替换成对应的值，如此例子的RATE会被替换为0.015。预处理器除了做替换工作外，并不对代码做其他方面的操作。所以，#define N 1+2 后，表达式 N * N 的值为 5(1+2 * 1+2)，而不是 9。

3. 存储常量

还有一种使用常量的方式是使用存储常量。存储常量采用C类型关键字const来表明该数据不能发生改变，其格式如下：

const 类型标识符 常量名 = 数据;

在前面已经介绍了如何定义一个变量，它所做的工作就是给定类型并在内存分配所需的空间。如果希望固定指定存储位置的值，即不允许其在程序执行过程中发生改变，这就和字面常量的概念一样，唯一不同的是这里要指定一个名字。例如：

```
const float PI = 3.14159;
```

需要注意的问题有：必须以const开始；必须有初始值，如果不给定初始化值，则常量的值就是程序启动时存储空间遗留的值；PI里的值是不能被改变的。

程序3-1给出了三种不同pi常量的表示方式。

程序 3-1 常量的三种表示方式

```
/* This program demonstrates three ways to use constants.
                 Written by:
                 Date:
*/
#include <stdio.h>
#define PI   3.1415926536 ———— 预定义常量

void main(void)
{
  const double Cpi = PI;———— 存储常量

  printf("Defined constant   PI: %f\n",PI);
  printf("Memory constant Cpi:  %f\n",Cpi);
  printf("Literal constant:      %f\n", 3.1415926536);———— 字面常量
}
```

输出结果：

```
Defined constant   PI: 3.141593
```

```
Memory constant Cpi: 3.141593
Literal constant:     3.141593
```

3.4 运算符和表达式

C语言的内部运算符很丰富，它比其他计算机语言有更多重要的运算符。由运算符和数据构成的C语言表达式比多数计算机语言的表达式更强、更灵活。

C的运算符有以下几类：

(1) 算术运算符：+、-、*、/、%。

(2) 关系运算符：>、<、==、>=、<=、!=。

(3) 逻辑运算符：!、&&、||。

(4) 位运算符：<<、>>、~、|、^、&。

(5) 赋值运算符：=及其扩展赋值运算符。

(6) 条件运算符：?:。

(7) 逗号运算符：,。

(8) 指针运算符：* 和 &(第9章介绍)。

(9) 求字节数运算符：sizeof。

(10) 强制类型转换运算符：(类型)。

(11) 分量运算符：.、->(第11章介绍)。

(12) 下标运算符：[、](第7章介绍)。

(13) 其他：如函数调用运算符()。

有关运算符的运算特性可以参见附录C。

本章要介绍的这些运算符如表3-5所示。

表3-5　部分C语言中的运算符

名　称	操　作　符	名　称	操　作　符
自增，自减	++，--	逗号表达式	,
逻辑与、或、非	&&，||，!	类型转换	()
指针操作及引用	*，&	移位运算	<<，>>
加、减、乘、除、求模	+，-，*，/，%	条件运算	? :
按位与、或、异或、求反	&，|，^，~	求占用的字节数	sizeof
关系操作符	<，<=，>，>=，==，!=	赋值	=，+=，-=，*=，/=，%=

3.4.1 赋值运算符和赋值表达式

1. 赋值运算符

赋值运算符“=”是个双目运算符，其表达式的一般形式如下：

变量名 = 表达式

例如：

```
a = 3
i = d + 3
```

赋值表达式计算赋值号(=)右边的操作数的值并把它保存在左边的变量里。赋值号左边的操作数必须是个变量(或特性类似于变量的表达式,左值)。

赋值表达式有一个值和一个副作用:整个表达式的值是赋值号(=)右边的表达式的值;副作用把表达式的值保存在赋值号左边的变量中。

2. 赋值中的类型转换

如果右边表达式的类型与左边的变量类型不一致,其副作用是先将右边表达式的值转换为左边变量相同的类型,然后进行赋值。这种转换使右边表达式升级或降级,以和左边的变量级别相同。升级通常是没有问题的,右侧表达式的级别被提升到左侧变量的级别。表达式的值是右侧表达式升级后的值。下面是一些简单的升级例子。

```
char    c = 'A';
int     i = 1234;
long double  d = 3458.0004;
i = c;                                  /* 65       */
d = c;                                  /* 65.0     */
d = i;                                  /* 1234.0   */
```

降级可能没有问题也可能引起一些问题。如果左侧变量的大小能够容纳右侧表达式的值,就没有问题。然而,情况并不是总这么好。

当一个整型或者实型数据被赋给一个字符类型的变量时,该数据的最低位被转换并储存在字符里(截取)。当一个实型数据被赋值给一个整型变量时,小数部分被舍弃。然后,如果实数的整数部分大于整型可以储存的最大值,结果将是不正常和不可知的。类似地,当尝试把一个长双精度浮点型数据储存到一个浮点型变量时,如果数据的大小合适,结果正常;如果过大,结果将不正常。

以下例子演示了降级的情况:

```
int    i = 299;
char   c = 'a';
float  f;
double  d = 23.3522e120;
c = i;                    /* c值为43,对应'+'字符 */
f = d;                    /* 出现溢出错误,提示: Floating point error:overflow */
```

表3-6中总结了赋值中的类型转换。int到float和float到double等转换中,精度(或称准确性)没有增加,这类转换只改变值的表示形式。此外,某些C编译程序认为char变量是正的,且不论其值如何,总转换成int或float;另一些编译程序认为大于127的char值是负的,转换时作负处理。

3. 多重赋值

可以在一个语句中向许多变量赋同一个值。例如以下代码中把0同时赋给a、b和c:

```
a = b = c = 0;
```

表 3-6 赋值类型转换

左部(目标侧)	右部(表达式类型)	可能丢失的信息
signed char	char	如果值大于127,目标为负值
char	short int	高8位
char	int(16位)	高8位
char	int(32位)	高24位
char	long int	高24位
short int	int(16位)	无
short int	int(32位)	高16位
int(16位)	long int	高16位
int(32位)	long int	无
int	float	小数部分,可能更多
float	double	精度,结果舍入
double	long double	精度,结果舍入

在专业程序中,变量常通过这种方法被赋予公共值。

此外,赋值号右边的表达式还可以是赋值表达式。于是,表达式 x=10*(y=3)是合法的。按照赋值操作的结合规则(自右向左结合,见附录C),首先处理表达式“(y=3)”,该表达式的值是3,整个赋值表达式的值是30,并有两个副作用:y变量存储3,x变量存储30。

4. 复合赋值

赋值语句有一种变异,称为复合赋值,它简化了一定类型的赋值操作的编码。例如,

```
x=x+3  写成  x+=3
```

在赋值符“=”之前加上其他运算符可以构成复合的运算符。C语言规定可以使用10种复合赋值运算符:+=,-=,*=,/=,%=,<<=,>>=,&=,^=,|=。

例如:

```
x*=y+8    等价于   x=x*(y+8)          /*注意,不要错写成 x=x*y+8 */
x%=3      等价于   x=x%3
```

对于表达式 x*=y+8,当x和y的值分别是10和5时,表达式的值是130。

由于复合赋值比相应的等于(=)赋值更紧凑,效率也更高,因此复合赋值有时也称为简化赋值。复合赋值广泛用于专业C程序的编写。

3.4.2 算术运算符及表达式

1. 基本的算术运算符

基本的算术运算符包含+、-、*、/和求模%运算。由于sizeof运算符与前面几个基本算术运算符非常相似,因此这里把sizeof也看作是一个算术运算符。除了sizeof外,其他运算符都是双目运算符,运算对象包括常量、变量和函数等。各运算符的功能如表3-7所示。用算术运算符和括号将运算对象连接起来的、符合C语法规则的式子称为C算术表达式。例如,a*b/c-1.5+'a'是一个合法的表达式,这里字符'a'被转换成数字97参与运算。

表 3-7 算术运算符

运算符	功能说明与示例
+	加法运算符或正值运算符。如 3+5、+3
-	减法运算符或负值运算符。如 5-2、-3
*	乘法运算符。如 3*5
/	除法运算符。如 5/3 的值为 1,舍去小数部分。但是除数或被除数中有一个为负值,则舍入的方向是不固定的。Turbo C 采取"向零取整",即-5/3=-1
%	模运算符或称求余运算符。%两侧均应为整型数据,如 7%4 的值为 3。%不适用于浮点型
sizeof	求某一数据类型或某一变量在内存中所占空间的字节数

2. 自增自减运算符

自增运算符"++"和自减运算符"--"是单目运算符,其作用是使变量的值增 1 或减 1,提供了紧凑而方便的表达形式。它们有前置和后置两种,经常用于循环因子。其一般用法如下:

```
++i  或  i++(其副作用: i = i + 1)
--i  或  i--(其副作用: i = i - 1)
```

运算符前置和后置是有区别的。增/减操作符位于操作数之前时,C 先实施增/减操作,然后才使用操作数的值;如果操作符跟在操作数后边,C 先使用操作数的值,然后再相应增/减操作数的内容。例如:

```
i = 10; j = ++i;
```

把 j 置成 11。当写成:

```
i = 10; j = i++;
```

j 先置成 10。

两种书写顺序下,i 的最后值都是 11,区别在于发生变化的时刻。

又如:

```
i = 3; printf(" %d",++i);  输出  4
i = 3; printf(" %d",i++);  输出  3
```

在使用自增自减运算时,应注意如下几点:

(1) 由于自增运算符(++)、自减运算符(--)本质上是赋值符号,因此只能用于变量,而不能用于常量或表达式,如 5++或(a+b)++都是不合法的。

(2) ++和--的结合方向是"自右至左"。例如,有-i++,从附录 C 知道负号运算符"-"和"++"运算符同优先级,按右结合性,则相当于-(i++)。假设 i 的原值等于 3,则 printf("%d",-i++)应输出-3(先取出 i 的值 3,输出-i 的值-3,然后 i 增值为 4)。

(3) 在后继章节还会注意到,自增(减)运算符常用于循环语句中,控制循环变量值的改变和数组下标值的改变等;也用于指针变量,使指针指向下一个对象。

3. sizeof 运算符

sizeof 运算符的功能是求某一数据类型或某一变量在内存中所占空间的字节数。

其使用的一般形式：

```
sizeof (数据类型)
```

或

```
sizeof(变量名或表达式)
```

例如：

```
int i = 10;float f = 3.14F;
```

表达式 sizeof(int)的值为 2，表达式 sizeof(f)的值为 4，表达式 sizeof(10＋3)的值为 2。sizeof 运算符中的数据类型可以为构造类型等复杂数据类型。

3.4.3 逗号运算符及逗号表达式

C 语言中逗号也是一种运算符，也称为“顺序求值运算符”。用逗号把几个运算表达式连接起来所构成的表达式称为逗号表达式。其一般形式：

```
表达式 1,表达式 2,表达式 3, … ,表达式 n
```

表达式的运算次序是自左向右逐个运算，最后一个表达式的结果就是逗号表达式的运算结果。同时，逗号运算符是所有运算符中级别最低的。

例如：

```
a = 15, b = a - 8, a + b                /* 赋值号优先级高于逗号,运算结果表达式值为 22 */
z = (x = 2, y = x + 3,y * x + 6)        /* 逗号表达式给变量赋值,z 值为 56 */
(a = 3 * 5,a * 6), a + 5  /* a 的值为 15,第一个逗号表达式的值为 90,整个表达式的值为 20 */
x = (a = 5,2 * 3)                       /* x 的值为 6, 整个赋值表达式的值为 6 */
x = a = 5,2 * 3                         /* x 的值为 5, 整个逗号表达式的值为 6 */
```

3.4.4 关系运算符和逻辑运算符

1. 关系运算符

关系运算符是对两个运算量进行大小关系比较的运算符，其运算结果是“真”或“假”。由于 ANSI C 没有逻辑类型的数据，因此通常以非零表示“真”，零值表示“假”。使用逻辑或关系运算符的表达式返回 0 作为假值，返回 1 作为真值。C 语言中有 6 种关系运算符，即＞＝(大于或等于)、＜＝(小于或等于)、＝＝(等于)、!＝(不等于)、＞(大于)和＜(小于)。

关系表达式就是用关系运算符把操作对象连接起来的式子。这里的操作对象可以是各种表达式(包括常量、变量和函数表达式等)。

2. 逻辑运算符

逻辑运算符是对逻辑量进行操作的运算符。逻辑量只有两个值：“真”和“假”，它们分别用 1 和 0 表示。C 语言中有三个逻辑运算符：！(逻辑非)、&&(逻辑与)和 ‖(逻辑或)。

逻辑运算符"!"是单目运算符，"&&"与"‖"是双目运算符。它们的操作对象是逻辑量或表达式(可以是关系表达式或逻辑表达式)，表3-8给出了逻辑运算的真值表。

表3-8　逻辑运算真值表

p	q	p&&q	p‖q	!p
非零	非零	1	1	0
非零	0	0	1	0
0	非零	0	1	1
0	0	0	0	1

例如：

a=100，b=200，求a&&b的值为1；

a=-100，b=200，求a&&b的值为1；

a=0，b=200，求a&&b的值为0；

a=0，b=200，求a‖b的值为1；

a=0，b=0，求a‖b的值为0；

a=100，求!a的值为0。

3. 关系表达式与逻辑表达式

逻辑表达式是用逻辑运算符把操作对象(关系表达式或逻辑表达式)连接起来构成的式子。其操作结果只有"真"或"假"两种。

例如：

```
int  a = 3,b = 4,c = a > b;                    /* c值为0 */
c = 10!= 9                                     /*c值为1 */
```

在处理逻辑表达式时要注意逻辑运算符的优先级及结合性。以上所介绍的运算符的优先顺序是：

!>算术运算符>关系运算符>&& 和‖

"&&"和"‖"的结合性是自左至右，而"!"是自右至左。例如：

```
x > y && a < c - 5        等价于      (x > y) && (a <(c - 5))
x!= y && a > = c  - 5     等价于      (x!= y)&& (a > = (c  - 5))
a = = c + 5 &&!x          等价于      (a = = (c + 5)) &&(!x)
```

有时为了便于程序的阅读和理解，通常会把逻辑运算符两边的表达式加上一对括号，增加式子的直观性。建议读者用此方法提高表达式的可读性和可辨认性。

4. 逻辑表达式中的不完全计算问题

在逻辑表达式的求解中，并不是所有的逻辑运算符都要被执行(有时称之为短路现象)。例如，表达式a&&b&&c中只有a为真时，才需要判断b的值；只有a和b都为真时，才需要判断c的值。只要a为假，就不必判别b和c，此时整个表达式已确定为假。

对于表达式a‖b‖c，只要a为真，就不必判断b和c的值；只有a为假，才判断b；a和b都为假，才判断c。

也就是说，对于运算符“&&”来说，只有 a≠0，才能继续进行右边的运算。对于运算符“||”来说，只有 a=0，才继续进行右边的运算。

以下代码：

```
int a = -1,b = 4,k;
k = (++a < 0)&&!(b-- <= 0);
```

执行后，判断++a<0 的值为 0，则不再对!(b--<=0) 运算，直接结束本语句，这样 a、b、k 的值分别是 0、4、0。

5. 将问题的描述转换成 C 语言的关系表达式与逻辑表达式

在编写程序的过程中，需要将问题的描述转换成 C 语言的描述形式。

例 3-1　判断输入的字符变量 ch 值是否是大写字母。

解：C 语言表达式：ch>='A' && ch<='Z'或 ch>=65 && ch<=90

例 3-2　判断输入的三角形三边 a、b、c 是否能构成三角形。

解：构成三角形要求任意的两边之和都要大于第三边。

C 语言表达式：(a+b)>c && (b+c)>a && (a+c)>b

例 3-3　判断输入的年份 year 是否是闰年。

解：判断闰年的方法是：year 能被 4 整除但不能被 100 整除；或 year 能被 400 整除。

C 语言表达式：(year%4=0 && year%100!=0) || (year%=400)

3.4.5　条件运算符

条件运算符，也称为三项条件运算符，或者称为问题运算符，它是 C 语言中唯一的一个三目运算符。其一般形式：

```
表达式 1 ? 表达式 2 : 表达式 3
```

首先计算表达式 1 的值，当其为“真”时，则对表达式 2 求值并将其结果作为表达式的值；当表达式 1 的值为“假”时，对表达式 3 求值并将其结果作为表达式的值。例如，在以下代码：

```
a = 6;
b = a>8 ? 10 : 20;                          /* b的值为 20 */
```

中，如果 a 大于 8，则 b 被赋值 10；如果 a<8，则 b 被赋值为 20。

以下代码：

```
a = 1,b = 2, c = 3, d = 4;
a>b ? a : c>d ? c: d;                       /* 表达式的值为 4 */
```

为条件表达式的嵌套，要注意其求值顺序是自右向左的。先求 c>d ? c：d 的值。

以下代码：

```
a = 2,c = 'a', f = 3.0 ;
p = f == 3.0 ? a< = c : a> = c              /* 表达式 p 的值为 1 */
```

中 p 的值是 2<=97 比较后的值 1。

通常在程序中,把条件表达式的结果赋值给某个变量。请看以下几个将问题描述转换成条件表达式的例子:

(1) 判定一个数 x 是奇数还是偶数:result=(x % 2==0)? 0: 1 ;。

(2) 计算某数的绝对值:y=x>=0 ? x : -x;。

(3) 若一字母是小写则转换成大写,否则保持不变:ch=(ch>='a' && c<='z') ? c-32 : ch。

3.4.6 常用标准函数的调用

在进行程序设计中经常用到数学计算,简单的数学计算可以使用上面介绍的各种运算符组成的运算表达式实现。而对于较复杂的常用的数学计算,C 语言编译系统一般都提供了多种通用数学函数,以方便程序员调用。这种通过调用系统定义的函数,可以减少程序员自己编写此类运算的工作负担,提高编程的效率。除了数学计算如此外,C 语言把许多功能都封装到标准函数中,附录 B 是一些常用的标准函数。

那么,程序员该如何使用这些 C 系统提供的函数呢?首先,在使用这些函数时,需要在程序开头声明函数所在的头文件,方法如下:

```
#include <函数声明的头文件名>
```

然后调用函数,调用函数时,要注意函数名和相关的参数。

例如表 3-9 列出了通常使用的数学函数,这些函数都包含在 math. h 文件中。现将下列数学表达式写成 C 语言表达式。

表 3-9 常用数学标准函数说明

类　别	函数原型	功　能
算术函数	double exp(double x)	指数函数 e^x
	double log(double x)	自然对数 $\log_e x$
	double log10(double x)	常用对数 $\log_{10} x$
	double sqrt(double x)	平方根 x(正根)
	double pow(double x,double y)	乘方 x^y
三角函数	double sin(double x)	正弦函数,角 x 为弧度
	double cos(double x)	余弦函数,角 x 为弧度
	double tan(double x)	正切函数,角 x 为弧度
	double asin(double x),|x|<=1	反正弦函数
	acos(double x),|x|<=1	反余弦函数
	atan(double x)	反正切函数
绝对值函数	int abs(int i)	求整数 i 的绝对值 $\|i\|$
	double fabs(double x);	求浮点数 x 的绝对值
	long labs(long n)	取长整数 n 的绝对值
随机数函数	int rand(void)	返回 0~RAND_MAX 之间的随机整数(stdlib. h)
	int random(int num)	返回 0~num-1 范围内的随机整数(stdlib. h)

(1) $\frac{1+\sin(x)+e^x}{1+x^y}$

解：对应的C语言表达式：

```
(1 + sin(x) + exp(x))/(1 + pow(x,y))
```

(2) $\frac{\ln y}{2\pi\sqrt{x}}+|x|$

解：对应的C语言表达式：

```
#include <math.h>
#define  PI   3.1415926
⋮
log(y)/(2.0 * PI * sqrt(x)) + fabs(x)
```

(3) $y=\begin{cases}\text{tg}x & x\geqslant 0\\ \text{arctg}x & x<0\end{cases}$

解：对应的C语言表达式：

```
y = (x >= 0?tan(x): atan(x))
```

3.4.7 位运算符

由于C就是专为多数程序设计任务中取代汇编语言而设计的，C必须支持许多汇编操作。C支持一整套按位操作。按位运算是指测试、抽取、设置或移位字节和字中实际的二进制位，相应于标准的char和int数据类型及变量。位运算不能作用于float、double、long double、void和其他复杂类型。下面列出了按位运算的运算符：

- &：按位与运算。
- |：按位或运算。
- ^：按位异或运算。
- ～：非运算。
- <<：左移。
- >>：右移。

列出的运算符施加于操作数的各个二进制位。与、或、非的规律与对应的逻辑运算符有相同的真值表，区别只是这里是逐位操作。异或(^)的真值表是：

p	q	p ^ q	p	q	p ^ q
0	0	0	1	0	1
0	1	1	1	1	0

异或运算，只有当一个操作数为真时，异或才为真，否则为假。

1. 与运算符(&)

与运算符比较两个位，如果它们都为1，则结果为1，否则为0。例如，69&115的情况：

```
  01000101   二进制表示 69
& 01110011   二进制表示 115
  --------
  01000001     结果：65
```

按位与运算的特点是任何位与 0 相与为 0(清零的作用)，与 1 相与保持本身状态。

2. 或运算符(|)

或运算符比较两个操作数，如果其中一个位是 1，则结果就是 1，否则为 0。例如，69|115 的结果为 119。

```
  01000101
| 01110011
  --------
  01110111
```

按位或运算的特点是任何与 1 相或都为 1(置 1 的作用)，与 0 相或保持本身状态。

3. 异或运算符(^)

当两个数中有一个为 1 且不同时为 1 时，异或运算(也称异或)的结果为 1，否则为 0。例如，65 ^115 的结果为 54。

```
  01000101
^ 01110011
  --------
  00110110
```

按位异或运算的特点是与 1 相异或发生反转(即 0 变 1,1 变 0)，与 0 相异或保持本身状态。

4. 非运算符(～)

非运算符(也称取反运算符)是单目运算符，它返回操作数的相反值。例如，～'z'的结果是'à'。

```
～ 01111010   二进制表示：122 或'z'
   --------
   10000101   二进制表示：133 或'à'
```

5. 位左移运算符(<<)

左移运算符把数据向左移动若干位，移出左边界的所有位都丢失，右侧新增加的位为 0。

例如：

```
c = 0x1D     (c 的值用二进制数表示为 00011101)
c << 2
```

则表达式 c<<2 的值为 0x74。注意表达式的值和变量值的区别，变量 c 的值并没有变。

向左移一位等同于被 2 乘，当未移出有效位时，左移 n 位等同于乘上 2^n。

6. 位右移运算符(>>)

右移运算符与左移类似，只是方向不同。但右移运算会复杂一些。当右移一个有符号的变量时，填充位是其符号位的值。对于无符号变量来说，用 0 填充。

例如：

```
c = 017     (c的值用二进制形式表示为 00001111 )
a >> 2
```

则 a>>2 的值为 00000011。

右移一位相当于除以 2，右移 n 位相当于除以 2^n。

例如：

```
int a = 0113755;     (a的值用二进制形式表示为 1001011111101101)
a >> 1
```

则 a 的值用二进制表示为 1100101111110110。

7. 位运算在设置、清除和检测位中的应用

(1) 清零。

对一个存储单元清零，即将其全部的二进制位设为 0。只要找一个二进制数，在原数为 1 的位置上取 0，然后使二者进行 & 运算，即可达到清零目的。

(2) 置 1。

按位或运算常用来将一个数据的某些位置 1。

例如，如果想将一个数 a 的低 4 位置 1，只需将 a 与 017 进行按位或运算即可。

(3) 取一个数中某些指定位。

如有一个整数 a(2 个字节)，想要取其中的低字节，只需将 a 与 8 个 1 按位与运算即可。

例如，有一个数 01010101，想把其中左起第 3、4、7、8 位保留下来，运算如下：

```
  01010101   (其十进制表示为 85)
& 00110011   (其十进制表示为 51)
  --------
  00010001   (其十进制表示为 17)
```

又如，取一个整数 a 从右端开始的 4～7 位。可以先使 a 右移 4 位：a >> 4，目的是使要取出的那几位移到最右端；再设置一个低 4 位全为 1，其余全为 0 的数：～(～0 << 4)；然后对这两个数进行与运算，即可得到所需的结果。

3.5 表达式求值

表达式是由运算符、常量和变量构成的，它是 C 语言最基本的元素。大多数表达式求值的过程中，基本遵循数学代数的规则。然而在 C 语言中，表达式有几个方面要特别注意：优先级、结合性和数据类型的变换。

优先级在确定表达式求值顺序时，先于结合性使用，然后才在需要时应用结合性。不带副作用的表达式，变量的值和它们在表达式被求值前的一样；带副作用的表达式，表达式求值过程中，变量的值会发生改变。

要注意的是，在 C 语言中，如果一个在表达式中的变量在求值时被修改多次，其结果是未知的。C 语言没有规定在这种情况的处理原则，编译器作者可以通过不同的方法实现副作用。结果就是不同的编译器给出的答案会不同。

3.5.1 优先级

优先级用于确定复杂表达式求值时不同运算符的计算顺序。优先级的概念在数学中已经有很好的定义。比如算术中,乘法和除法先于加法和减法。C 语言把这个概念拓展到 15 级,见附录 C。在表达式求值时,先按运算符的优先级别高低次序执行,例如先乘除后加减。同优先级的按规定的"结合方向"处理。

3.5.2 结合性

结合性用来决定复杂表达式求值时含有同优先级运算符的计算顺序。结合可分为从左向右结合和从右向左结合。对于从左向右结合,表达式求值从左向右进行;对于从右向左结合,表达式求值从右往左进行。例如,算术运算符的结合方向为"自左至右",即先左后右。例如,3 * 8/4%4 * 5 与((((3 * 8)/4)%4) * 5)等价,表达式的值为 10。

而赋值运算符的结合方向为"自右至左",即右结合性。要记住的是,结合性只有在表达式中有多于一个优先级相同的运算符时才起作用。例如,a+=b *=c-=5 等价于 a+=(b *=(c-=5)),表达式展开后就是 a=a+(b=(b *(c=c-5))),如果 a 的初值是 3,b 的初值是 5,c 的初值是 8,表达式则变成(a=3+(b=5 *(c=8-5))),结果是 c 被赋值为 3,b 被赋值为 15,a 被赋值为 18,而整个表达式的值也是 18。

3.5.3 表达式求值中的类型转换

在表达式中混用不同类型的常量及变量时,它们全都转换提升成同一类型。C 语言编译程序把所有操作数转换成占字节数最大的操作数类型。

1. 隐式转换规则

当表达式中二目运算符的两个操作数的类型不同时,C 语言自动把一种类型变成另外一种类型,这是一种隐式类型转换。对于隐式类型转换,C 语言有一些规则。

首先,所有的 char 和 short int 值自动提升为 int。完成后,其他变换随着操作按以下算法进行:

```
如果某操作数为 long double
    则 第二个操作数变成 long double
否则如果某操作数为 double
    则第二个数变为 double
否则如果某操作数为 float
    则第二个数变为 float
否则如果某操作数为 usigned long
    则第二个数变为 usigned long
否则如果某操作数为 long
    则第二个数为 long
否则如果某操作数为 unsigned
    则第二个数为 unsigned
```

此外，还有一条规则是：如果一个操作数是long而另一个操作数是unsigned，同时unsigned值又不能用long表示，则两个操作数都转换成unsigned long。

例如，参见图3-3中表达式的转换。首先，字符'a'转换成整型数97。表达式'a'/i的类型为float型，i+f的结果是float型，f * d的结果是double型。整型3转换成double，最后是double型。

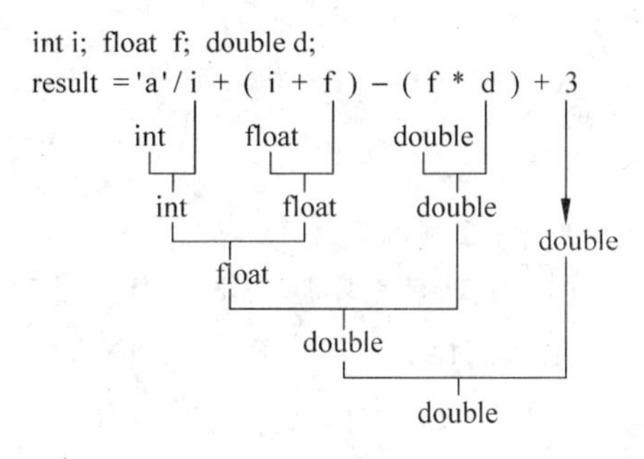

图3-3　表达式类型转换

2. 显式强制类型转换

除了让编译器进行隐式自动转换数据外，强制类型转换是显式的转换。它使用单目运算符把数据从一种类型转换成另一种类型。其一般形式：

```
(类型标识)变量
```

将变量的数据值类型强制转换成括号中指定的新类型，其优先级为14。

例如：

```
(double)a            将a值转换成double类型，但a存储的依然是整型值
(int)(x + y)         将x + y的值转换成整型
(float)(5 % 3)       将5 % 3的值转换成float型2.0
```

要注意的是，在此例的第一个操作中，储存在a中的值，与其他单目操作一样，依然是整型，但是表达式的值被升级为浮点型。

强制类型转换的一个用处是保证除法的结果是一个实数。比如，计算若干整数型考试分数的平均值，如果不使用显式类型转换，结果将是一个整数。要得到一个实数结果，要作如下强制转换：

```
average = (float) sum/ nums;
```

在这个语句中，显式类型转换先把sum转换成浮点型，然后nums的类型被隐式转换以进行类型匹配，最后除法的结果是一个浮点型，被赋值给average。

注意，当a值是3时，以下表达式结果是多少？

```
(float)(a/10)
```

值是0.0。这是因为整数3除以整数10时并没有发生类型转换，只是简单地进行了整数的除法，结果是0，然后整数0被显式转换成浮点数0.0。要得到一个浮点数类型的结果，必须强制转换其中一个数的类型，改为(float)a/10。

关于转换的最后一个要点：就算编译器会正确地进行自动转换，有时也要显示地给出转换以增强程序的可读性。

习题

1. 选择题

(1) 下列数据中属于字符串常量的是(　　)。

A. CHINA　　B. 'CHINA'　　C. "CHINA"　　D. 'china'

(2) 在内存中用(　　)字节存放字符'\n'。

A. 1　　B. 2　　C. 3　　D. 4

(3) 在下面数据中,(　　)是合法的长整型常量。

A. 578131859　　B. 0.342　　C. 78L　　D. 1.2E+3

(4) 以下(　　)不是数据类型。

A. char　　B. float　　C. int　　D. logical　　E. void

(5) 变量建立初始值的代码叫做(　　)。

A. 赋值　　B. 常量　　C. 初始化　　D. 原始值　　E. 值

(6) 以下关于常量叙述正确的是(　　)。

A. 字符常量是括在双引号之内的字符

B. 无法告诉计算机是单精度常量还是长双精度常量

C. 与变量类似,常量也有类型,并可以命名

D. 只有整数才能为常量

E. 常量在程序的执行过程中可能发生改变

(7) (　　)函数用来从键盘读取数据。

A. displayf　　B. printf　　C. read　　D. scanf　　E. write

(8) 以下(　　)不是C中的字符常量。

A. 'C'　　B. 'bb'　　C. "C"　　D. '?'　　E. ' '

(9) 以下(　　)不是C语言中的整数常量。

A. −320　　B. +45　　C. −31.45　　D. 1643　　E. 2323

(10) 设有整型变量a,其值为5,则下列表达式的值不为2的是(　　)。

A. 6−(−−a)　　B. a/2　　C. a%2　　D. a>3?2:1

(11) 设有整型变量n1,n2,其值均为3,执行语句“n2=n1++,n2++,++n1;”后,n1、n2的值分别是(　　)。

A. 4、3　　B. 6、5　　C. 3、3　　D. 5、4

(12) 执行语句“f=(3.0,4.0,5.1),(1.0,2.0)”后,整型变量f的值为(　　)。

A. 5.1　　B. 5　　C. 2.0　　D. 2

2. 简答题

(1) 以下各常量分别是什么类型?

A. 15　　B. −21.45　　C. 'b'　　D. "0"　　E. "10"

(2) 以下常量分别是什么类型?

A. "hello"　　B. 34L　　C. 7.9L　　D. 7.9f　　E. '\a'

(3) 以下哪些标识符是有效的？哪些是无效的？解释之。

A. num－2　　B. num2　　C. num_2　　D. _num2　　E. 2num

3. 程序题

(1) 按下列要求编写变量声明：

① 名字为 option 的字符变量。

② 名字为 sum 的整型变量，初始值为 0。

③ 单精度浮点型变量，名字为 product，初始值为 1。

(2) 有如下变量说明：

```
char ch;
int i;
float f;
double d,result;
```

试分析语句“result＝(ch/i)＋(f * d)－(f＋d);”中数据类型的转换过程。

(3) 找出以下程序的错误。

```
void main(void){
    integer          a;
    floating - point  b;
    character        c;
    printf("The end of the program.");
}
```

(4) 找出以下程序的错误。

```
void main(void){
    a     int;
    b     float,double;
    c,d   char;
    printf("The end of the program.");
}
```

(5) 找出以下程序的错误。

```
void main(void){
    a          int;
    b:c:d      char;
    d,e,f      double float;
    pirntf("The end of the program.");
}
```

(6) 写出以下程序的输入结果。

```
#include <stdio.h>
void main(void){
      int i = 8;
      printf("%d,%d,%d,%d,%d",++i,--i,i--,i++,-i--);
}
```

(7) 编写一个程序，从键盘读入两个整数，把它们相乘，然后打印这两个整数及它们的积。

(8) 编写一个程序,提取和打印一个浮点数的整数部分的最右一位。

(9) 编写一个程序,提取和打印一个浮点数的整数部分的最右二位。

(10) 编写一个程序,计算一个由用户输入长和宽的矩形面积和周长。

(11) 把摄氏度转换成华氏度的方程是 F＝32＋(C×1.80)。编写一个程序,该程序提示用户输入一个摄氏温度值,然后打印出等价的华氏温度值。

(12) 编写C语言代码以计算并打印以下数列的后两个数字。在每个问题中只能使用一个变量。

① 0,5,10,15,20,25,?,?

② 0,2,4,6,8,10,?,?

③ 1,2,4,8,16,32,?,?

第 4 章 顺序结构程序设计

基本内容

- C 语言的语句；
- 字符的输入和输出函数；
- 格式化的输入和输出函数；
- 顺序结构的 C 程序设计。

重点内容

- C 语言的语句；
- 字符的输入和输出函数；
- 格式化的输入和输出函数。

在程序中，操作部分是由语句构成的，语句是执行程序的一部分。语句是程序员向计算机系统发出的操作指令和要求。一条语句使程序执行一个动作，它经编译后产生一条或多条可执行的计算机指令。

虽然前面章节程序里已经明确地演示了一些 C 语言的语句，比如输入和输出，但还没有正式介绍如何进行数据的输入和输出。本章介绍 C 语言的语句、C 语言的输入和输出操作以及编写顺序结构的 C 程序。

4.1 C 语言的语句

根据可执行语句的表现形式及功能的不同，可以把 C 语言的可执行语句划分为表达式语句、空语句、复合语句和控制语句。其中根据表达式的不同又可再细分。

4.1.1 空语句

空语句就是如下所示的一个分号(结束符)：

```
/* 空语句 */
```

虽然不常见，但是有某些情况，需要一条语句但又不需要完成什么动作，这时可使用空语句。比如，作为循环语句中的循环体或用来作流程的转向点(流程从程序其他地方转到此语句处)：

```
for (i = 1; i > 500; i++)
```

```
                                        /* 此语句起到延时的作用 */
```

4.1.2 表达式语句

一个表达式后面加个分号(;)就变成一条语句,这种语句称作表达式语句。

格式如下:

```
expression;                             /* 表达式语句 */
1          10 + 5.0;
2          12.3 + a;
3          ++i;
4          c = c + 2;
5          s = sqrt(a + b + c);
6          printf("hello!");
```

以上皆为表达式语句。第1、2行表达式语句在执行过程中遇到分号时,放弃表达式的值。这种表达式由于没有副作用,产生不了效果,程序中通常不使用它们,但是必须记住它们是语法正确的表达式语句。C会求取它们的值,然后再舍弃这个值。

典型的表达式语句是赋值语句和函数调用语句。第3行通过自增运算符++的副作用,在计算表达式的同时使变量i值增1(相当于一个赋值语句)。第4、5行是赋值语句,第6行是函数调用语句。第5行通过函数调用得到了函数调用的结果,所以sqrt(a+b+c)也是一个表达式,称为函数表达式。s= sqrt(a+b+c)是赋值表达式,赋值表达式的值和最后变量s的值相同。而s= sqrt(a+b+c);是一个赋值语句。

1. 赋值语句

赋值语句是由赋值表达式加一个分号组成的。它的一般形式是:

```
变量名 = 表达式;
```

它的功能是求出右侧表达式的值并存储在左侧的变量里。表达式的值被存储后,表达式终止(因为后面有一个分号),值也被丢弃了。

需要注意的是,赋值号"="左侧是一个变量,不能是常量。另外,C语言中还有一些复合赋值运算符:算术赋值运算符、位操作赋值运算符以及增量(加1)运算符++、减量(减1)运算符--。因此,--i;、i+=2;、i&=5;等为赋值语句,它们均可以作为一个单独的语句在程序中出现。

2. 函数调用语句

函数在C语言中是极其重要的。自顶向下的设计想法是在使用函数的过程中实现的。有关函数的具体细节将在第8章中进一步介绍。在程序设计过程中,有时可以调用其他的函数来完成特定的任务。函数调用语句的一般形式:

```
函数名(函数参数列表);
```

例如:

```
printf("sum = %d\n", a + b);
scanf("%d%f%d", &a,&f,&b);
ch = getchar();
putchar(ch);
```

4.1.3　复合语句

复合语句是一块含有0个或多条语句的代码，也称为块(block)。复合语句可以使一组语句成为一个整体。所有C函数都含有一条复合语句，称为函数体。一个复合语句中又可以包含另一个或多个复合语句。复合语句的格式：

```
{
  声明部分;
  语句部分;
}                                  /* 块结束 */
```

一条复合语句包含左大括号、一个可选的声明和定义组、一个可选的语句组及表示复合语句结束的右大括号。虽然声明组和语句组都是可选的，但一般至少有一个存在。如果都不存在，那么通常可以通过添加一个没有实际意义的空语句来替换它。

例如：

(1)

```
if (a < b) {
     t = a; a = b; b = t;
}
⋮
```

(2)

```
void main(void) {
   int a = 1,b = 10,c = 100;
   {
        int a = 2,b = 20,c = 200;
        {
          int a = 3,b = 30,c = 300;
          b++;c++;
        }
    }
  }
```

要记住的是，复合语句无须分号结尾。大括号就是复合语句的分隔符。如果在右括号后加上分号，编译器会认为在复合语句后增加了一个空语句。这是一个不好的风格，虽然不会引起代码和编译错误，但可能产生一条警告消息。

C要求复合语句中的定义组出现在任何语句之前。定义组和语句组不能交织。

4.1.4　控制语句

控制语句主要是对程序的走向起控制作用。一般来说，程序的执行不可能都是按顺序执行的，有时会因为程序的某些因素而需要改变流向，这时就需要使用控制语句。控制语句主要有如下所列的9个。具体语句的功能和详细介绍在后继章节中进行。

if() …else…	条件语句；
for()…	循环语句；
while()…	循环语句；
do …while()；	循环语句；
continue	结束本次循环语句；
break	中止执行 switch 或循环语句；
switch()	多分支选择语句；
goto	转向语句；
return	从函数返回语句。

上述 9 种控制语句中的括号"( )"表示括号中是一个"判别条件"，"…"表示内嵌的语句。

4.2 C语言中的输入和输出

程序是数据的处理器：它接收输入数据，对数据进行处理，进而得到数据输出。尽管前面章节的程序已经明确地演示了该如何输入和输出数据等，但还是没有正式介绍如何使用 C 语言的机制进行数据的输入和输出。

4.2.1 流

输入和输出处理其实是复杂的工作，这主要是因为输入和输出设备以及数据格式的多样性造成的。比如，数据可能来自键盘、磁盘文件或者通信通道（如 Internet）。同时，数据可以输出到显示器、磁盘文件或通信通道。各种设备差别很大，但 C 缓冲文件系统把每种设备都转换成称为流（stream）的逻辑设备。它给程序员提供了与设备无关的一致界面，它在程序员和设备之间提供了一级抽象。这个抽象就是流，而实际的设备称为文件。所有流的性质完全类似，与设备无关，因此能够用于写入磁盘文件的函数也能用于写入显示器终端。

在 C 中，只考虑流，用单一文件系统完成全部 I/O 操作。C 的 I/O 系统把原始输入和输出自动变换成容易管理的流。

为介绍方便，本章讨论标准的输入和输出函数。也就是认为输入和输出函数是从键盘输入，向显示屏输出。更进一步的知识将在第 12 章中介绍。

4.2.2 标准输入和输出

C 语言完成输入和输出操作是通过调用函数来实现的。C 提供了多种标准输入和输出函数，用于自动从键盘读入数据或是自动向屏幕输出数据。这些函数主要有 scanf（格式输入函数）、printf（格式输出函数）、getchar（字符输入函数）、putchar（字符输出函数）、gets（字符串输入函数）、puts（字符串输出函数）。

printf 函数把数据转换成一定格式文本流并输出到显示器中。scanf 函数把来自键盘的文本流转换成一定类型的数据值并存储在程序变量中。printf 函数与 scanf 函数主要负责从数据到文本流及从文本流到数据的转换。getchar 函数与 putchar 函数、gets 函数与 puts 函数用于字符和字符串的输入和输出。本章介绍前 4 个函数，后两个函数将在第 9 章和第 12 章中介绍。

以上函数都在 stdio. h 头文件中声明了，因此，在使用这些函数时，应在程序的开头处写下如下编译预处理命令：

```
#include "stdio.h"   或   #include <stdio.h>
```

stdio 是 standard input & output 的缩写，它包含了与标准 I /O 库有关的变量定义和宏定义以及对函数的声明。文件后缀中的 h 是 head 的缩写，#include 命令都是放在程序的开头，因此这类文件称为“头文件”。当程序中使用到相关的函数时，需要在程序开头加上其所在的库文件名。有关 stdio. h 与<stdio. h>的小区别在第 10 章中会有说明。

4.3 字符输入和输出

字符输入函数(character input function)每次从文本流中读入一个字符，字符输出函数(character output function)每次向文本流中写入一个字符。这些函数通常可以分成两类：终端设备外部使用的输入和输出函数，以及同时可被终端和文本文件使用的输入和输出函数。这节介绍仅用于终端的输入和输出字符函数：getchar 和 putchar。其他的将在第 12 章中介绍。

4.3.1 字符输出函数 putchar

字符输出函数(putchar)向显示器写一个字符。如果在写操作中出现错误，则返回 EOF (EOF 宏定义在<stdio. h>中，且一般值为－1)。该函数的一般形式：

```
putchar(c)          /* 输出变量 c 的值   */
```

其中 c 可以是字符型变量或整型变量。

例如，以下程序向显示屏输出几个字符：

```
#include <stdio.h>
void main(void) {
    char ch1,ch2,ch3;
    ch1 = ':'; ch2 = ')'; ch3 = '*';
    putchar(ch1); putchar(ch2); putchar(ch3); putchar('\n');
}
```

运行结果：

```
:)*
```

如果把最后的输出改为：

```
putchar(ch1); putchar('\n');putchar(ch2); putchar('\n');putchar(ch3);putchar('\n');
```

则运行结果：

```
:
)
*
```

4.3.2 字符输入函数 getchar

字符输入函数(getchar)从标准输入流读入下一个字符,并返回其值。该函数没有输入参数,一般形式：

```
getchar()            /* 获得一个字符 */
```

例如,从键盘输入一个字符,并将其输出到显示屏上：

```
#include<stdio.h>
void main(void){
    char ch;
    ch = getchar();   /* 第4行 */
    putchar(ch);      /* 第5行 */
    putchar('\n');
}
```

运行结果：

```
k
k
```

注意：getchar 函数只能接收一个字符。getchar 函数得到的字符可以赋给一个字符变量或整型变量,也可以不赋给任何变量,作为表达式的一部分。也可将第4、5行改写成 putchar(getchar());。

与 getchar 函数相类似的主要函数还有 int getch(void)(从键盘上读入一个字符,字符不回显在屏幕上,函数返回读入的字符值)和 int getche(void)(从键盘上读入一个字符,字符回显在屏幕上,函数返回读入的字符值),使用这两个函数;需要使用编译预处理命令 #include＜conio. h＞。

4.4 格式化输入和输出函数

格式化输入和输出操作是在程序设计者的控制下以各种格式进行标准的读写。函数 printf()向显示屏写数据,函数 scanf()从键盘读数据。它们都通过函数中的参数"格式字符串(format string)"中的"格式说明符"控制数据格式。

4.4.1 格式化输出函数 printf()

格式输出的一般形式是：

```
printf("格式控制字符串",数据列表)
```

printf 函数参数中的"数据列表"是可选的。如果存在数据,必须用逗号来分隔格式字符串与数据列表。如果存在不止一个数据,则需要用逗号分隔。

格式控制字符串由两类项目组成：第一类是显示到屏上的字符,第二类是定义相应变元显示格式的格式说明符。格式说明符由百分号(%)开始,然后紧随格式码。格式说明符的数量必须与数据列表中的数据个数严格一致，两者从左到右互相对应。例如，printf()调用：

```
x = 90;  sum = 19.9;
printf("\nWelcome to Game\n");
printf("The answer is %d\n",x);
printf("a= %d sum= $ %5.2f \n",30,sum);
```

则输出到显示屏上的内容是：

```
Welcome to Game
The answer is 90
a= 30 sum=$19.90
```

第一条 printf()没有数据项，显示了一条字符串，作为程序开始处的欢迎信息；第二条 printf()有一个数据项 x，控制字符串中的%d 匹配变量 x；在第三条 prntf()中，%d 匹配常量 30，而%5.2f 匹配变量 sum。

格式控制字符串中的文本数据一般是给用户的提示信息、标题或其他标识符以及使输出可读性更强的文本。如第一条一般用于程序开始处的欢迎信息提示，第二条和第三条显示计算结果。转换说明符在控制字符串中的位置决定了数据在文本流中的位置，且转换说明符中的类型和参数类型必须匹配。

格式控制字符串中可以包含一些控制字符，如制表符(\t)、换行(\n)和警告(\a)等，以方便控制打印。

图 4-1 显示了第三条 printf()的各个组成部分如何共同运行而产生最终结果。其中的%5.2f 中的 5.2 用于控制数值输出的宽度和精度。

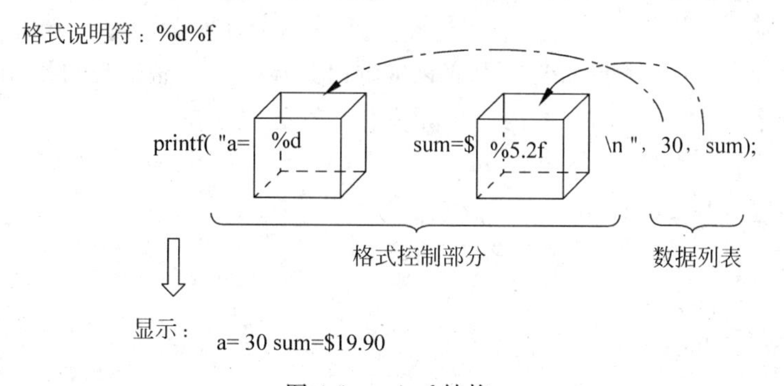

图 4-1　printf 结构

当执行 printf 函数时，每个数据值是通过控制字符串中独立的格式说明符转换成文本流的。格式说明符描述了数据的类型。同时许多格式说明符可以取修饰符，对格式进行微调，如指定最小数据宽度、小数点后显示的位数以及左对齐等。

格式说明符包含一个百分号(%)、可选格式修饰符和一个格式码。其格式如图 4-2 所示，转换说明符最多可能有 6 个元素。第一个元素是转换描述标记(%)，最后一个元素是格式码。这两个元素是必需的，其他元素则是可选的。

%	标志	最小输出宽度	精度	大小	格式码

图 4-2　转换说明符的转换规约

1. 格式码

格式码是用来描述数据类型的，如表 4-1 所示，printf()接受多种格式码。

表 4-1 输出格式码

转换码示例	说明
%c	输出字符
%s	输出字符串
%d	带符号十进制形式输出整数
%i	带符号十进制形式输出整数
%u	以无符号十进制形式输出整数
%e	科学表示法(小写 e 表示指数部分)
%E	科学表示法(大写 E 表示指数部分)
%f	十进制浮点数，隐含输出 6 位小数
%g	选用%f 或%e 格式中输出宽度较短的一种格式，不输出无意义的 0
%G	选用%f 或%E 格式中输出宽度较短的一种格式，不输出无意义的 0
%o	以八进制无符号形式输出整数
%x	以十六进制无符号形式输出整数(不输出前导字符 0x)。十六进制数的 a～f 以小写形式输出
%X	以十六进制无符号形式输出整数(不输出前导字符 0x)。十六进制数的 A～F 以大写形式输出
%p	显示地址
%%	显示百分号%

注：还有%n，这里不做介绍。

(1) 打印字符和串。

%c 打印单字符。%c 使匹配变元无变化地输出到显示屏。整数也可以用%c 格式输出。

%s 打印字符串。%s 使匹配的内容串无变化地写到显示屏。

例如：

```
char c = 'a';
int i = 97;
printf(" %c, %d\n",c,c);
printf(" %c, %d\n",i,i);
```

显示：

一个整数，只要它的值在 0～255 范围内，可以用“%c”使之按字符形式输出。在输出前，系统会将该整数作为 ASCII 码转换成相应的字符。一个字符数据也可以用整数形式输出。

(2) 打印数值。

%d 和%i 处理有符号的整数，两者完全等价，同时存在是由于多种历史原因造成的，其中之一是为了维持与 scanf()的等价关系。

例如：

```
int    a = 123,b = -213;
printf(" %d, %d",a,b);
```

显示如下：

```
123,-213
```

按十进制整型数据的实际长度输出，并不输出“+”。

%u用于处理无符号整数。一个有符号整数(int型)也可以用%u格式输出；一个unsigned型数据可以用%d格式输出。但要注意输出结果的变化，这些变化都与数据在内存中的存储形式密切相关。

例如：

```
int   a = 123, b = -1;
unsigned int c = 65534;
printf(" %d, %d, %d\n",a,b,c);
printf(" %u, %u, %u",a,b,c);
```

显示如下：

```
123,-1,-2
123,65535,65534
```

%f以小数形式显示单精度、双精度浮点数变元值。不指定字段宽度，由系统自动指定字段宽度，使整数部分全部输出，并输出6位小数。应当注意，在输出的数字中并非全部数字都是有效数字。单精度实数的有效位数一般为6或7位，双精度实数的有效位数一般为16位。超出部分是无意义的。

例如：

```
float a = -323.4563;
double b = 4523000000123.45251413;
printf(" %f, %f",a,b);
```

显示如下：

```
-323.456299,4523000000123.452150_
```

%e、%E令printf()以科学表示法或称指数表示法显示浮点数变元。科学表示法显示的一般格式是：

```
x.dddddE+/-yy
```

这种规范化的格式是小数点前必须有且只有1位非零数字，不指定输出数据所占的宽度和数字部分的小数位数。有的C编译系统自动指定小数位数占5位，指数部分占4位，其中e或E占1位，指数符占1位，指数占2位。

例如：

```
float a = -2233.456,b = 0.003424;
```

```
printf(" %e, %E",a,b);
```

显示如下：

```
-2.23346e+03,3.42400E-03
```

注意小数位数的四舍五入。同时希望大写显示 E 时用%E,否则用%e 格式。

%g(或%G)可以令 printf()适当选用%f 或%e(或%E),选择规则是产生最短输出者优先。

例如：

```
float f = 234.453;
printf(" %f, %E, %g",f,f,f);
```

显示如下：

```
234.453003,2.34453E+02,234.453
```

用%f 格式输出占 10 列,用%e 格式输出占 11 列,用%g 格式时,自动从上面两种格式中选择短者,故占 10 列,并按%f 格式用小数形式输出,最后 3 个小数位为无意义的 0,不输出,因此输出 234.453。

%o 以八进制整数形式输出。输出的数值不带符号,即符号位也一起作为八进制数的一部分输出。%x(或%X)以十六进制数形式输出整数。同样不会出现负的十六进制数。

例如：

```
int a = -1;
printf(" %x, %X, %o, %d",a,a,a,a);
```

显示如下：

```
ffff,FFFF,177777,-1
```

注意输出的八进制数和十六进制数前边并没有加上 0 或 0x 来表示输出的数是八进制或十六进制数。

(3) 显示地址。

```
#include <stdio.h>
float sum;
int main(void){
    printf(" %p",&sum);
    return 0;
}
```

显示如下：

```
0704
```

显示变量 sum 所标识的内存地址(十六进制表示)。不同时期,运行结果的地址可能不同。在不同的编译系统中,结果地址值的表示也会有所不同。

2. 输出格式修饰符

格式修饰符是可选的，用来修饰转换码的大小或输出位置宽度、精度和对齐方式等。格式修饰符的位置在百分号和格式转换码之间。

(1) 标志。

标志修饰符主要用来在 4 个方面进行打印修饰：对齐、填充、符号以及数据转换。在以下例子中介绍前面 3 种。表 4-2 给出了 3 种常用的标志选项。

表 4-2 格式标志选项

标志类型	标志代码	格式
对齐方式	无	右对齐
	－	左对齐
填充方式	无	空格填充
	0	0 填充
符号	无	正值：没有符号
		负值：－
	＋	正值：＋
		负值：－
	空格	正值：空格
		负值：－

按照默认值的约定，所有输出都是右对齐的，即域宽大于数据实际宽度时，数据放在域的右边界上，左边用空格填充，正值不输出符号，负值输出负号(－)。百分号(%)后直接放一个减号(－)可以强制左对齐输出；百分号后接一个 0 可以强制填充 0；百分号后直接放一个正号(＋)，可以让正值输出正号(＋)；百分号后接一个空格，则正值前留一个空格位。

(2) 最小输出宽度修饰符。

在%与格式码之间的整数起到最小输出宽度的作用。当显示的串或数窄于指定的宽度时，printf()用空格填至指定宽度；当显示的串或数宽于指定宽度时，内容按实际宽度全部显示。希望用补 0 的方式代替补空格时，就在指定最小宽度的整数前加 0。例如：

```
double val = 10.30421;
printf("%f\n",val);
printf("%+12f\n",val);
printf("%-012f\n",val);
printf("%012f\n",val);
```

显示如下：

```
10.304210
  +10.304210
10.304210
00010.304210
```

可以看到 0 只在前端填充，并不在后端填充。例中第 4 个数的前三位 0 是填充的。最小宽度修饰符最常用于制表，表中按列对齐。

(3) 精度说明符。

精度说明符应该位于最小宽度修饰符之后，由一个圆点“.”及其后的整数构成。精度说明符的准确意义依相应数据的类型而定。

用格式说明符%f、%e或%E作用于浮点数时，精度说明符确定显示小数点后面的位数。例如，%－7.2f显示的浮点数靠左对齐，至少有7个宽度，其中小数占2位。如果未指定精度，则默认为小数点后6位。

当精度说明符作用于%g或%G时，指的是有效位的数目。

当精度说明符作用于串时，限制的是最大的域宽。例如，%5.7s显示的串最少有5个字符(左侧可能补0)，最宽7个字符(对于超长部分，从超长点到结尾全部截掉)。

当作用于整数时，精度说明符决定必须显示的最小位数，不足时左侧补先导0。

例如：

```
printf("%.4f\n",124.3523423);
printf("%3.5d\n",3000);
printf("%8.10s,%7.2s,%-.4s\n","IlikeC","IlikeC","IlikeC");
printf("|%-+8.2f‖%08.2f|\n",1.2,2.3);
printf("^^^^^^^^^^^^^^^^^^^^^^^^^^");
```

显示如下：

```
124.3523
03000
  IlikeC,     Il,Ilik
|+1.20   ||00002.30|
^^^^^^^^^^^^^^^^^^^^^^^^^^
```

(4) 大小修饰符。

用来修饰格式码的类型，允许printf()显示长(long)和短(short)整数。它们是l和h，适用于格式转换码d、i、o、u和x。修饰符l通知printf()处理长整数(long)，如%ld表示应显示long int数据。修饰符h通知printf()处理短整数，如%hu表示应显示short unsigned int数据。

修饰符l还可以加在浮点修饰符e、f和g的前面，说明后面跟随的是long double。

表4-3给出了宽度、精度与大小的选项说明。

表4-3 宽度与大小的格式说明

修饰	修饰符	说明
最小宽度	m	输出数据域宽，数据长度小于m，左补空格；否则按实际输出
精度	.n	对实数，指定小数点后位数(四舍五入)
		对字符串，指定截取的字符个数
大小	l	在d、o、x、u前，指定输出精度为long int型
		在e、f、g前，指定输出精度为long double型
	h	在d、o、x、u前，指定输出精度为short int型

(5) 修饰符*和#。

在转换码g、f和e前面加一个#时，确保出现小数点，即使无小数位时也如此。x前加#符号时，输出的十六进制数带前缀0x；在o前加#号，输出的八进制数带前缀0。

最小宽度和显示精度也可以不是常数，它可以通过传入 printf()的变元动态指定。这时用“＊”符号做占位符。扫描格式控制串时，pirntf()按出现的顺序定位“＊”符号对应的变元，用变元值回填占位符号处的未定值。

例如：

```
printf("%#f\n",10.5);
printf("%x,%#x\n",10,10);
printf("%*.*f\n",10,4,123.54);
```

显示如下：

其中第三条 printf()中，第一个“＊”号对应 10，每两个“＊”号对应 4，相当于 printf("%10.4f",123.54);。

3. 常见的输出错误

以下每个例子至少有一个错误。请尝试找出相应的错误。

(1) printf("%d %d %d\n", 33,66); 输出：33 66 0。

这个例子有 3 个转换规约，但只有两个数据。

(2) pirntf("%d %d\n",33,66,99); 输出：33 66。

这个例子有两个转换规约，但有 3 个数据。在这种情况下，printf 将忽略第三个值。

(3) float x=123.45;

　　printf("The answer is %d\n", x);

输出：The answer is 0。

这个格式规约(整型)不匹配数据类型(实型)的常见错误。

(4) long a=135790;　　/* 定义 a 为长整型变量 */

　　printf("%d",a);

由于基本整型数据的表数范围为－32 768～32 767，因此长整型数据应当用%ld 格式输出。

4.4.2　格式化输入函数 scanf()

scanf 函数获取来自键盘的文本流，按照格式控制串对数据进行提取并格式化，同时把数据存放在指定的程序变量中。scanf 函数很像是 printf 函数的逆过程。其一般格式：

```
scanf(格式控制字符串,地址表列)
```

与 prinft()中的格式控制串类似，scanf 函数中的格式控制串也包含在两个双引号中，双引号里面包括一个或多个格式说明符，用来描述数据类型和表明特定的格式规则。与 printf()中的数据值不同，scanf()中需要有变量地址，用来存放每个数据，并且目标数据项不能是文字值，它们必须存放在变量中。

例如：

```
int a,b,c;
scanf("%d%d%d", &a, &b, &c);
printf("%d, %d, %d\n", a, b, c);
```

每个格式说明符必须与地址列表中的变量相匹配。“%d%d%d”表示按十进制整数形式输入3个数据。“&”是地址运算符，写在变量名前用于获得该变量的地址。

以上例子运行结果：

```
3 4 5↙    (输入a、b、c的值，之间用一个或多个空格，或Tab键或回车符分隔)
3,4,5     (输出a、b、c的值)
```

输入格式控制字符串由3类字符构成：格式说明符、空白符和非空白符。下面分别对它们进行讨论。

1. 输入格式说明符

输入格式说明符由以%开头的格式码组成。表4-4给出了这些输入格式说明符。

表4-4 输入格式说明符

代码示例	说明
%d或%i	用于输入带符号的十进制整数
%o	用于输入无符号的八进制整数
%x	用于输入无符号的十六进制整数(大小写作用相同)
%u	用于输入无符号的十进制整数
%c	用于输入单个字符
%s	用于输入字符串，将字符串放入一个字符数组中
%f	用于输入实数，可以用小数形式或指数形式输入
% e%,E%,g%,G	与%f作用相同
%p	用于输入指针类型
%%	读一个百分号
%n	接收一个整数，其值由scanf()自动产生，等于至此scanf()已读入的字符总数
%[]	搜索字符集合

说明：%[]、%n在这里不做介绍，有兴趣的读者可以查阅相关手册。

(1) 输入数值。

%d和%i读入十进制整数，%e、%f和%g以标准格式或科学表示法读入浮点数。

%o和%x用于分别读入八进制和十六进制数。%x对于大小写都是可以的，输入时A～F或a～f都适用。

%u用于输入一个无符号整数。对unsigned型变量所需要的数据，可以用%u、%d或%o、%x格式输入。

例如，以下分别读入一个无符号数放入变量num，一个十进制数放入变量num10，一个八进制数和一个十六进制数分别放入num8和num16。

```
unsigned num;
int num10, num8, num16;
scanf("%u%d%o%x",&num,&num10,&num8,&num16);
printf("%u, %d , %o , %x\n",num,num10,num8,num16);
```

在读入一个数时，scanf()认为第一个非数字字符将结束该数。

(2) 输入单个字符和字符串。

使用%c、scanf()也可以像getchar()一样读入单个字符。虽然读其他类型的数据时，空格、换行、制表符区分不同的域，但读单个字符时，空白符却像其他字符一样被读取。

例如：

```
char c1,c2,c3;
scanf("%c%c%c",&c1,&c2,&c3);
```

若输入：

```
a b c↙
```

则将字符'a'送给c1，空格字符' '送给c2，字符'b'送给c3。

如果想将字符'a'、'b'、'c'分别赋给字符变量c1、c2、c3，正确的输入方法是：

abc↙ (字符间没有空格)

另外，有关字符串的输入可以用%s实现，这在第7章中介绍。

(3) 输入地址。

使用%p可以读入一个内存地址(即指针值)。这在第9章中会介绍。

2. 格式修饰符

输入格式说明符可以带域宽修饰符、大小修饰符和赋值压缩标记。表4-5给出了scanf()格式修饰符。

表4-5 输入宽度、大小等的格式说明

修 饰	修 饰 符	说 明
域宽	m	指定输入数据所占的最大列数，域宽值应为正整数
大小	l	用于输入长整型数据(可用%ld、%lo、%lx、%lu)以及double型数据(用%lf或%le)
	L	用于输入long double型变量的值(用%Lf)
	h	用于输入短整型数据(可用%hd、%ho、%hx)
赋值压缩标记	*	表示本输入项在读入后不赋给相应的变量

(1) 域宽。

域宽修饰符是一个整数，放在%与格式码之间，限制该域读入的最多字符数。例如：

```
scanf("%3d%2d%4d",&ssn1,&ssn2,&ssn3);
```

若输入46271419，则系统自动将462赋给ssn1，71赋给ssn2，1419赋给ssn3。

(2) 大小。

读长整型数时，应在格式转换码前加字母l；读短整数时，应在格式转换码前加字母h。l和h适用于与d、i、o、u和x转换码一道使用。

按默认值，scanf()中的转换码f、e和g令其把数据赋给浮点(float)型变量。l放在f、e和g之前时，scanf()把数据赋给双精度(double)型变量。L使scanf()给长双精度(long double)型变量赋值。

例如：

```
double  f1;  float f2 ;
scanf(" % lf, % f",&f1,&f2)
```

本例若写成 scanf("%f,%f",&f1,&f2) 就错误了。

(3) 赋值压缩标记(忽略输入)。

在域的转换码前加星号(*),使 scanf()读入该域,但不向任何变量赋值。

例如：

```
scanf(" % d % * c % d",&x,&y);
```

可以输入一个坐标值 10,20。

这时系统会将 10 赋值给 x,% * c 将使","读入后不向任何变量赋值,20 赋值给 y。当仅需要处理部分输入内容时,这种对赋值的压制特别有用。

小结：输入转换码与输出转换码有 3 个方面不同：①在输入规约中没有小数位数的指定。如果包括小数位数将是错误的,scanf 遇到小数位数会停止处理,输入流进入错误状态。②输入格式中只有一个赋值压缩标志(*)。此标志告诉 scanf 对接下来的输入域只读取不存储,即读取的数据将被丢弃。③宽度规约的不同。对输入格式是最大宽度,而不是最小宽度。

3. 空白符

格式控制串中的空白符使 scanf()跳过输入流中的一个或多个前导空白符。空白符是指空格(space)、制表符(tab)、垂直制表符、进纸符(formfeed)和新行。本质上,控制串中的一个空白符使 scanf()读入流中任何数目的空白符而不保存它们,直到遇到一个非空白符为止,起到过滤多余空白符的作用。

例如：

```
int a,b,c;
scanf(" % d % d % d", &a, &b, &c);
printf(" % d, % d, % d\n", a, b, c);
```

输入数据时,在两个数据之间以一个或多个空格间隔,也可以用 Enter 键、Tab 键。下面输入均为合法：

① 3 4 5↙　　(输入 a、b、c 的值,之间用空格分隔)
② 3　4　　5↙　　(输入 a、b、c 的值,之间用多个空格分隔)
③ 3↙　　(输入 a、b、c 的值,之间用换行符分隔)
　4 5↙
④ 3(按下 Tab 键)4↙　　(输入 a、b、c 的值,之间用制表符分隔)
　5↙

4. 非空白符

格式控制串中的非空白符使 scanf()读出并滤掉输入流中的匹配者,如"%d,%d"使

scanf()读入一个整数后读入并放弃一个逗号(,),然后再读第二个整数。输入流中未发现匹配者时,scanf()返回。希望读入并放弃百分号(%)时,应该书写两个百分号(%%)。

以下面的内容为例,这里先列出要输入的数据,再写出 scanf 语句。

(1) 212 3 23Z。

```
scanf("%d%d%d%c",&a,&b,&c,&d);
```

注意,如果在 23 和 Z 之间有空格将导致错误,因为%c 不会跳过空格。为了避免这个问题,使用如下语句在%c 前增加一个空格,这会使得前导空格被忽略。

```
scanf("%d%d%d %c",&a,&b,&c,&d);
```

(2) 13/56 24/69。

```
scanf("%2d/%2d %2d/2d",&num1,&den1,&num2,&den2);
```

注意带有斜线(/)的格式串,由于它不是转换规约的一部分,用户输入它们的时候必须与格式指定的相一致,否则 scanf 会停止读取操作。这个例子从标准输入单元中读入两个分数,并将分子与分母分别放入整型变量中。

(3) 3-16-2009。

```
scanf("%d-%d-%d",&a,&b,&c);
```

在这里,需要用户输入的是月、日和年之间的横线。尽管这是一种常用的日期格式,但用 printf 提示用户输入月、日、年的分割会是更好的方案。

```
printf("Enter mm-dd-yy");
scanf("%d-%d-%d",&a,&b,&c);
```

5. 使用 scanf 函数时应注意的规则

在使用 scanf 函数时,应注意以下规则:

(1) 对每个转换规约,需要有合适数据类型的变量地址与之对应。例如,scanf 函数中的"格式控制"后面应当是变量地址,而不应是变量名。

```
scanf("%d,%d",a,b);                     错误
scanf("%d,%d",&a,&b);                   正确
```

(2) 对于每个要读取的变量,需要有转换规约与之对应,数目要相一致。

例如:

```
scanf("%d%d%d",&a,&b);
scanf("%d%d",&a,&b,&c);
```

第一个输入有三个转换规约,但只有两个地址,因此,scanf 读取前面两个值后,由于无法找到第三个地址而停止。

第二个输入只有两个转换规约,但有三个地址,因此,scanf 读取前两个值并忽略第三个地址。

(3) 转换操作一直处理到以下情况发生为止:

① 到达文件的末尾。例如，用户使用文件结束符（EOF）表示没有更多的输入，如在Windows系统中可采用Ctrl+Z组合键以发出EOF信号。

② 已经处理完最大数目的字符，如%3d，只取3列。

③ 对于数字型规约，在数字后面找到了空白符或不适当的字符，例如：

```
scanf("%d%c%f",&a,&b,&c);
```

若输入：

```
87 a 98o.33
```

由于疏忽将980.33打成98o.33，由于98后面出现了字符'o'，就认为该数值数据到此结束，因此将98送给变量c。

④ 检测到错误。

（4）除了空白符及转换规约外，其他字符必须严格与用户输入相匹配。如果输入流与指定字符不匹配，则发生错误，同时scanf停止。

（5）在格式串的末尾不要有空白符，否则会导致致命性的错误，此时程序的运行将是不正确的。

4.5 顺序结构程序设计举例

本节通过一些程序例子进一步说明输入和输出的概念。

例 4-1 打印报表：编写程序打印图4-3所示的报表样例。

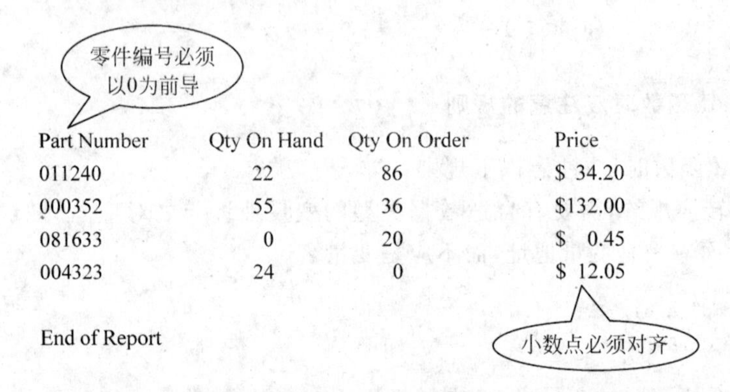

图 4-3 存货报表样例

报表有4个字段：零件编号、存货数量、定单数量和价格。编号必须以0为前导，价格要求打印出两位小数。所有数据按列打印，必须有表示每列数据类型的标题。报表以End of Report为结束标记。

程序：

```
#include <stdio.h>
void main(void){
/* Print caption */
        printf("\tPart Number \tQty On Hand");
```

```
        printf("\tQty On Order\tPrice\n");
/ * Print data * /
      printf("\t %06d\t\t %7d\t\t %7d\t\t  $ %7.2f\n", 11240,22,86, 34.20);
      printf("\t %06d\t\t %7d\t\t %7d\t\t  $ %7.2f\n", 352,55,36,132.00);
      printf("\t %06d\t\t %7d\t\t %7d\t\t  $ %7.2f\n", 1633,0,20,0.45);
      printf("\t %06d\t\t %7d\t\t %7d\t\t  $ %7.2f\n",4323,24,0, 12.05);
/ * Print end message * /
      printf("\n\t End of Report\n");
}
```

执行显示：

```
   Part Number      Qty On Hand      Qty On Order      Price
    011240              22               86            $  34.20
    000352              55               36            $ 132.00
    001633               0               20            $   0.45
    004323              24                0            $  12.05

    End of Report
```

例 4-2 从键盘输入一个大写字母，要求改用小写字母输出。

```
#include <stdio.h>
void main(void){
    char c1,c2;
    printf("\nPlease enter a character between A and Z: \n");
    c1 = getchar( );
    c2 = c1 + 32;
    printf(" %c \n", c2);
}
```

程序运行情况如下：

```
Please enter a character between A and Z:
B
b
```

例 4-3 设有双精度浮点型变量 x、y，编程通过键盘输入两变量的值，然后两变量的值互换后输出。

```
include <stdio.h>
void main(void){
   double x,y,t;
   printf("Enter x and y :\n");
   scanf(" %lf %lf",&x,&y);
   t = x;
   x = y;
   y = t;
   printf("x= %7.2lf,   y= %7.2lf \n",x,y);
}
```

程序运行情况如下：

```
Enter x and y :
12.12 34.34
x=   34.34,  y=   12.12
```

例 4-4 输入三角形的3边a,b,c,求三角形面积。要求保留两位小数,对第三位小数四舍五入。

已知面积公式 $area=\sqrt{s(s-a)(s-b)(s-c)}$,其中 $s=\frac{1}{2}(a+b+c)$。

由于要调用数学函数库中的函数sqrt(求平方根),必须用一条#include命令将头文件math.h包含到程序中

```
#include <stdio.h>
#include <math.h>
void main(void){
    float a,b,c,s,area;
    printf("Please enter a,b,c:\n");
    scanf("%f,%f,%f",&a,&b,&c);
    s=1.0/2*(a+b+c);
    area=sqrt(s*(s-a)*(s-b)*(s-c));
    printf("a=%7.2f,  b=%7.2f,  c=%7.2f\n",a,b,c);
    printf("area=%7.2f\n",area);
}
```

程序运行情况如下：

```
Please enter a,b,c:
3,4,6
a=   3.00,  b=   4.00,  c=   6.00
area=   5.33
```

例 4-5 输入一个不超过3位数的整数,输出它的个位数字、十位数字与百位数字的和。

分析：要获得此数字个位、十位、百位数字的和,必先获得每个数字。可以用下面方法获得：

个位数字＝此数%10,百位数字＝此数/100,十位数字＝(此数－百位数字*100)/10或者＝此数/10%10。

```
#include <stdio.h>
void main ( void){
   int  num, ones,tens,hundreds,sum;
   printf("\nPlease enter a number between 0~999:\n");
   scanf("%d",&num);
   ones=num%10;
   tens=num%100/10;
   hundreds=num/100;
   sum=ones+tens+hundreds;
   printf("%d+%d+%d=%d\n",hundreds,tens,ones,sum);
}
```

程序运行情况如下：

```
Please enter a number between 0~999:
249
2+4+9=15
```

习题

1. 判断题

(1) 头文件(如 stdio.h)的目的是存放程序的源代码。(　　)

(2) 任何可打印的、有效的 ASCII 字符都可以出现在标识符中。(　　)

(3) 标准 C 中从键盘获取数据是通过 printf 函数。(　　)

2. 选择题

(1) 执行输入语句"scanf("x=%c,y=%d",&x,&y);",要使字符型变量 x 的值为'A'、整型变量 y 的值为 12,则从键盘上正确的输入是(　　)。

A. 'A'↙
　12↙　　B. A↙
　12↙　　C. x=A↙
　y=12↙　　D. x=A,y=12↙

(2) 有以下程序段,则执行程序段后的输出是(　　)。

```
⋮
int i = 012;
float f = 1.234e - 2;
printf("i = % - 5df = % 5.3f",i,f);
⋮
```

A. i=□□012f=1.234　　B. i=10□□□f=0.012

C. 10□□□0.012　　D. □□□100.012

□代表一个空格。

(3) 下列程序执行后的输出结果为(　　)。

```
#include < stdio.h >
void main(void){
    int a = 1,b = 1;
    a += b + 1;
    {
        int a = 10,b = 10;
        a += b += 10;
        printf("b = % d",b);
    }
    a *= a *= b * 10;
printf("a = % d",a)
}
```

A. b=20 a=180　　B. b=20 a=36

C. b=20 a=3600　　D. b=20 a 溢出

(4) 设 a、b、c 均为整型变量,指出下面输入语句正确的是(　　)。

A. scanf("a=b=%d",&a,&b);　　B. scanf("x=%d,y=%d",&a,&b);

C. scanf("%3d",c);　　D. scanf("%5d,&a);

3. 程序题

(1) 下面程序段输入的是什么?

```
int       x = 10;
char          w = 'Y';
float         z = 5.4321;
printf("\nFirst\nExample\n:";
printf(" %5d\n,w is %c\n",x,w);
printf("\nz is %8.2f\n",z);
```

(2) 写一条语句打印下面信息,这里假定 total 的值包含在变量 cost 中。

```
The sales total is: $    172.53
^^^^^^^^^^^^^^^^^^^^^^^^^^^^^^
```

(3) 写一个包含 4 条打印语句的程序,打印如下模式的星状物。

```
******
******
******
******
```

(4) 写一个包含 4 条打印语句的程序,打印如下模式的星状物。

```
*
**
***
****
```

(5) 写一个程序定义 5 个整型变量,并分别初始化为 1、10、100、1000、10 000,采用%d 转换代码让它们显示在同一行,并用空格隔开。在下一行用%f 转换代码,同样把它们显示在同一行,看结果有什么区别,并解释原因。

(6) 写个程序,提示用户输入一个整数,然后分别以字符、十进制数、单精度浮点数的形式打印出来。请分别采用单独的打印语句。以下为一个样例:

```
The number as a character      : K
The number as a decimal        :75
The number as a float          :0.000000
```

(7) 写一个程序,采用 printf 语句在一个块中打印你名字的前 3 个字母。该程序不从键盘读取任何数据,所有的字母由 7 行 5 列的块构成,并用字母自己填充。下面的样例是张华安 ZHA 的情况,Z 是由 15 个“Z”构成。

```
ZZZZZ  H   H    A
    Z  H   H   A A
   Z   H   H  A   A
  Z    HHHHH  AAAAA
 Z     H   H  A   A
Z      H   H  A   A
ZZZZZ  H   H  A   A
```

(8) 写一个程序提示用户输入 3 个整数,然后按竖直方式打印出来,先顺序输出,再用逆序输出。如下面的样例所示。

```
Please enter three numbers:23 5 12
```

```
Your numbers forward:
23
5
12
You numbers reversed:
12
5
23
```

(9) 写一个程序读取10个整数,然后分行打印出第一个数和最后一个数,下一行再打印第二个数和倒数第二个数,依此类推。输入和结果样例如下所示:

```
Please enter 10 number:
12 45 23 34 28 67 54 0 76 89
Your numbers are:
12  89
45  76
23   0
34  54
28  67
```

(10) 写一个程序,读取9个数字,然后按3行打印,数间用逗号隔开。样例如下所示:

```
Input:
    64 23 62  45 50 16  39 7 83
Output:
    64,  23,  62
    45,  50,  16
    39,   7,  83
```

第5章 选择结构程序设计

基本内容

- 单分支、双分支和多分支 if 语句；
- 条件运算符与条件表达式；
- 多分支选择语句 switch…case；
- if 的嵌套。

重点内容

- 单分支、双分支和多分支 if 语句；
- 多分支选择语句 switch…case；
- if 的嵌套。

在程序设计中，除了顺序结构之外，还有一种分支结构。而在实际应用中，分支结构用来在不同的条件下选择执行相应的不同语句。比如，在计算百分制中分数所对应的五分制成绩的时候，就需要用到选择结构，在做出一定条件的判断之后，就可以根据不同的分数情况（百分数）得出学生的最终等级成绩（五分制）。

实现选择结构的语句有：

(1) 简单 if 语句。

(2) 一般 if…else 语句。

(3) 阶梯式 if…else if…else if…else 语句。

(4) switch 语句。

(5) 条件运算符（？ …：）。

5.1 if 语句概述

if 语句是 C 语言中用来做判断的功能语句，用于控制语句的执行顺序。形式如下：

```
if(条件表达式){…}
```

它首先计算条件表达式，然后根据条件表达式的运算结果为真（非 0）或为假（0），将程序的执行控制权转向不同的语句（或语句块）。其执行逻辑如图 5-1 所示。

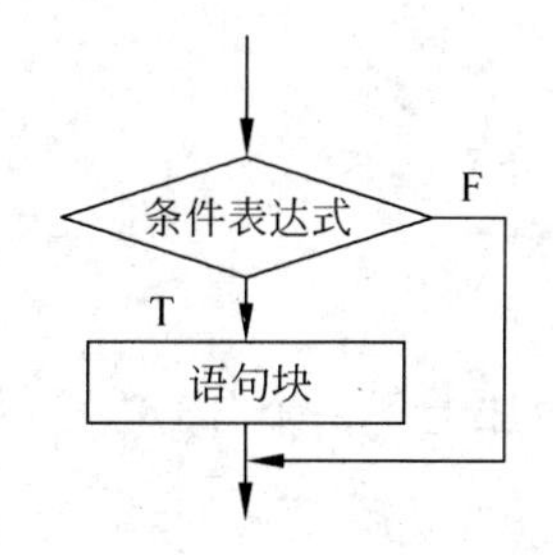

图 5-1　if 语句的执行逻辑

为了便于理解，介绍几个生活中可能会用到 if 语句的例子：

if(下班早){去超市}

if(天黑了){开灯}

if(男生){做家务}

if(年龄大于 7 岁){上小学}

5.2　if 语句的使用

5.2.1　单分支判断执行语句 if

如前所述，在 C 语言中，一般 if 语句(单分支)的表达形式为：

```
if (判断表达式){
   执行语句集合 1
}
后续执行语句
```

在大括号中的执行语句可以是一条或一组语句。如果判断表达式得出的结果为真(非 0)，则先执行大括号中的执行语句集合 1，再执行大括号后的后续语句；如果判断表达式得出的结果为假(0)，则跳过大括号中的语句，直接执行大括号后的后续语句。

需要注意的是：无论判断表达式得出的结果为真(非 0)还是假(0)，大括号后的后续语句都会被执行。

例如：

```
if(i < 3){
    i++;
}
i = 5 + 3;
```

在该例子中，无论 i 取值如何，(i < 3)运算结果为真或假，大括号后的语句 i=5+3 均会被运行。

从以上例子中还可以看出，if 语句的控制范围仅仅是大括号中的领域。在实际应用中，如果大括号中的执行语句仅为一句程序语言，大括号可以被省略。

例如：

```
if (i < 3)
    i++;
```

等价于

```
if (i < 3){
    i++;
}
```

如果在条件判断之后的书写中加上了一个分号“;”,例如:

```
if (i < 3);
    i++;
```

实际上的运行结果将是无论(i < 3)结果为真还是假,都将执行 i++语句。有这样的结果是因为分号“;”把 if 语句的执行域终结掉了。

请看下面使用单分支 if 语句的程序例子。

例 5-1 输出某整数的绝对值。

```
#include <stdio.h>
void main(void){
    int i;
    printf("input an integer:");
    scanf("%d",&i);
    if(i < 0)
        i = -i;
    printf("absolute value is %d\n", i);
}
```

运行结果如下:

```
input an integer:-25
absolute value is 25
```

在这个例子中,当 i<0 成立,即 i 为负值的时候,运行 i=-i,将 i 的取值取反;否则,当 i>=0 的时候,不做任何操作。之后,使用格式输出语句,输出绝对值。

5.2.2 双分支判断执行语句 if…else

在 C 语言中,一般 if…else 语句的表达形式为:

```
if(判断表达式){
    执行语句集合 1
}
else{
    执行语句集合 2
}
后续语句
```

在大括号中的执行语句可以是一条或一组语句,如果判断表达式得出的结果为真(非 0),则先执行紧跟 if 判断表达式后的大括号中的执行语句集合 1,再执行后续语句;如果判断表达式得出的结果为假(0),则执行 else 后的大括号中的执行语句集合 2,再执行后续语句

(见图 5-2)。需要注意的是：判断表达式得出的结果为真(非 0)或假(0)将影响程序的执行过程。

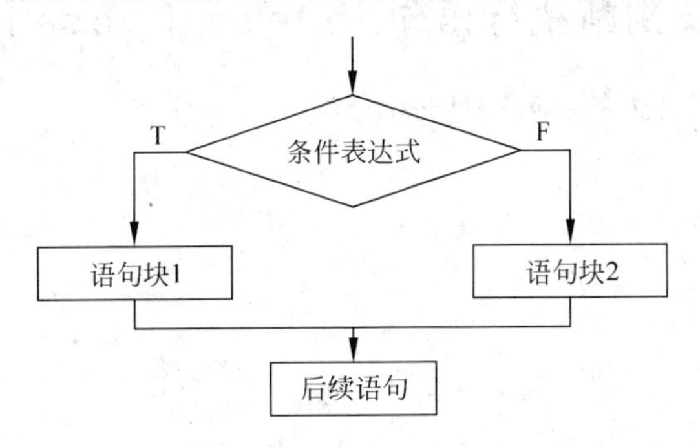

图 5-2　if…else 语句的执行过程

例如：

```
if (i < 3){
    i++;
}
else{
    i--;
}
```

在以上的程序中，条件判断式为(i < 3)，当 i < 3 判断式运算结果为真的时候，将执行 i++操作；当 i < 3 判断式运算结果为假的时候，将执行 i--操作。

请看下面使用 if…else 语句实现双分支选择结构的程序例子。

例 5-2　已知一般车辆购置税计算公式为：车辆裸车总价÷1.17×10%，而购买小排量汽车(1.6L 及以下)的购置税的税率为购买大排量汽车税率的一半。编写程序，计算购买汽车时需要缴纳的购置税为多少？

```
#include <stdio.h>
void main(void){
        float i,price,tax;
        printf("Engine displacement:");
        scanf("%f",&i);
        printf("Pure price of this car:");
        scanf("%f", &price);
        if(i <= 1.6){   /* 由于语句块中只有一条语句,因此这一对{ }可以省略 */
            tax = price / 1.17 * 0.1 / 2;
        }
        else{   /* 由于语句块中只有一条语句,因此这一对{ }也可以省略 */
            tax = price /1.17 * 0.1;
        }
        printf("The surcharge you need to pay is %.2f\n", tax);
}
```

不同输入所对应的运行结果：

```
Engine displacement:1.5
Pure price of this car:120000
The surcharge you need to pay is 5128.21
Engine displacement:2.0
Pure price of this car:120000
The surcharge you need to pay is 10256.41
```

5.2.3 多分支判断执行语句 if…else if…else if…else

多分支语句在C语言中的一般表达形式为：

```
if(判断表达式){
    执行语句集合 1
}
else if(判断表达式){
    执行语句集合 2
}
else if(判断表达式){
    执行语句集合 3
}
 ⋮
else if(判断表达式){
    执行语句集合 n
}
else{
    执行语句集合 n+1
}
后续语句
```

多分支语句在应用的时候需要注意，这种结构是从上到下逐个地对条件进行判断。一旦条件判断表达式运算为真值，则执行相关的语句集合，并结束整个判断语句，其他的情况会被跳过。如果所有的条件判断表达式均为假值，则执行 else 所对应的执行语句集合。

请看下面多分支语句使用的例子。

例 5-3 判断由键盘输入的字符是数字、大写、小写还是其他字符。

```
#include <stdio.h>
void main(void){
    char c;
    printf("input a character: ");
    c=getchar();
    if (c>='0'&&c<='9'){
        printf("This is a digit\n");
    }
    else if(c>='A'&&c<='Z'){
        printf("This is a uppercase\n");
    }
    else if(c>='a'&&c<='z'){
        printf("This is a lowercase\n");
    }
    else{
        printf("This is a other character\n");
    }
}
```

不同输入所对应的运行结果：

```
input a character: a
This is a lowercase
input a character: A
This is a uppercase
input a character: 1
This is a digit
_
```

5.2.4 if的嵌套

在if语句中的执行语句集合中包含其他if语句的情况，在实际的程序设计中经常出现。这样的情况被称为if的嵌套。

if嵌套的一般形式如下：

```
if(判断表达式){
  if(判断表达式){
    执行语句集合
  }
}
```

或者

```
if(判断表达式){
  if(判断表达式){
    执行语句集合 1
  }
  else{
    执行语句集合 2
  }
else{
  执行语句集合 3
}
后续语句
```

在if嵌套中需要注意，在外层if的执行语句集合中可能出现单独if的情况，也可能出现if…else的情况。这意味着，可能出现多个if与多个else扎堆出现的情况。为了避免语义的模糊与逻辑的混乱，C语言中规定，以else之前最近的if为配对的判断语句。

if嵌套举例。

例 5-4　由键盘输入两个数，判断这两个数的大小关系。

```
#include <stdio.h>
void main(void){
    int a,b;
    printf("please input two integers A and B: ");
    scanf("%d%d",&a,&b);
    if(a!=b){
        if(a>b) {
            printf("A>B\n");
        }
        else {
            printf("A<B\n");
        }
```

```
    }
    else{
        printf("A = B\n");
    }
}
```

不同输入所对应的运行结果如下：

```
please input two integers A and B: 5    10
A<B
please input two integers A and B: 10   5
A>B
please input two integers A and B: 5    5
A=B
_
```

5.3 条件运算符与条件表达式

条件运算符已经在第3章讲过，这里再简单说明一下。

在程序设计中，会出现在if…else条件语句中都对单个变量赋值的语句。例如：

```
if(a < b)
    min = a;
else
    min = b;
```

在这种情况下，可以用到条件运算符(? …:…)。条件运算符是三目运算符，问号"?"和冒号":"是一对运算符，同时出现。使用条件运算符可以使程序看起来比较简洁，提高了运行效率。条件运算符的一般表达形式为：

```
条件表达式 1?表达式 1:表达式 2
```

如果条件表达式1运算后的值为真，则整个表达式取表达式1值；如果运算后的值为假，则整个表达式取表达式2值。

本节的例子可以使用条件运算符表达为：

```
min = (a < b) ? a : b
```

5.4 多分支选择语句 switch…case

switch…case 是 C 语言提供的另外一种多分支选择语句。switch…case 的一般形式为：

```
switch(表达式){
    case (常量表达式 1):执行语句集合 1; break;
    case (常量表达式 2):执行语句集合 2; break;
    case (常量表达式 3):执行语句集合 3; break;
    …
    case (常量表达式 n):执行语句集合 n; break
```

```
    default:执行语句集合(n+1);
}
```

在 switch…case 语句中，首先计算 switch 括号中表达式的值，逐个与之后的 case 常量表达式的值进行对比。若表达式的值与某个 case 后的常量表达式的值相等，则执行这个 case 后的执行语句集合；若表达式的值与全部 case 后的常量表达式的值均不相等，则执行 default 后的执行语句集合。break 是 C 中提供的跳出 switch…case 的语句。在 case 后添加了 break，表示在 switch 后的表达式与该 case 常量表达式等值后，执行对应的执行语句集合，再跳出 switch…case 语句；若在 case 后没有添加 break，则一个 case 后的执行语句集合被执行，紧跟在后面的 case 语句的执行语句集合也被执行，一直到出现 break 跳出 switch…case 为止，或执行完所有 case 的执行语句集合为止。

要注意的是，switch…case 语句中的 break 语句和 default 分支项都是可选的。

请看使用 switch…case 的例子。

例 5-5　由键盘输入一个 0～9 的整数，计算机将之翻译为英文。

```
#include <stdio.h>
void main(void){
    int a;
    printf("input an integer: ");
    scanf("%d",&a);
    switch (a){
        case 1:printf("One\n");break;
        case 2:printf("Two\n"); break;
        case 3:printf("Three\n");break;
        case 4:printf("Four\n");break;
        case 5:printf("Five\n");break;
        case 6:printf("Six\n");break;
        case 7:printf("Seven\n");break;
        case 8:printf("Eight\n");break;
        case 9:printf("Nine\n");break;
        case 0:printf("Zero\n");break;

        default:printf("error input\n");
    }
}
```

运行结果如下：

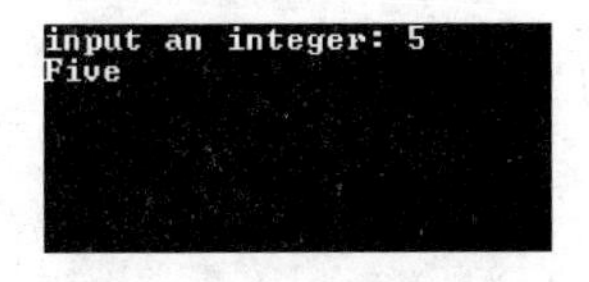

switch…case 中需要注意的是，case 后面的常量表达式的值不可以相同，case 语句出现的次序可以不同，break 为跳出 switch…case 的符号标志，如果没有 break 命令，则会继续执行下一个 case 所对应的执行语句集合。

例 5-6　输入学生的百分制成绩，将之转换成五分制中的 A(90～100)、B(80～89)、C(70～79)、D(60～69)、F(60 以下)。

```c
#include <stdio.h>
void main(void){
    int score, level;
    printf("input score:");
    scanf("%d",&score);
    level = score / 10;
    switch(level){
        case 0:
        case 1:
        case 2:
        case 3:
        case 4:
        case 5: printf("F\n");break;
        case 6: printf("D\n");break;
        case 7: printf("C\n");break;
        case 8: printf("B\n");break;
        case 9:
        case 10: printf("A\n");break;
        default:printf("error score\n");
    }
}
```

不同输入所对应的运行结果：

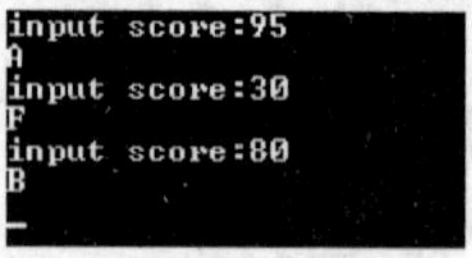

```
input score:95
A
input score:30
F
input score:80
B
_
```

以上的例子中，部分的 case 并没有 break 配对，当没有遇到 break 的时候，会继续向后执行下一个 case 中的程序集合。

习题

1. 绘制单分支结构与双分支结构的程序流程图。
2. 从键盘输入一个整数，判断这个输入的数字是奇数还是偶数。
3. 简单叙述 if…else 与 switch…case 之间的区别。
4. 从键盘输入三个整数，按照从大到小的顺序输出。
5. 从键盘输入三个整数，使用三元条件运算符，输出最小的那个数。
6. 分段函数

$$f(x)=\begin{cases}5+x, & x\leqslant 0\\ 100-x, & 0<x<10\\ 7x-6, & x\geqslant 10\end{cases}$$

请使用 C 语言编写程序，由键盘输入一个整数，在屏幕上输出结果。

7. 国家规定，空气污染指数 API 的取值范围：0～50 为优，51～99 为良，100～199 为轻度污染，200～299 为中度污染，300 以上为重污染。请编写程序，由键盘输入 API 指数，屏幕输出空气质量。

8. 由键盘输入一个字符，判断该字符到底是大写英文，还是小写英文或者其他字符。

9. 键盘输入一个字符，如果是英文大写字符，则转换成小写输出。

10. 输入一个年份，判断该年是否为闰年。

11. 判断一个一元二次方程 $ax^2+bx+c=0$ 是否有实根，需要计算 b^2-4ac 的大小。请使用键盘输入 a、b、c 三个值，屏幕输出此二元一次方程是否有实根。如果有实根，则输出该实根。

12. 编写简单的计算器程序，使之能计算＋、－、* 、/。

第6章 循环结构程序设计

基本内容

- while 语句；
- do…while 语句；
- for 语句；
- 循环嵌套；
- break 语句和 continue 语句；
- goto 语句。

重点内容

- while 语句；
- do…while 语句；
- for 语句；
- 循环嵌套；
- break 语句和 continue 语句。

循环结构是程序设计中一种重要的结构。这种结构的特点是在给定条件成立的时候，重复执行一些程序段，直到条件不成立，或有专用语句跳出循环体为止。重复执行的那些程序段叫做循环体，而给定条件叫做循环条件。本章将详细介绍C语言中的几种循环控制语句。

6.1 while 当型循环

while 循环的一般形式是：

```
while(循环条件表达式){
    循环体语句集合
}
```

后续语句

在 while 循环中，C 先对循环条件表达式进行判断，如果表达式的值为真，则执行循环体中的执行语句集合，执行完后再对循环条件表达式进行判断，如果表达式的值为真，再执行循环体语句；如果表达式的值为假，则直接执行后续语句。这种循环结构叫做当型循环。while 当型循环的程序流程如图 6-1 所示。

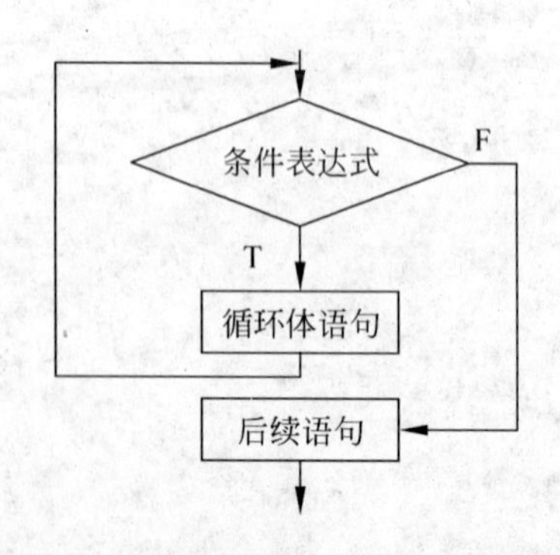

图 6-1　当型循环 while 的程序流程

while 循环结构中，当循环条件表达式的值为真(非 0)时，执行循环体语句集合；值为假(0)时，不执行循环体语句集合，而直接执行 while 之后的后续语句。

例 6-1　计算 1+2+…+100 的和。

```
#include <stdio.h>
void main(void){
    int i = 1, sum = 0;
    while(i <= 100)    {
        sum += i;
        i++;
    }
    printf("The sum is %d\n",sum);
}
```

运行结果如下：

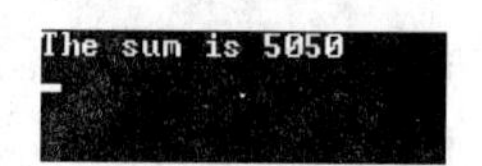

在这个例子中，程序将执行 100 次循环。循环体在计算 sum 的值，sum += i。循环体使用{}括起来了，组成了循环体语句集合。其中 i 为循环控制变量，而循环条件表达式为 i <= 100，只要 i 的值小于等于 100，判断式计算结果为真，则该循环结构的循环体语句集合就将被执行。每做一次循环，i 值自加 1，i 被当成是一个计数器在使用。

例 6-2　一个死循环的例子。

```
#include <stdio.h>
void main(void){
    while(2){
        printf("This is an endless loop\n");
    }
}
```

在以上例子中，程序将不停地在屏幕上打印 This is an endless loop。由于循环条件表达式为常数 2，常数 2 为非 0 值，在条件判断表达式中，非 0 表示的是真，于是 while 循环条件的计算结果恒为真值，该循环始终在循环体中无休止地执行。这样就形成了一个死循环。如果程序陷入死循环，则按 Ctrl +Break 组合键中止该程序继续运行。

注意，程序设计过程中，应该避免死循环情况的发生。

6.2　do…while 直到型循环

do…while 循环的一般形式为：

```
do{
    循环体语句集合
}while(循环条件表达式);
后续语句;
```

在 do…while 循环语句中，先执行大括号中的循环体语句集合 1 次，再判断表达式的值。若为真值(非0),继续执行循环;若为假值(0),中止循环。也就是说,即使判断条件一开始就为假值,do…while语句也至少执行一次循环体语句集合;而while语句若判断条件一开始为假值,则不会执行循环体语句集合。这是while与do…while最大的区别。

do…while循环是直到型循环,它的执行流程如图6-2所示。

例 6-3 使用do…while循环计算1+2+…+100。

```
#include <stdio.h>
void main(void){
    int i = 1;
    int sum = 0;
    do{
        sum = sum + i;
        i++;
    }while(i <= 100);
    printf("The sum is %d\n",sum);
}
```

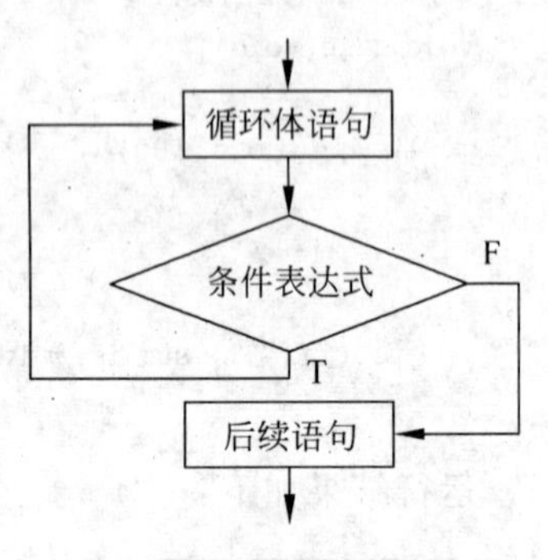

图 6-2 直到型循环do…while的程序流程

运行结果如下:

```
The sum is 5050
_
```

在实际应用中,当型循环与直到型循环可以互相替换,但是在替换的时候需要注意修改循环控制语句。而在do…while最后的判断条件所在的括号后必须加上“;”。

6.3 for语句

for语句是C语言提供的功能强大的循环语句。for语句的一般形式如下:

```
for(表达式1; 表达式2; 表达式3){
    循环体语句集合
}
后续语句
```

- 表达式1:一般是给循环变量赋初值的,一般是一个或者多个赋值表达式。如果循环变量在之前已经被赋值,则表达式1可以被省略。
- 表达式2:一般是与表达式1提到的循环变量相关的循环条件表达式。若条件表达式计算结果为真值(非0),则循环体被执行;若条件表达式计算结果为假值(0),则不再执行循环体,而执行后续语句。
- 表达式3:一般是用来改变循环变量的。可以为赋值语句。

三个表达式均是可以省略的。每个表达式也可以是由多个用逗号隔开的表达式组成。

for语句的含义是:

(1) 首先计算表达式1,得到循环变量初值。

(2) 将循环变量代入表达式2,计算表达式2,若表达式2结果为真(非0),则执行循环体语句集合,之后再计算表达式3,得到新的循环变量;再将新得到的循环变量代入表达式

2，进行逻辑求值。重复以上过程，直到表达式 2 的结果为假(0)。

(3) 不再执行循环体语句集合，转向执行后续语句。

for 语句是当型循环，它的执行流程如图 6-3 所示。

例 6-4　使用 for 语句求 1＋2＋…＋100。

```
#include <stdio.h>
void main(void){
    int i,sum = 0;
    for(i = 1; i <= 100; i++){
        sum = sum + i;
    }
    printf("The sum is %d\n",sum);
}
```

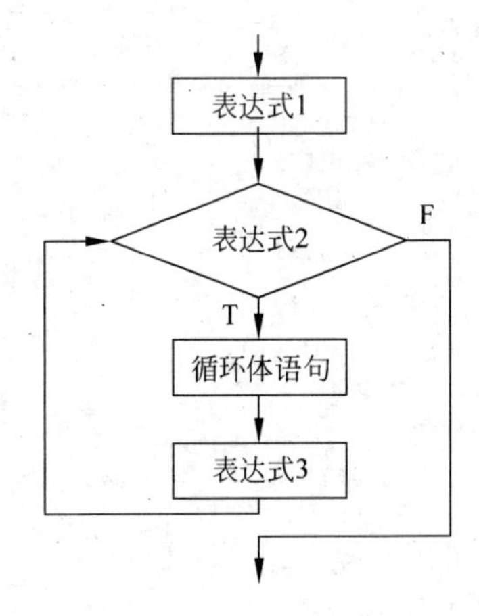

图 6-3　当型循环 for 语句流程

省略表达式 1 的写法：

```
#include <stdio.h>
void main(void){
    int i = 1,sum = 0;
    for(; i <= 100; i++){
        sum = sum + i;
    }
    printf("The sum is %d\n",sum);
}
```

省略表达式 3 的写法：

```
#include <stdio.h>
void main(void){
    int i = 1,sum = 0;
    for(; i <= 100;){
        sum = sum + i;
        i++;
    }
    printf("The sum is %d\n",sum);
}
```

在 for 循环中的三个表达式均可被省略，但是省略表达式后，“；”是不能少的。for(；；) 这种写法是省略了所有表达式，无条件不停执行循环。当这种循环出现的时候，需要在循环体语句集合中设置中止条件。

在 for 语句的圆括号后是不可以添加“；”的。如果加了“；”，C 会认为循环体为空语句，而非书写的循环体语句集合，从而导致循环体语句集合得不到循环执行。

6.4　循环嵌套

for 语句、while 语句和 do…while 语句可以相互嵌套，形成多重循环的嵌套循环语句。

嵌套循环的一般形式：

```
    while(){
    ⋮
    while(){
        ⋮
    }
    ⋮
   }
while(){
    ⋮
    do{
        ⋮
    }while();
    ⋮
}
while(){
    ⋮
    for(…; …; …){
        ⋮
    }
    ⋮
}
⋮
```

也就是说，在外层已经使用了循环控制语句的前提下，循环语句集合部分依然可以使用任意一种循环语句结构作为内部循环。

单层循环，可以理解为解决若干个点的问题，这些点连接起来可以组成一条线段。

而双层嵌套循环，可以理解为解决一个面的问题。在这个面中有若干条线段，每条线段又是由若干个点连接起来的。

嵌套循环举例。

例 6-5 打印一组星号，使之构成一个 5 行 5 列的图形。

```
*****
*****
*****
*****
*****
```

```
#include <stdio.h>
void main(void){
    int i, j;
    for(i = 0; i < 5; i++){
        for(j = 0; j < 5; j++){
            printf("*");
        }
        printf("\n");
    }
}
```

在以上例子中的嵌套循环，使用的 for 语句作为外层循环和内层循环的循环语句。这个程序中，外层的循环变量为 i，内层的循环变量为 j。程序的执行步骤如下：

第一次外循环：i = 0，程序会执行：

第一次内循环：j = 0，打印一个 *。

第二次内循环：j = 1，打印一个 *。

第三次内循环：j = 2，打印一个 *。

第四次内循环：j = 3，打印一个 *。

第五次内循环：j = 4，打印一个 *。

第五次内循环结束后，循环变量 j 的值自加为 5，不再满足内循环的循环条件。于是跳出内循环，执行内循环的后续语句 printf("\n")，即打印一个回车换行符。接下来做第二次外循环。

第二次外循环：i = 1，程序会执行：

第一次内循环：j = 0，内循环变量 j 又被赋值为 0，打印一个 *。

第二次内循环：j = 1，打印一个 *。

第三次内循环：j = 2，打印一个 *。

第四次内循环：j = 3，打印一个 *。

第五次内循环：j = 4，打印一个 *。

第五次内循环结束后，循环变量 j 的值自加为 5，不再满足内循环的循环条件。于是跳出内循环，执行内循环的后续语句 printf("\n")，即打印一个回车换行符。接下来做第二次外循环。

第三次外循环：i = 2，重复以上执行内循环的过程，打印出 5 个 * 和一个回车换行符。

以此类推，外循环一直执行到外部循环变量 i 的值不符合循环条件 i < 5，外部循环中止。

嵌套循环就是这样运行的。在执行每一次外循环的过程中，都会将内循环全部执行一遍。

6.5　中止语句 break 和跳转语句 continue

6.5.1　break 语句

break 除了能够在 switch…case 中作为跳出 switch…case 语句使用外，还能够在循环中使用。break 在循环中的作用是跳出本层循环，转而执行后续语句。break 的一般形式为：

```
break;
```

使用 break 语句，能够使循环语句在执行过程中有多种可能的中止方式。

例 6-6　输出 2～100 范围内的所有素数。

```
#include <stdio.h>
void main(void){
    int i,j;
    int flag;
```

```
    for(i = 2; i < 100; i++){
        flag = 1;
        for(j = 2; j <= i / 2; j++){
            if(i % j == 0){
                flag = 0;
                break;
            }
        }
        if(flag == 1){
            printf(" %d ",i);
        }
    }
    printf("\n");
}
```

运行结果如下：

```
2 3 5 7 11 13 17 19 23 29 31 37 41 43 47 53 59 61 67 71 73 79 83 89 97
```

在以上的例子中，使用穷举的办法来找到素数。外层循环从 2 开始，计数到 100；内层循环从 2 开始，计数到 i/2。每执行一次外循环，都会执行若干次内循环。而内循环之所以选择 i/2 作为计数终点，是因为若 i 能够被一个小于等于 i/2 的数整除，则可以判断 i 为非素数。只要找到一个 i 的约数，就不需要再进行下面的循环了。flag 为标志，每次外循环开始的时候 flag 标志都置 1。若找到 i 的一个约数，则 flag 标志被置 0，也就是说 i 不是素数。为了减少内循环的循环次数，使用 break 语句。只要找到一个约数，下面的内循环都不必再进行下去了。程序读到 break 语句，就跳出内循环，继续外循环中的后续语句；如果程序没有读到 break 语句，则继续做内循环，直到遇到 break 语句跳出，或者内循环指定次数完结。内循环结束后的后续语句为一个判断语句，用来判断标志。若标志 flag 等于 0，说明找到约数，不打印 i；若标志 flag 等于 1，说明内循环期间没有找到约数，i 为约数，将 i 打印到屏幕上。

6.5.2 continue 语句

continue 语句只能用在循环结构中。它的一般形式为：

```
continue;
```

continue 语句表达的意思是结束本次循环，转而进行下一次同层的循环过程。与 break 语句不同，continue 不是中止掉整个同层的循环过程。

例 6-7 找到 100 以内不能被 3 整除的正整数并输出。

```
#include <stdio.h>
void main(void){
    int i,j;

    for(i = 3; i < 100; i++){            /* 这对{}可以省略 */
        if(i % 3 == 0) {
            continue;
```

```
        }
        else{
            printf(" %d ",i);
        }
    }
    printf("\n");
}
```

运行结果如下：

```
4 5 7 8 10 11 13 14 16 17 19 20 22 23 25 26 28 29 31 32 34 35 37 38 40 41 43 44
46 47 49 50 52 53 55 56 58 59 61 62 64 65 67 68 70 71 73 74 76 77 79 80 82 83 85
 86 88 89 91 92 94 95 97 98
```

在这个例子中，continue 语句在循环中出现在 if 条件判断中。只要条件满足，即 i 为 3 的倍数，则执行 continue 语句，结束掉本次循环；若条件不满足，执行 else 中的语句集合，将 i 打印出来。如此，可找到不能被 3 整除的数。

6.6 无条件跳转语句 goto

无条件跳转语句 goto 的一般形式为：

goto 语句标号;

其中，语句标号为符合 C 语法的标识符，它出现在一般语句的前面，与 goto 配合使用。C 语言中标号不能重名。无论标号在哪出现，只要 goto 语句得以执行，则程序流转向到该语句标号处继续执行。goto 语句是一种改变程序流向的语句，它破坏了结构化程序设计的风格，因此在程序设计中尽量不使用它。

例 6-8 计算键盘输入回车前一共输入了几个字符。

```
#include <stdio.h>
void main(void){
    int count = 0;
    printf("input characters, ended by press ENTER:");
    for(;;){
        if(getchar() != '\n'){
            count++;
        }
        else{
            goto end;
        }
    }
    end: printf(" %d charactor(s) are typed\n", count);
}
```

运行结果如下：

```
input charactors, ended by press ENTER:abcrdrgh
8 charactor(s) are typed
```

```
#include < stdio.h>
void main(void){
    int count = 0;
    printf("input charactors, ended by press ENTER:");

    lable:  if(getchar() != '\n'){
                count++;
                goto lable;
            }
    printf("%d charactor(s) is(are) typed\n", count);
}
```

以上两例中，都用到了无条件跳转语句 goto。

前一个例子中，goto 后面跟着语句标号 end，程序执行的时候，只要键盘输入的字符不是'\n'，就始终在无限循环中运行并且 count 值自加 1；若键盘输入为'\n'，执行无条件跳转语句 goto。此时，goto 后跟了语句标号 end，于是程序流跳转到 end 后继续执行。也就是说，程序流跳出了无限循环，并且在"end":之后的语句得以执行。

第二个例子中，goto 后面跟着语句标号 lable，程序执行的时候，只要输入的字符不是'\n'，就会在进行 count 值自加后，因为 goto 无条件转向语句，而转回到 lable 标号处再执行。实际上，这是使用 goto 语句实现了循环功能。

习题

1. 画出 while 与 do…while 语句的程序流程图。

2. break 与 continue 有什么区别？

3. 从键盘输入一个整数 n，计算 $1+2+3+4+\cdots+n$ 的值。

4. 从键盘输入一个整数 n，判断该数是否为质数？

5. 查找 100 以内所有的质数。

6. 使用键盘输入字符，使用 Ctrl＋Z 作为输入结束标志，统计一共输入了多少大写字符？多少小写字符？多少数字？多少其他字符？Ctrl＋Z 的 ASCII 码为－1。

7. 小明使用加密信息向小张传递信息，小明把所有英文字母的 ASCII 码加 1，如在使用完加密算法后，a 变 b，b 变 c，…，x 变 y，y 变 z，z 回过来变成 a。使用键盘输入一段话，把这段话翻译成密文并显示在屏幕上，以 Ctrl＋Z 结束。

8. 编写一个无条件循环语句，从整型数字 1 开始，每次循环均显示前一次循环的结果＋1。例如：第一次显示 1，第二次显示 2，第三次显示 3，……。观察运行结果，思考为什么会有这样的结果？按 Ctrl＋Break 组合键退出程序。

9. 使用循环语句打印出星号三角形。

10. 一筐鸡蛋，每次拿 2 个，余 1 个；每次拿 3 个，余 2 个；每次拿 3 个，余 2 个；每次拿 4 个，余 3 个；每次拿 5 个，正好拿完。请问，一共有几个鸡蛋？

第7章 数组

基本内容

- 一维数组的概念、数组元素的存储和访问方法；
- 一维数组的基本应用；
- 二维数组的概念、数组元素的存储和访问方法；
- 二维数组的基本应用；
- 多维数组的概念、数组元素的存储和访问方法以及多维数组的简单应用。

重点内容

- 一维数组的概念、数组元素的存储和访问方法以及一维数组的基本应用；
- 二维数组的概念、数组元素的存储和访问方法以及二维数组的基本应用。

7.1 数组的概念

在程序设计中，经常需要处理多个数据对象，而且这多个数据对象都具有相同的数据类型。比如，要统计全班同学某门课程的平均分，就需要事先存储每个同学的课程成绩，这些成绩就是在程序中需要处理的多个数据对象，而且它们的数据类型一样（浮点型或整型）。这时，应该如何较好地存储这些成绩呢？

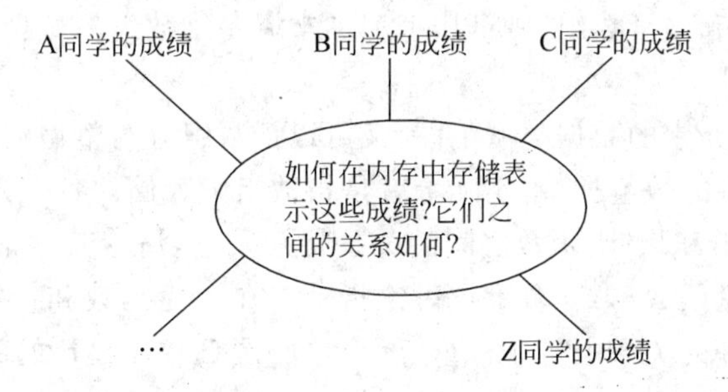

当然，可以用多个变量分别存储各个同学的成绩。但是，这样就需要多个变量，而且要赋予各个变量与各个同学之间的对应关系。还有，如果同学的个数很多，需要存储各个成绩的变量就很多，这就给编程带来了许多的麻烦。

C语言提供了一种叫“数组”的数据类型，很好地解决了这个问题。它的基本思想是用统一的方法处理多个具有相同数据类型的有序数据对象集合。

那么，该如何定义和使用数组呢？本章主要讲解数组的概念、数组的定义和使用方法等有关问题。在讲完函数和指针之后，还要讲述数组和函数、数组和指针之间的关系等。

数组并非C语言提供的基本数据类型，它是一种结构类型。即C语言除了提供基本数据类型，如整型、浮点型和字符型等之外，为了处理更复杂的数据，还可以自定义一些功能更为强大、使用更为方便的高级数据类型，如数组、结构体、共用体和枚举类型等，以满足用户编写程序解决各种实际问题的需要。

由于数组这种数据类型在C程序设计以及其他各种领域中应用非常广泛，因此，学习C程序设计必须理解和掌握数组的基本概念以及数组的简单应用，数组及其应用是C语言程序设计中的重要内容之一。

数组(array)是$n(n\geqslant1)$个具有相同数据类型的数据元素 a_0，a_1，…，a_{n-1}构成的有序序列。数组用一个统一的数组名来标识，数组中的特定元素由数组名和相应的一组下标(index)来标识。构成数组的各元素按序(从低序到高序)存储在一块地址连续的内存单元中(从低地址到高地址)，最低地址存储首元素(下标为0)，最高地址存储末元素(下标为n－1)。如图7-1所示，可以将相同数据类型的多个数据对象用一个统一的一维数组来描述，每个数据对象存储于数组的一个相应元素中，这些数据元素所占用的内存单元在内存中是连续分布的。

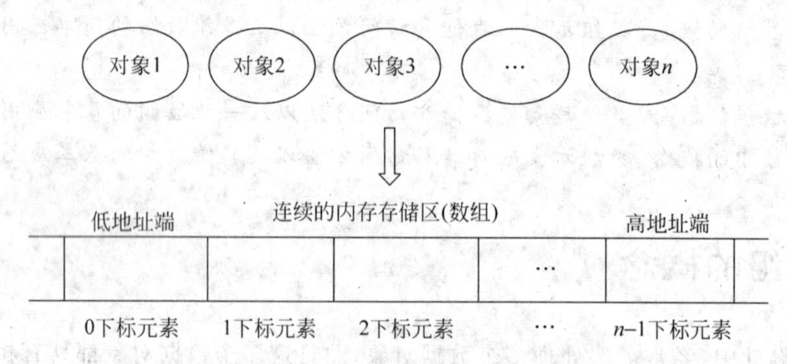

图7-1 相同类型的数据对象映射到数组的各个元素

根据标识数组中特定元素的一组下标的个数，可以把不同的数组按维数分为一维数组、二维数组等。一般地，把二维以上的数组称为多维数组。先讲解一维数组，在一维数组的基础上再讲解二维数组和多维数组。所以，理解和掌握一维数组的概念、定义和使用是学习数组的基础。

根据不同数组中元素的数据类型不同，又可以把数组分为整型数组、字符数组和浮点型数组等。因此，通常讲的数组类型，实际上就是指数组中存储的各个元素的数据类型。

在C语言中，数组和指针、函数之间的关系特别紧密，讨论其一常涉及其二。本章集中讨论数组，第8章讨论函数，第9章重点讨论指针。在学完函数和指针之后，理解和掌握数组与函数，数组与指针的关系也是非常重要的，它们是C程序设计的关键。

7.2 一维数组的定义与使用

7.2.1 一维数组的定义

定义一个一维数组的形式为：

类型标识符 数组名[常量表达式];

说明:

(1) 与其他变量类似,数组也必须直接声明,以便编译程序为其分配内存。其中,类型标识符用来说明数组的基类型(base type),描述数组元素所属的类型,它可以是各个基本数据类型,也可以是结构体、共用体、指针和数组等类型。例如:

```
char name[10];           /* 定义一个长度为 10 的字符类型数组 name,元素类型为 char */
int number[100];         /* 定义一个长度为 100 的整型数组 */
float score[50];         /* 定义一个长度为 50 的单精度整型数组 */
int score[3][50];        /* 定义一个长度为 3 的一维数组 score,数组元素为一个长度为 50 的一
                            维整型数组,即 score 为二维整型数组,二维数组后面再详述 */
```

(2) 数组名说明数组的名称,其构成规则和变量名相同,必须遵循标识符的命名规则。

(3) 常量表达式表示数组的长度大小(size),描述数组中存放的元素个数。它不能是变量,但可以是字面常量或符号常量。即 C 语言中不允许对声明的数组长度作动态的定义,而只能静态定义。要实现动态的连续(类似静态数组)内存存储空间(动态数组)的分配,可以使用动态存储分配技术,详见指针中的相关内容。例如:

```
int N = 10; float score[N];             /* 错误,N 为变量 */
float score[5 * 2];                     /* 正确,等价于 float score[10]; */

#define N 10
float score[N];                         /* 正确,N 为常量 */

const int M = 10;
double d[M];                            /* 正确,M 为常量 */
```

(4) 定义数组之后,通过数组名加下标的方法(即数组名[下标])访问数组中的元素。数组中的首元素下标为 0,末元素下标为"常量表达式−1"。例如:

```
int number[100];
```

则数组 number 中的各元素为 number[0]~number[99]。

注意:

① 不要企图访问数组元素 number[−1](下溢)或 number[100](上溢)等,尽管编译系统不会检查出下溢的错误,但结果无法确定。

② 数组元素的下标值从 0 开始,而不是从 1 开始。相应地,最后一个元素对应的下标值为 99,而不是 100。

例如,下面的程序实现将 1~100 之间的整数分别装入数组 number 的各个元素中。

```
#include <stdio.h>
void main(void){
  int number[100], k,counter = 0;
  for(k = 0;k < 100;k ++)  number[k] = k + 1;
  /* 将整数 1~100 分别存储在数组元素 number[0]~number[99]中 */
  for(k = 0;k < 100;k ++){
     counter ++;
```

```
        if(counter % 10!= 0) printf(" % 3d,",number[k]); /* 输出数据的格式为每行 10 个数据 */
        else printf(" % 3d\n",number[k]);               /* 同行数据之间用逗号“,”隔开 */
    }
}
```

程序运行情况如下：

```
  1,  2,  3,  4,  5,  6,  7,  8,  9, 10
 11, 12, 13, 14, 15, 16, 17, 18, 19, 20
 21, 22, 23, 24, 25, 26, 27, 28, 29, 30
 31, 32, 33, 34, 35, 36, 37, 38, 39, 40
 41, 42, 43, 44, 45, 46, 47, 48, 49, 50
 51, 52, 53, 54, 55, 56, 57, 58, 59, 60
 61, 62, 63, 64, 65, 66, 67, 68, 69, 70
 71, 72, 73, 74, 75, 76, 77, 78, 79, 80
 81, 82, 83, 84, 85, 86, 87, 88, 89, 90
 91, 92, 93, 94, 95, 96, 97, 98, 99,100
Press any key to continue
```

特别提示：C语言的编译程序不检查数组的越界，程序可以在数组的两边越界（underflow（下溢）和overflow（上溢）），数组的越界问题要靠程序员自己发现。例如：

```
#include < stdio.h >
void main(void){
  int number[10], k;
  for(k = 0;k < 10;k ++ )   number[k] = k + 1;
   /* 将整数 1～10 分别存储于数组元素 number[0]～number[9]中 */
   for(k = - 1;k <= 10;k ++ )   printf(" % d ,",number[k]);
    /* 越界访问数组元素 number[ - 1]和 number[10] */
}
```

程序运行情况如下：

```
-1,1,2,3,4,5,6,7,8,9,10,1245120,
Press any key to continue_
```

以上程序虽然能通过编译，也能正常运行，但发生了下溢（访问数组元素 number[－1]时）和上溢（访问数组元素 number[10]时），结果是无法预测的，请读者自己上机再验证。

(5) 数组所需内存的大小与数组的基类型和数组长度大小有关。对于一维数组而言，以字节为单位的内存容量值可以由下式计算：

所需内存的存储量（总字节数）＝sizeof（元素类型）×数组元素个数

另外，由于数组中各元素是按照其序号连续存储在内存单元中的，因此根据数组中首元素的存储地址（起始地址），就可以计算出其他各下标元素的存储单元地址：

存储地址＝起始地址＋下标×sizeof（元素类型）

例如，int count[10]；设数组的起始地址为 0012FF58（十六进制），则末尾元素的存储地址为 0012FF58＋9×sizeof(int)＝0000FF7C。

注意：

① 在 TC 平台上运行，一个 int 型数据在内存中占 2 个字节的空间，内存单元的地址编号也用 16 位表示（2 字节），sizeof(int)值为 2；而在 VC 平台上，一个 int 型数据在内存中占 4 个字节的空间，内存单元的地址编号也用 32 位表示（4 字节），sizeof(int)值为 4，程序运行结果会有所不同。请读者自己在不同平台上分别实践，加以测试和验证。

② 9×sizeof(int)的结果是十进制数,而 0012FF58 为十六进制数。

本质上,一维数组就是在连续内存中按下标顺序存储的同类元素组成的表。上例中的数组 count 各元素在内存的存储地址如图 7-2 所示。

存储地址	元素
0000FF58	count[0]
0000FF5C	count[1]
0000FF60	count[2]
0000FF64	count[3]
0000FF68	count[4]
0000FF6C	count[5]
0000FF70	count[6]
0000FF74	count[7]
0000FF78	count[8]
0000FF7C	count[9]

图 7-2 数组元素对应的存储地址

③ 访问数组的方法是通过访问数组元素来实现的,不能整体访问数组,因此,一般数组的使用与循环结构密不可分。对数组元素的使用,完全等同于对属于数组基类型的简单变量和常量的使用。例如,上例中对 number[k]的使用,等同于对 int 变量或常量的使用。如 scanf("%d",&number[k]);、number[k]+=1;、printf("%d\n",number[k]);等。

④ 数组这种构造数据类型,实际上就是一种自定义的数据结构(关于数据结构的基础知识,在第 1 章讲过),这种数据结构中包含有数据元素间的逻辑关系(线性关系)、物理关系(即逻辑关系在内存中的映射:通过内存的相邻关系来表达数据元素之间的逻辑相邻关系)和对数组类型的操作(如通过下标访问数据元素等)。

7.2.2 一维数组的引用和初始化

1. 一维数组的引用

对于一维数组,C 语言规定,只能逐个引用数组元素而不能一次引用整个数组。

数组元素的表示形式为:

数组名[下标]

说明:

(1) 下标可以是整型常量或整型表达式。例如:

```
int a[4];
a[0] = a[1] = 1; a[1 + 1] = a[0] + a[1]; a[4 - 1] = 2 * a[0] + 3 * a[2 * 1];
```

(2) 下标不能越界。例如:

```
int a[4];
a[4] = 5;                    /* 下标越过上界 */
a[ - 1] = 0;                 /* 下标越过下界 */
```

(3) 可以使用表达式 a 或 a+1 等,但不能使用表达式 a++或++a 等,即数组名所表示的值是不可变的,因此数组名不是变量,它不能作为左值。例如 int a[10],b[10]; a=b;是非法的。数组名的真正含义将在指针与数组中介绍。

2. 一维数组的初始化

C 语言允许在定义数组的同时,对各元素指定初始值,这称为数组的初始化。对数组元素初始化可以使用如下方法实现:

(1) 在定义数组时，对全部元素赋予初值，将数组元素的初值依次放在一对花括号内。例如：

```
int data[5] = {1,2,3,4,5};
```

经过初始化后，数组 data 中的各元素值分别为 data[0]＝1，data[1]＝2，data[2]＝3，data[3]＝4，data[4]＝5。

注意：以下初始化是非法的。

```
int x = 4,y = 5;
int data[5] = {1,2,3,x,y};     /* 出错,初始值中带有变量 x,y */
```

非法的原因是：尽管 x,y 是有值的，但由于赋值操作是在程序运行时进行的，而数组的初始化操作是编译时进行的。这样在编译时，x,y 的值是未知的，因此出现非法的编译错误。尽管可能在不同的编译系统中，对这个问题的处理会有所不同，如在 VC6.0 中，上述初始化可以通过编译，但是为了程序代码的通用性，还是不要这样初始化。

以下初始化也是非法的：

```
int a[5] = {1, ,2,3,4};        /* 第 2 个逗号前没有值,即不允许出现多个逗号连续的情况 */
```

虽然 int b[5]＝{1,2,3,}；是合法的(数值和逗号前后可以出现一个或多个白字符(空格等))，但是也不建议大家这样书写。

(2) 可以只给数组中的部分元素赋初值。例如：

```
int data[5] = {1,2,3};
```

数组总共有 5 个元素，但在花括号中只给出了 3 个初始值，这表示只给前面的 3 个元素赋初值，其他未赋值的元素，值为 0 或不确定值(在一般的编译系统中，局部数组未赋值的元素值为不定值，即随机值，而全局数组或静态数组中未赋值的元素值为 0。关于变量的存储类型参见第 8 章中的相关内容)。

因此，如果想使一个数组的元素值都为 0，则可以简写成：

```
int data[5] = {0};
```

但不能写成：

```
int data[5] = {0 * 5}; 或 int data[5] = {};
```

请思考以下程序的运行结果：

```
#include < stdio.h >
int data[10] = {1,2,3,4,5};
void main(void){
  int k;
  for(k = 9;k >= 0;k -- )  printf(" %d ",data[k]);
  printf("\n");
}
```

程序运行情况如下：

```
0 0 0 0 0 5 4 3 2 1
Press any key to continue
```

（3）如果要对数组的全部元素赋初值，则可以缺省中括号中的数组长度，因为编译程序会自动根据初值的个数来确定数组的长度。例如：

```
int data[ ] = {1,2,3,4,5};
```

等价于：

```
int data[5] = {1,2,3,4,5};
```

但要注意，如果不是对全部元素赋初值，则不能省略数组的长度，否则含义就不一样了。例如：

```
int data[5] = {1,2,3};
```

表示数组 data 中前面三个元素的初始值分别为 1,2,3，而后两个元素的值为 0。如写成：

```
int data[ ] = {1,2,3};
```

则表示数组 data 的长度为 3，三个元素的初始值分别为 1,2,3。不要自认为数组 data 的长度为 10。

3. 用 const 限定数组

我们知道，可以用 const 限定普通变量，表示这个变量的值是不可改变的（即相当于常量），而且这个变量必须有初始值，即必须初始化。例如：

```
const int PRICE = 100;
```

类似地，C 也可以用 const 限定数组，例如：

```
const int data[5] = {1,2,3,4,5}; 或 int const data[5] = {1,2,3,4,5};
/* 即限定词 const 可以写在类型之前或之后 */
```

当用 const 限定数组时，则数组区间中的值不可改变。同样，用 const 限定数组时，必须对数组的全部元素进行初始化。

7.2.3 一维数组的应用

一维数组应用非常广泛，通常可以用一维数组存储若干个有序的数据（元素），然后对这些数据进行处理，得到新的数据集。

下面列举几个比较典型的应用例子，希望读者能从中理解和掌握数组的基本概念和基本使用方法。

例 7-1 编写程序，输入 10 个学生的《C 语言程序设计》课程成绩，输出最高分、最低分、平均分以及最高分和最低分的输入序号（1～10）。

分析：将 10 个学生的成绩存储在一维数组 score 中，通过“擂台法”就可以找到最高成绩、最低成绩和它们的输入序号。程序如下：

```
#include< stdio.h>
void main(void){
 float score[10],highscore,lowscore,sumscore = 0.0f;
 int i,highindex = 0,lowindex = 0;  /* 用变量 highindex 和 lowindex 分别存储最高分和最低分成
                                       绩在数组中的下标值,初始值都为 0 */
 printf("Please enter the scores:\n");
 for(i = 1;i<= 10;i++){
     scanf("%f",&score[i-1]);        /* 输入各个成绩 */
     sumscore += score[i-1];          /* 用变量 sumscore 存储成绩总分 */
 }
 highscore = lowscore = score[0];
 for(i = 1;i<10;i++){                 /* 用"擂台法"得到最高成绩及其下标 */
    if(score[i]> highscore) {
         highscore = score[i];
         highindex = i;
    }
    if(score[i]< lowscore) {          /* 用"擂台法"得到最低成绩及其下标 */
         lowscore = score[i];
         lowindex = i;
    }
 }
 printf("The average score is %f\n",sumscore/10);
 printf("The highest score is %f and its enter order is %d\n",highscore,highindex + 1);
 printf("The lowest score is %f and its enter order is %d\n",lowscore,lowindex + 1);
}
```

程序运行情况如下:

```
Please enter the scores:
80 78 91 66 75 84 68 50 72 88
The average score is 75.200000
The highest score is 91.000000 and its enter order is 3
The lowest score is 50.000000 and its enter order is 8
Press any key to continue
```

说明:

(1) 如果输入的成绩有相同的话,则最高成绩和最低成绩的输入序号为最前面的那个。

(2) 也可以在输入成绩的过程中进行"打擂台"的过程,请读者自己设计程序并实现。

(3) 本例中只是读取了数组中的各个元素(成绩),并没有改变数组元素本身的值和它们在数组中的位置。在实际使用中,经常要对这些元素进行交换或改写等操作,如后面例子中的排序。

(4) 本例给出了一维数组的基本使用方法。如果要用一维数组处理更为复杂的问题,难点不在于一维数组使用本身,而在于处理问题的算法设计上。请分析以下例子。

例 7-2 随机输入 10 个整数,输出其中的正整数。

分析:可以将输入的 10 个整数存储于一维数组 data 中,再分析各个元素的值,将满足条件的元素转存储于另一个一维数组 result 中。程序设计如下:

```
#include< stdio.h>
void main(void){
```

```
    int data[10],result[10],i,j=0;     /* 注意j的初始化 */
    printf("Please enter 10 integers:\n");
    for(i=0;i<10;i++){
        scanf("%d",&data[i]);
        if(data[i]>0) {
        result[j]=data[i];             /* 将正整数存储于结果数组的相应位置处 */
        j++;                           /* 接受位置的改变 */
      }
    }

    printf("The result is:\n");
    for(i=0;i<=j-1;i++) printf("%-4d",result[i]); /* 注意i的变化范围,正整数的个数
                                                       为j */
    printf("\n");
}
```

程序运行情况如下：

```
Please enter 10 integers:
1 2 -3 4 -5 6 -7 8 0 -9
The result is:
1   2   4   6   8
Press any key to continue
```

例 7-3 随机产生 20 个不重复的整数 0～19，并按每行 10 个的格式输出。

分析：在<stdlib.h>中，有一个函数 rand()可以产生随机数，每次调用时，函数返回一个 0～RAND_MAX 之间的伪随机整数。C 标准中要求 RAND_MAX 至少是 32767。为了得到序列，而且避免重复，可以通过使用两个数组有效地解决这个问题，这就是本题的难点所在，即要弄清避免产生重复数据的方法。

第一个数组 randnums 包含随机数字，第二个数组 haverand 包含逻辑值，这个逻辑值指出了要产生的随机数字是否已经存在(以该随机数字作为下标的元素值为真，则表示该随机数字已经存在)。程序如下：

```
#include<stdio.h>
#include<stdlib.h>
#define arraysize 20
void main(void){
  int randnums[arraysize],i,linesize=10,numPrinted;
  static int haverand[arraysize]={0}; /* 数组指示产生的数是否已经存在,并初始化 */
  printf("Begin random permutation generation:\n");
  for(i=0;i<arraysize;i++){           /* 逐个产生 20 个不重复的 0～19 之间的随机数 */
   int randNo;
   do{
     randNo=rand()%arraysize;         /* 获得 0～19 范围内的随机数 */
   }while(haverand[randNo]==1);       /* 如果该数已经存在,则重新产生一个新数 */
   randnums[i]=randNo;
   haverand[randNo]=1;                /* 将该数设置为存在状态 */
  }

  for(i=0,numPrinted=0;i<arraysize;i++){
   printf("%-3d",randnums[i]);
```

```
        numPrinted++;
        if(numPrinted>=linesize){          /* 设置每行输出10个数据 */
            printf("\n");
            numPrinted=0;
        }
    }
}
```

程序运行情况如下：

```
Begin random permutation generation:
1  7  14 0  9  4  18 2  5  11
15 16 13 12 6  19 3  8  17 10
Press any key to continue
```

说明：

为了更好地清楚理解如何使用两个数组来产生20个不重复的0～19之间数字的过程，用一个实例来模拟这个过程。用一维数组randnums存储将要产生的20个随机数，用一维数组haverand存储所产生的随机数是否已经存在。在产生随机数之前，数组haverand[]的各元素值都为0。当产生随机数x时，则将元素haverand[x]置为1，表示随机数x已经存在。所产生的无重复随机数依次存储于数组元素randnums[0]～randnums[19]中。假设最先产生的第一个随机数为18，此时18不会重复，就将18存储于元素randnums[0]中，再将数据元素haverand[18]的值设置为1，表示18这个数已经存在；以此避免以后再重复产生18这个数。接着，再产生第二个随机数，假设为0，程序首先检查数据元素haverand[0]的值是否为1，若为1，则表示0这个数已经存在；若为0，则表示0这个数还不存在。显然，此时haverand[0]为0，即0这个数还不存在，将0存储于数据元素randnums[1]中，同时将haverand[0]设置为1，表示0这个数已经存在。再接下来，如果产生的第三个随机数为18或0，根据数据元素haverand[18]和haverand[0]的值为1，就可以发现18或0均存在，需要重新产生第三个数，直到不重复为止。如此下去，就可以产生20个不重复的随机数了。如图7-3所示。

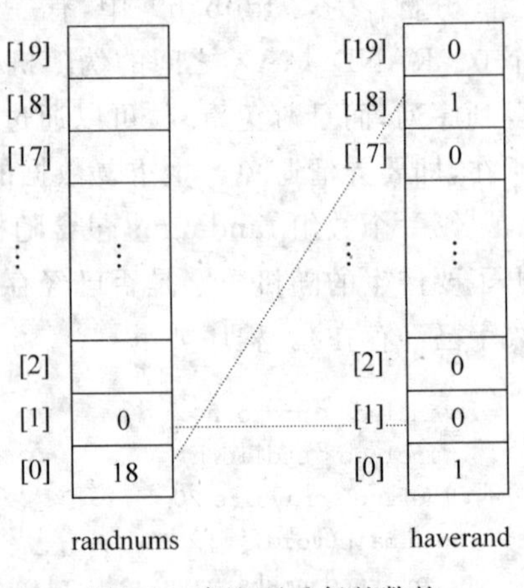

图7-3　产生不重复整数的处理方法示例

所以本例的关键在于如何巧妙地使用两个关系紧密的一维数组。

例7-4　对数组元素所构成的序列进行简单的排序。

简单的排序算法，常用的有冒泡排序、简单选择排序和直接插入排序。

其他排序算法：快速排序、堆排序和归并排序等。

这里只介绍三种简单的排序算法，作为使用一维数组的经典范例。希望读者通过这些排序算法理解和掌握数组使用的方法。

1. 冒泡排序的算法描述（设按从小到大进行排序）

第一趟两两比较：从第一个元素（data[0]）开始进行相邻两个元素的比较，若前者大于后者，则两者交换位置，再按同样的方法比较下两个相邻元素，一直比较到最后两个元素（data[N－2]和data[N－1]）。这样，经过一趟两两比较之后，最大的元素已经处在最后的位置上（冒出了第一个泡）。

第二趟两两比较：从第一元素开始再进行相邻两个元素的比较，规则同上，一直比较到未排序元素的最后两个元素（a[N－3]和a[N－2]）。经过这趟两两比较，次大的元素已经排在了数组的倒数第二个位置上（冒出了第二个泡）。

依此类推，在最坏情况下，需要进行N－1趟（共冒出N－1个泡）的两两比较就可以将N个元素排好序（未冒出的泡自然为最小的元素）。

算法的流程图（N-S图描述）如图7-4所示。

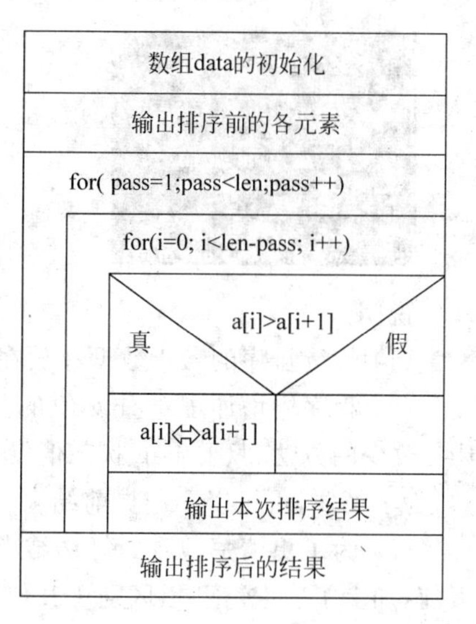

图7-4 冒泡算法的流程图

根据流程图写出的程序为：

```
#include<stdio.h>
void main(void){
 int data[]={1,5,4,3,6,2,7,8,10,9}, i , pass;  /* 最坏情况下,共需要9趟的两两比较 */
 int len=sizeof(data)/sizeof(int);  /* 自动计算数组的元素个数 */
 printf("排序前的各元素: \n");
 for( i=0; i<len; i++ )   printf(" %d,",data[i]);
 printf("\n");

 printf("正在冒泡排序......\n");
 int temp,flag;
 /* 变量flag标记排序的状态,如果上一趟已经排好序,就不要进行下一趟的比较了 */
 for( pass=1;pass<len;pass++){     /* 最坏情况下,共需要len-1趟的两两比较 */
    flag=0;
    for(i=0; i<len-pass; i++)      /* 第pass趟,共需要比较的对数为len-pass */
      if(data[i]>data[i+1]) {
       flag+=1;                    /* 发生交换时,改变flag的值 */
       temp=data[i];data[i]=data[i+1];data[i+1]=temp;
       }
    if(flag==0) break; /* 如果flag保持0值,这趟未发生两两交换,则已排好序 */
    for(i=0; i<len; i++) {
      if( i==len-pass )  printf("| %d,",data[i]);
      else printf(" %d,",data[i]);
    }
   printf(" \n");
 }
 printf(" 排序后的结果: \n");
 for(i=0;i<len;i++)  printf(" %d,",data[i]);
 printf("\n");
}
```

程序运行情况如下：

```
排序前的各元素:
1,5,4,3,6,2,7,8,10,9,
正在冒泡排序......
1,4,3,5,2,6,7,8,9,|10,
1,3,4,2,5,6,7,8,|9,10,
1,3,2,4,5,6,7,|8,9,10,
1,2,3,4,5,6,|7,8,9,10,
 排序后的结果:
1,2,3,4,5,6,7,8,9,10,
Press any key to continue
```

说明:

(1) 将待排序的若干数据存放在一维数组中,各元素值也可以通过输入获得。

(2) 程序中增加了对 flag 值的判断处理(程序中使用 flag+=1。也可以采用其他让 flag 改变的方法,只要 flag 状态值发生变化即可)来确定是否要进入下一趟的两两比较。当然,为了简便,也可以不用提前结束外层循环(趟数)。

(3) 为了更清楚地看到每趟结束后的数据元素序列,在每趟结束后输出刚冒出来的元素前,加上了"|"标记,以区别于其他元素。当然,这段代码可以不要。

(4) 本例的冒泡排序,在每一趟的两个相邻元素比较中采用的是从前往后的比较方法,实际上也可以采用从后往前的比较方法或者只对数组中的一部分元素(如前 5 个或后 5 个元素)进行排序等,请读者自己思考并设计程序实现它们,以加深对冒泡排序的理解。

(5) 对于降序排列,方法完全类似,只要修改排序算法中比较相邻元素时需要进行交互的条件即可。

2. 简单选择排序的算法描述

假设有 n 个数据存放在数组 a 中,现要求将这 n 个数从小到大排序。首先,在 a[0]到 a[n-1]的范围内,选出值最小的元素与 a[0]交换;然后在 a[1]到 a[n-1]范围内,再选出值最小的元素与 a[1]交换;依此进行下去,进行 n-1 次选择后,就可以完成排序。程序如下:

```
#include < stdio.h >
void main(void){
 int a[] = {9,8, - 17,6,5, - 4,3,2,1,0},i,j,m,temp;
 int len = sizeof(a)/sizeof(int);

 printf("Before sort:\n");
 for( i = 0;i < len;i ++ )   printf(" % d,",a[i]);
 printf("\n\n 正在选择排序:\n");

 for(i = 0;i < len - 1;i ++ ){              /* 最好和最坏情况下都要进行 len - 1 次选择 */
    for(j = i + 1;j < len;j ++ )
           if(a[i]> a[j]){
                temp = a[i];
                a[i] = a[j];
                a[j] = temp;
           }
/* 输出经本次选择后的排序结果,用"|"号作为排好序元素与未排好序元素的分隔符 */
    for( m = 0;m < len;m ++ )
        if(m == i)  printf(" % d|",a[m]);
```

```
        else      printf(" %d ",a[m]);

    printf("\n");
    }
  printf("\nAfter sort:\n");
  for(i=0;i<len;i++)  printf(" %d ",a[i]);
  printf("\n");
}
```

程序运行情况如下：

```
Before sort:
9,8,-17,6,5,-4,3,2,1,0,

 正在选择排序:
-17:9 8 6 5 -4 3 2 1 0
-17 -4:9 8 6 5 3 2 1 0
-17 -4 0:9 8 6 5 3 2 1
-17 -4 0 1:9 8 6 5 3 2
-17 -4 0 1 2:9 8 6 5 3
-17 -4 0 1 2 3:9 8 6 5
-17 -4 0 1 2 3 5:9 8 6
-17 -4 0 1 2 3 5 6:9 8
-17 -4 0 1 2 3 5 6 8:9

After sort:
-17 -4 0 1 2 3 5 6 8 9
Press any key to continue
```

说明：

(1) 选择排序就好像招聘会上用人单位来选用人一样，先在全部候选人中选取最优秀的人(最小元素)，让他/她入选最佳职位(a[0])；再在剩下的候选人中选取最优秀的人，让其入选次佳位置(a[1])；依次选择下去，就可以完成从最佳到最差人员以及相应职位的选取。

(2) 该算法还可以稍作变化，在a[i]>a[j]时，不用马上交换它们的位置，而是先不交换位置，只把小的元素位置(下标)记录下来，下一个元素就和刚记录下来的最小元素进行比较，再把它们的小者位置(下标)记录下来，依此类推，等全部比较完成后，再将全部候选范围内的最小元素放置到它的相应位置上去(与该位置上的原来元素进行交换)。程序如下：

```
#include<stdio.h>
void main(void){
 int a[]={9,8,-17,6,5,-4,3,2,1,0},i,j,m,index,temp;
 int len=sizeof(a)/sizeof(int);

 printf("Before sort:\n");
 for( i=0;i<len;i++)   printf(" %d,",a[i]);
 printf("\n\n 正在选择排序: \n");

 for(i=0;i<len-1;i++){              /* 最好和最坏情况下都要进行 len-1 次选择 */
    index=i;                        /* 当前最小元素下标值的初始化 */
    for(j=i+1;j<len;j++)
        if(a[j]<a[index]){          /* 每次都与当前最小元素进行比较 */
            index=j;                /* 记录当前最小元素的下标 */
            }
    if(index!=i) {          /* 最小元素是否就是该位置上的元素本身,如不是,才需要交换 */
```

```
            temp = a[i];
            a[i] = a[index];
            a[index] = temp;
            }

    /* 输出经本次选择后的排序结果,用"|"号作为排好序元素与未排好序元素的分隔符 */
        for( m = 0;m < len;m ++ )
            if(m == i)  printf(" %d|",a[m]);
            else        printf(" %d ",a[m]);

        printf("\n");
        }

    printf("\nAfter sort:\n");
    for(i = 0;i < len;i ++ )  printf(" %d ",a[i]);
}
```

程序运行情况同上。

(3) 类似于冒泡排序,选择排序也可以有所变化。也可以先选择最大的一个,再选择次大的一个,依此类推。即选择元素的方向可以从后往前。把这个变化留给读者自己完成。

(4) 与冒泡排序类似,在每一次选择完成后(部分排序)包含分隔符的数据元素输出,只是让大家看到本次选择的结果,当然可以不要。下面的直接插入排序也类似,不再说明。

(5) 选择排序时,不管待排序的 n 个数据原来的排序情况如何,都要经过 n－1 次选择才能完成排序。

3. 直接插入排序算法描述

插入排序通过把数组中的各元素分别插入到适当的位置来进行排序。其步骤为:

(1) 数组中的头一个元素已经按顺序排好,现将第二个元素插入到已排好序的头一个元素当中去(适当位置),这样就得到两个已排好序的元素。

(2) 将第三个元素插入到前面已排好序的两个元素的适当位置,得到三个已排好序的元素。

(3) 依次进行下去,直到将最后一个元素插入到前面已经排好序的 n－1 个元素的适当位置中。

```
#include < stdio.h >
void main(void){
    int a[] = {10,5,3,7,6,9,4,8,2,1},i,pass;  /* 最好和最坏情况,都要经过 n - 1 轮插入 */
    int size = sizeof(a)/sizeof(int);         /* 元素的个数 */
    int inserter,index;      /* inserter 存放待插入合适位置的元素,index 指示插入的位置 */

    printf("Before sort:\n");
    for(i = 0;i < size;i ++ )                 /* 按原始顺序输出各个元素 */
        printf(" %d,",a[i]);

    printf("\n\nInsert sorting:\n");
    for( pass = 1;pass < size;pass ++ ){      /* 共进行 size - 1 轮的插入 */
        inserter = a[pass];                   /* 第 pass 轮时,待插入的元素是 a[pass] */
```

```
        index = pass - 1;
      while(index >= 0&&inserter < a[index]){     /* 还未找到合适的插入位置 */
          a[index + 1] = a[index];           /* a[index]后移一位,腾出空位 */
          index -- ;                         /* 待比较元素的位置指针前移,准备再比较 */
      }
      a[index + 1] = inserter;               /* 已找到插入位置,将待插入元素插入合适的位置上 */
      /* 以下输出经此轮插入后的结果    */
      for( i = 0;i < size;i ++ ){
          printf(" %d,",a[i]);
          if(i == pass) printf("|");         /* 已排好序和未排好元素间的分界线 */
      }
    printf("\n");
    } /* end of for */

    printf("\nAfter sort:\n\n");
    for(i = 0;i < size;i ++ )                /* 输出排序后的各元素 */
        printf(" %d,",a[i]);
    printf("\n");
}
```

程序运行情况如下：

```
Before sort:
10,5,3,7,6,9,4,8,2,1,

Insert sorting:
5,10,|3,7,6,9,4,8,2,1,
3,5,10,|7,6,9,4,8,2,1,
3,5,7,10,|6,9,4,8,2,1,
3,5,6,7,10,|9,4,8,2,1,
3,5,6,7,9,10,|4,8,2,1,
3,4,5,6,7,9,10,|8,2,1,
3,4,5,6,7,8,9,10,|2,1,
2,3,4,5,6,7,8,9,10,|1,
1,2,3,4,5,6,7,8,9,10,|

After sort:
1,2,3,4,5,6,7,8,9,10,
Press any key to continue
```

说明：

(1) 直接插入排序算法类似于按身高站队列，先站好一个人的队列，再每次入队一个人，直到所有人都入队。

(2) 直接插入排序算法的具体实现也可以有一些小变化。比如，在查找插入位置时，可以不用 while 循环，而改用 for 循环来实现等，请读者自己思考完成。

(3) 类似于选择排序，不管待排序的 n 个数据原来的排序情况如何，直接插入排序也要经过 n－1 次插入才能完成排序。

例 7-5 将数组中的元素全部逆置。

分析：将数组中首尾元素分别交换位置就可以实现全部元素的逆置。

```
#include < stdio.h >
void main(void){
  int a[ ] = {1,2,3,4,5,6,7,8,9,10};
  int len = sizeof(a)/sizeof(int), i = 0, j = len - 1, t;
  while(i <= j){
```

```
      t = a[i];
      a[i] = a[j];
      a[j] = t;
      i++,j--;
   }
   for(i = 0;i < len;i++) printf("%d,",a[i]);
   printf("\n");
}
```

程序运行情况如下：

```
10,9,8,7,6,5,4,3,2,1,
Press any key to continue
```

说明：

（1）也可以将 while 改成 for 来实现。程序修改如下：

```
#include <stdio.h>
void main(void){
   int a[] = {1,2,3,4,5,6,7,8,9,10};
   int len = sizeof(a)/sizeof(int),i = 0,t;

   for(i = 0;i < len/2;i++){
      t = a[i];
      a[i] = a[len - 1 - i];
      a[len - 1 - i] = t;
   }
   for(i = 0;i < len;i++) printf("%d,",a[i]);
   printf("\n");
}
```

（2）本例只用一个变量 i，表示要交换元素的下标，则和它交换的元素下标为 N－1－i（N 为元素个数），控制 i 的变化范围为 0～(N/2)－1。

（3）在第 8 章学完后，本例也可以用递归函数来实现。例 7-6 类似，也请读者在学完第 8 章之后自己完成。

（4）数组中存储的数据，也可以从键盘上随机输入。

例 7-6 设数组中的元素值已经按序号升序排列，现输入一个键值，查找该值是否在数组中，若在数组中，则输出其下标。

分析：为了充分利用已经排好序的信息，可以用"二分法"来进行查找(Binary Search)。即先在下标范围 low＝0～high＝N－1 之间查找，将键值与数组中中间的元素 a[mid]进行比较，如果 key＞a[mid]，则下次只要在后半部分(即改变 low 为 mid＋1，high 不变)进行查找，否则只要在前半部分(即改变 high 为 mid－1，low 不变)进行查找。依此类推，直到查找到该键值 key 或者 key 不在数组中为止。程序如下：

```
#include <stdio.h>
#include <stdlib.h>
void main(void){
 int data[] = {-11,2,3,4,15,56,77,88,99,100};
 int N = sizeof(data)/sizeof(int);
```

```
    int low = 0, high = N - 1, mid, key;
    printf("Enter the key to be searched:");
    scanf(" %d", &key);

    while(low <= high){
     mid = (low + high)/2;
     if(key < data[mid]) high = mid - 1;
     else if( key > data[mid]) low = mid + 1;
          else {  /* found */
              printf("The index of the key is %d\n", mid);
              exit(0);
          }
    }
  printf("No found!\n");
}
```

程序运行情况如下：

```
Enter the key to be searched:88
The index of the key is 7
Press any key to continue
```

说明：

(1) 本例中使用了函数 exit()(定义在头文件 stdlib. h 中)，目的在于一旦查找成功，在给出结果后，就退出程序的运行。当然，也可以用其他方法来控制(如做标记)，请读者自己思考。

(2) 采用“二分法”查找，要求数组中的数据事先已经排序好。当然，也可以不用“二分法”实现查找。

(3) 在学习过递归函数后，采用递归方法实现更为精致，便于理解。

以上列举了一些常用的一维数组使用方法，相信读者通过消化、理解和不断的上机实践，是完全可以掌握一维数组的使用方法和使用特点的。下面给出一道思考题及其参考程序，请读者自己分析，并给出程序的运行结果。

思考题：用一维数组 data 存储若干个非负整数(设数值在 0～15 之间)，统计每个非负整数出现的次数。

```
#include <stdio.h>
void main(void){
    int data[] = {1,12,5,7,5,12,8,1,0,15},k,len;
    static int num[16] = {0};           /* 数组 num 存储统计结果 */
    len = sizeof(data)/sizeof(int);

    printf("Original data:\n");
    for(k = 0;k < len;k ++ ) printf(" %-4d",data[k]);

    /* 将数据 data[k]出现的次数存储在 num[data[k]]中 */
    for(k = 0;k < len;k ++ )   num[data[k]] ++ ;

    printf("\nStatistics information of data:\n");
    for(k = 0;k < len;k ++ )            /* 只输出出现 0 次以上的数据及出现的次数 */
```

```
        if(num[ data[k] ]!= 0){
            printf(" %d:",data[k]);
            printf(" %d, ",num[ data[k] ]);
        }
    printf("\n");
}
```

7.3 二维数组的定义与使用

7.3.1 二维数组的定义

在学习完一维数组之后，就可以采用类似的方法学习二维数组的定义及其使用了。完全可以把二维数组看成是元素类型为一维数组的一维数组(类似的，n 维数组可以看成若干个 n－1 维数组的数组，即可以认为是 n=(n－1)+1)。

二维数组也是若干个元素的有序集合，与一维数组元素类似，二维数组中各元素在存储空间上也是连续存放的，只是它们分成行和列(行和列的变化规律约定了元素在内存中的存储顺序)的顺序进行存放。在 C 语言中(其他语言就不一定)，按行序来顺序存储各元素，即按行的先后次序依次存储各行中的元素，相同行的元素再按其列序进行先后存储。所以学习二维数组，建议大家可以用与一维数组对比的方法来进行，这样就可以搞清楚一维数组和二维数组的区别，也可以进一步理解二维数组与一维数组的联系和数组的共性等，进而将此关系推广到 n 维数组和 n－1 维数组之间，也为以后理解指针与数组的关系打下良好的基础。

在一维数组中，访问数组元素的方法是通过数组名和相应的一个下标值的方式进行的。也就是说，确定一维数组的元素只要一个下标值就可以了。在 C 语言中，除了大量使用一维数组之外，还可以使用二维及二维以上的数组(称其为多维数组)。多维数组中元素的访问方法和一维数组类似，但要确定某一个元素，需要使用多个下标。下面主要以二维数组为例加以说明，二维以上的数组只简单介绍，需要时大家可以采用类似的方法进行学习和使用。

在 C 语言中，定义一个二维数组的形式为：

类型标识符 数组名[常量表达式 1][常量表达式 2];

其中，常量表达式 1 表示第一维的长度，常量表达式 2 表示第二维的长度。类型标识符和数组名的含义同一维数组。例如：

```
int score[2][3];        /* 定义了一个二维数组 score,它的第一维长度为 2,第二维长度为 3,共存
                           储 6 个元素 */
```

访问数组 score 是通过访问组成数组 score 的各个元素 score[i][j]($0 \leqslant i < 1,\ 0 \leqslant j < 2$)进行的。

可以把二维数组看成是若干个一维数组的一维数组，即一维数组作为数组元素可以构成二维数组。其关系可以示意如下：

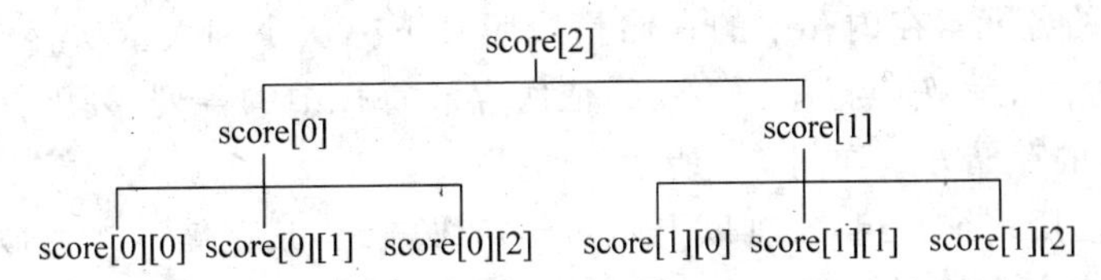

即可以把数组 score 看成是一个长度为 2 的一维数组，这个一维数组中包含两个元素，分别是 score[0]和 score[1]。其中，score[0]是一个长度为 3 的一维数组（这个一维数组含有三个元素，分别是 score[0][0]、score[0][1]和 score[0][2]，即 score[0]就是一个一维数组名），score[1]也是一个长度为 3 的一维数组（这个一维数组含有三个元素，分别是 score[1][0]、score[1][1]和 score[1][2]，即 score[1]也是一个一维数组名）。

二维数组 score 中的 6 个元素占用连续的内存空间，按行（第一维）列（第二维）的次序依次分布，如图 7-5 所示。

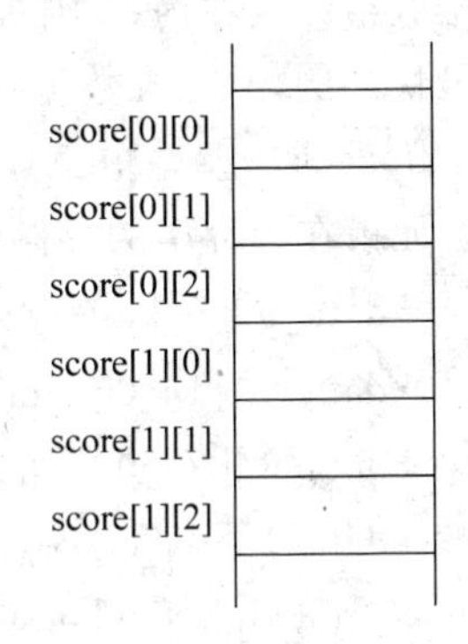

图 7-5 二维数组中各元素在内存中的存储

7.3.2 二维数组的存储和引用方法

1. 二维数组中元素的存储方式

上面已经提到，二维数组可以看作是一维数组的叠加，即当一维数组中的每一个元素又是一个一维数组时，就构成了一个二维数组（这个思想可以推广至多维数组中，即 n 维数组可以看成是一个由 n－1 维数组作为其元素而构成的数组，即上面所说的 n＝(n－1)＋1)。例如：

```
float  data[3][5];
```

可以看作数组 data 由三个元素 data[0]、data[1]和 data[2]组成，每个元素（数组）又是一个长度为 5 的一维数组。即 data[0]是一个长度为 5 的一维数组，它由 data[0][0]、data[0][1]、data[0][2]、data[0][3]和 data[0][4]这 5 个整型元素组成；data[1]也是一个长度为 5 的一维数组，它由 data[1][0]、data[1][1]、data[1][2]、data[1][3]和 data[1][4]这 5 个整型元素组成；data[2]也是一个长度为 5 的一维数组，它由 data[2][0]、data[2][1]、data[2][2]、score[2][3]和 data[2][4]这 5 个整型元素组成。

上述关系可以用图 7-6 描述。

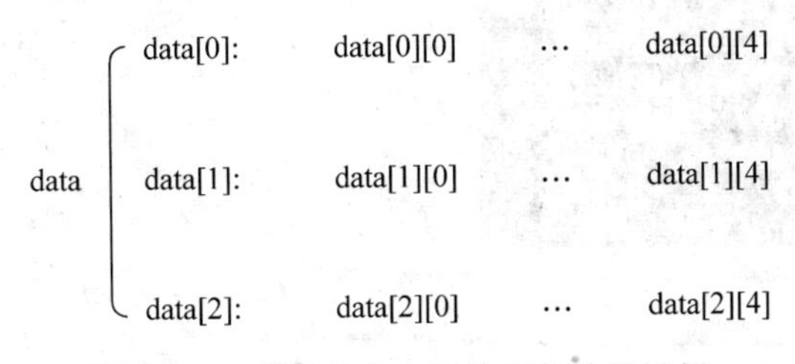

图 7-6 二维数组与一维数组的关系示例

一维数组中的各元素在内存中的存储是按照其下标从小到大依次存储的。在C语言中，二维数组中的各元素按照行序(行下标)依次存放每行中的各列(列下标)元素。上述数组 data 中各元素的存储方式如图 7-7 所示。

C语言允许使用多维数组(二维以上)，对于对维数组，其存储方式类似于二维数组，即多维数组元素在内存中的存储顺序为：第一维(最左边)的下标变化最慢，最右边的下标变化最快。例如，三维数组：

float data[2][3][5];

则各元素在内存中的存储位置从低地址到高地址依次为：

data[0][0][0]→data[0][0][1]→data[0][0][2]→data[0][0][3]→data[0][0][4]
→data[0][1][0]→data[0][1][1]→data[0][1][2]→data[0][1][3]→data[0][1][4]
→data[0][2][0]→data[0][2][1]→data[0][2][2]→data[0][2][3]→data[0][2][4]
→data[1][0][0]→data[1][0][1]→data[1][0][2]→data[1][0][3]→data[1][0][4]
→data[1][1][0]→data[1][1][1]→data[1][1][2]→data[1][1][3]→data[1][1][4]
→data[1][2][0]→data[1][2][1]→data[1][2][2]→data[1][2][3]→data[1][2][4]

类似于一维数组，可以根据二维数组 Type a[M][N]中首元素的存储地址计算出数组中元素 a[i][j]的存储地址为：

首元素的存储地址$+(i\times N+j)\times$sizeof(Type)

其中 Type 为数组元素的类型，即数组的基类型。

分析以下程序的运行结果：

```
#include<stdio.h>
#include<stdlib.h>
void main(void){
 int data[2][3] = {1,2,3,4,5,6},row,col;
 int num = sizeof(data)/sizeof(data[3]);

 for(row = 0;row<2;row++)
      for(col = 0;col<3;col++)
           printf("Address of data[%d][%d] is %p\n",
           row,col,&data[row][col]);
}
```

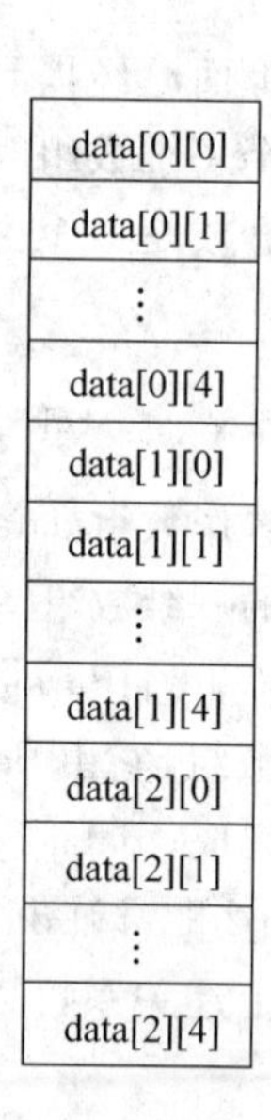

图 7-7 二维数组中元素的存储

程序运行情况如下：

```
Address of data[0][0] is 0012FF68
Address of data[0][1] is 0012FF6C
Address of data[0][2] is 0012FF70
Address of data[1][0] is 0012FF74
Address of data[1][1] is 0012FF78
Address of data[1][2] is 0012FF7C
Press any key to continue
```

说明：

(1) 语句 num=sizeof(data)/sizeof(data[3]);获得二维数组 data 中存储的元素个数，其中 sizeof(data)得到的是整个二维数组所占用的存储空间大小(单位：字节)，sizeof(data[3])

得到的是二维数组中的每一个一维数组元素(长度为 3)所占用的存储空间大小(单位:字节)。对于这个实例,当然可以简化为 num=6,这样计算的目的是为了程序的通用性。

(2) 表达式 &data[row][col]用于计算每个整型数据元素的存储地址(在 VC 平台上用 32 位表示,在 TC 平台上用 16 位表示)。

(3) 相邻两个整型元素之间地址差为 sizeof(int),即为 4(TC 平台为 2)。

2. 二维数组的引用

类似于一维数组,对于二维数组,C 语言规定,也只能逐个引用数组元素,而不能一次引用整个数组。

数组元素的表示形式为:

数组名[下标][下标]

说明:

(1) 下标可以是整型常量或整型表达式。例如:

```
int a[2][3];
a[0][0] = a[0][1] =  a[0][2] = 1;  a[1][0] = a[0][0] + a[0][1];
```

(2) 数组每一维的下标都不应该超过定义时的范围(即不能超越上下界)。例如:

```
int a[2][3];
a[1][3] = 5;               /* 第二维下标越过上界 */
a[-1][2] = 0;              /* 第一维下标越过下界 *
```

7.3.3 二维数组的初始化

类似于一维数组,C 语言允许在定义二维数组的同时对各元素指定初始值,这称为二维数组的初始化。对二维数组元素初始化可以使用如下方法实现:

(1) 在定义数组时,分行对数组中的各元素赋初值。

将数组元素的初值按行的次序依次放在若干对花括号内,每一对花括号内的值对应数组中的一行。即第 1 行的各元素初值放在第 1 个花括号内,第 2 行的各元素初值放在第 2 个花括号内,依此类推。例如:

```
int score[2][5] = { {1,2,3,4,5},{2,3,4,5,6} };
```

经过初始化后,数组 score 中的第 1 行各元素值分别为 1,2,3,4,5,第 2 行的各元素值分别为 2,3,4,5,6。即在数组的第 1 行中,score[0][0]的值为 1,score[0][1]的值为 2,score[0][2]的值为 3,score[0][3]的值为 4,score[0][4]的值为 5。在数组的第 2 行中,score[1][0]的值为 2,score[0][1]的值为 3,score[0][2]的值为 4,score[0][3]的值为 5,score[0][4]的值为 6。

(2) 直接将所有元素的初值放在一个花括号内。

这种赋初值的效果和(1)相同,编译程序会自动按行进行赋值。例如:

```
int score[2][5] = { 1,2,3,4,5,2,3,4,5,6 };  /* 效果与上例相同 */
```

(3) 可以对数组中的部分元素赋初值。

例如：

```
int score[2][5] = { {1,2,3},{2,3,4,5} };
```

此时，类似于一维数组的初始化。第1个花括号内的值分别赋给第1行的前面各元素，第1行中没有赋值的元素，其值自动为0。其他行的赋值方法类似。

也可以将初值写在一个花括号内。例如：

```
int score[2][5] = { 1,2,3,4,5,6,7 };
```

此时，各值按行的次序赋给各元素。即先给第1行的各元素赋值，再给第2行的各元素赋值。没有赋值的元素，其值自动为0。这样，经过初始化后，第1行的各元素值分别为1，2，3，4，5。第2行中score[1][0]的值为6，score[1][1]的值为7，其他未赋值的元素值为0或不定值(取决于数组的存储类型。有关存储类型常见函数中的变量存储类型，数组的存储类型类似于变量的存储类型。也与具体的编译器有关)。

(4) 如果对数组中的全部元素赋初值，则可以省略第一维的长度，但第二维的长度不能省略。例如：

```
int score[ ][5] = { 1,2,3,4,5,6,7,8,9,10} ;    /* 省略了第一维的长度 */
```

此时，编译系统会根据元素的个数及第二维的长度确定出第一维的长度。以上定义等价于如下的定义：

```
int score[2][5] = { 1,2,3,4,5,6,7,8,9,10} ;
```

请思考如下程序的运行结果：

```
#include < stdio.h >
void main(void){
    int data[][3] = {1,2,3,4},row,col;      /* 省略了第一维的长度 */
 for(row = 0;row < sizeof(data)/sizeof(data[3]);row ++ ){
    for(col = 0;col < 3;col ++ )
        printf(" % -3d",data[row][col]);
    printf("\n");
 }
}
```

程序运行情况如下：

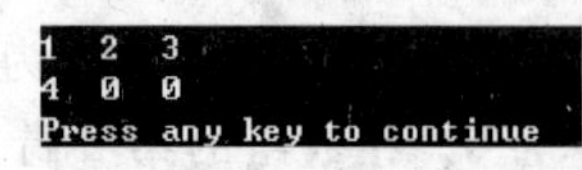

```
1  2  3
4  0  0
Press any key to continue
```

说明：

(1) 程序中初始化二维数组data时，并没有指明二维数组中第一维的长度，但由于给出了第二维的长度，因此编译系统会自动计算获得第一维的长度值。

(2) 通过表达式sizeof(data)/sizeof(data[3])也可以自己计算出二维数组中的第一维

长度值(为 2)。实际上,本例初始化二维数组,省略第一维长度时,并没有给出二维数组元素的全部值,通过给出的第二维长度,仍然可以自动获得省略的第一维长度。

7.3.4 二维数组的应用

与一维数组类似,二维数组应用也非常广泛。由于二维数组中元素的访问方法是通过数组名和相应的下标,而下标又需要两个,因此在二维数组的应用程序设计中,通常需要两层循环(内循环和外循环分别控制两个维度上的下标)。下面列举几个比较典型的应用例子,请读者多加思考、理解和分析,对于类似的其他应用,能自己独立解决。

例 7-7 输入 5 个学生的《C 语言程序设计》、《数据结构》和《软件工程》三门课程成绩,输出每门课程的平均分。

分析:可以将 5 个学生的三门课程成绩存储在二维数组 int score[5][3]中,通过对相应数组元素的引用来输出三门课程的平均成绩。程序如下:

```
#include<stdio.h>
void main(void){
 int score[5][3],i,j;
 float C_sum=0,  DS_sum=0,  SE_sum=0;
 printf("请依次输入 5 个学生的三门课程(C 语言、数据结构和软件工程)成绩:\n");
 for( i=0;i<5;i++)
   for(j=0;j<3;j++)
        scanf("%d",&score[i][j]);
  for(i=0;i<5;i++){
        C_sum+=score[i][0];             /* 累加 C 语言的成绩和 */
        DS_sum+=score[i][1];            /* 累加数据结构的成绩和 */
        SE_sum+=score[i][2];            /* 累加软件工程的成绩和 */
  }
 printf("C 语言的平均成绩为%f\n",C_sum/5);
 printf("数据结构的平均成绩为%f\n", DS_sum/5);
 printf("软件工程的平均成绩为%f\n", SE_sum/5);
}
```

程序运行情况如下:

```
请依次输入5个学生的三门课程（C语言、数据结构和软件工程）成绩:
70 80 90
60 70 80
70 80 88
66 88 70
85 68 78
C语言的平均成绩为70.200000
数据结构的平均成绩为77.200000
软件工程的平均成绩为81.200000
Press any key to continue
```

说明:

(1) 5 个学生的三门课程,共 15 门课程的成绩构成一个二维数据表,可以用二维数组来存储它们。类似地,就可以使用三维数组 int score[2][5][3]存储两个班(第一维长度)各 5 个学生(第二维长度)的三门课程(第三维长度)成绩等。

(2) 计算的结果(三门课程的平均成绩)也可以用一个长度为 3 的一维数组来存储。当然，也可以自己规定存储的规则。例如，可定义一维数组 float average[3]来存放三门课程的平均成绩，约定 average[0]存储 C 语言的平均成绩，average[1]存储数据结构的平均成绩，average[2]存储软件工程的平均成绩等，请读者自己完成。

例 7-8 用二维数组存储矩阵，现有矩阵 $\boldsymbol{A}$ 和 $\boldsymbol{B}$ 如下：

$$\boldsymbol{A}=\begin{bmatrix}1&2&3\\4&0&2\\1&1&0\\1&2&1\end{bmatrix},\quad \boldsymbol{B}=\begin{bmatrix}1&0&1\\0&1&0\\1&0&2\end{bmatrix}$$

编写程序，计算它们的乘积 $\boldsymbol{C}=\boldsymbol{A}\times\boldsymbol{B}$。

分析：用两个二维数组 int A[4][3]和 int B[3][3]分别存储矩阵 $\boldsymbol{A}_{4\times3}$ 和 $\boldsymbol{B}_{3\times3}$，它们的乘积存储在二维数组 int C[3][3]中。根据矩阵相乘的含义，乘积矩阵 $\boldsymbol{C}_{4\times3}$ 为：

$$C[I][J]=\sum_{K=1}^{3}(A[I][K]\times B[K][J]),\quad I=1,\cdots,4,J=1,\cdots,3$$

程序如下：

```
#include < stdio.h>
void main(void){
 int A[4][3] = {{1,2,3},{4,0,2},{1,1,0}, {1,2,1}}, B[3][3] = {{1,0,1},{0,1,0},{1,0,2}},C[4][3];
 int i, j ,k;
 for(i = 0;i < 4;i ++ )
   for(j = 0;j < 3;j ++ ){
            C[i][j] = 0;     /* 在计算结果矩阵的每个元素之前,先将该元素清零 */
            for(k = 0;k < 3;k ++ )   C[i][j] += A[i][k] * B[k][j];
   }
 /*  以下输出乘积矩阵的结果 */
 for(i = 0;i < 4;i ++ ){
      for(j = 0;j < 3;j ++ )
        printf(" % - 4d",C[i][j]);
      printf("\n");
  }
}
```

程序运行情况如下：

```
4   2   7
6   0   8
1   1   1
2   2   3
Press any key to continue
```

说明：

(1) 在计算乘积矩阵的每个元素值之前，应先将该元素清零，所以语句 C[i][j]=0;非常重要，否则结果是不对的，请读者自己分析其中的原因。

(2) 二维数组可以存储一个二维的数据表，而矩阵就是一个二维数据表，因此，它可以大量使用在矩阵的处理中。例如，矩阵的转置、矩阵的求逆以及线性表的处理等。当然，这些应用需要相应的数学知识支持。

例 7-9 输入一个 4×4 对称矩阵的下三角数据(含对角线)，输出整个对称矩阵中的数值。

分析：根据对称矩阵的基本概念，不难根据其下三角数值求得对称矩阵的其余数值。

程序可以书写如下：

```
#include<stdio.h>
#define N 4
void main(void){
 int a[N][N],i,j;
 printf("请依次输入对称矩阵的下三角数据(包括对角线): \n");
 for(i=0;i<N;i++)
      for(j=0;j<=i;j++){
           scanf("%d",&a[i][j]);
           a[j][i]=a[i][j];          /* 以a[i][j]为基准,求它的对称元素a[j][i] */
      }
 printf("\n该对称矩阵为: \n");
 for(i=0;i<N;i++){
     for(j=0;j<N;j++)  printf("%-3d",a[i][j]);
     printf("\n");
  }
}
```

程序运行情况如下：

```
请依次输入对称矩阵的下三角数据（包括对角线）:
1
2 3
4 5 6
7 8 9 0

该对称矩阵为:
1  2  4  7
2  3  5  8
4  5  6  9
7  8  9  0
Press any key to continue
```

说明：

程序中，每输入一个数据（以它为基准），就求得与它对应的对称元素。当然，也可以先输入各个下三角元素，然后再依次逐个求得其他元素，请读者自己完成。

例 7-10　编写程序，输出如下杨辉三角：

```
1
1  1
1  2  1
1  3  3  1
1  4  6  4  1
1  5  10 10 5  1
1  6  15 20 15 6  1
```

分析：这个图案可以采用多种方法打印输出。如果采用数组实现，可以用一个二维数组 int a[N][N]存储组成图案的各个数字。如果二维数组的各行各列数字元素能够求出，则就不难打印输出该图案。而要求出各个元素值，根据图案的规律不难看出，各个元素之间存在如下关系：

```
a[i][0] = 1, i = 0～N - 1;
a[i][i] = 1, i = 0～N - 1;
a[i][j]= a[i-1][j] + a[i-1][j-1],  i = 2～N-1, j = 1～ i-1;
```

注意：对于上述第三个式子，i和j的变化必须按照从小到大的次序进行。即先求上行，再求下行；先求各行的左边，再求各行的右边。也就是类似于在纸张上写字的规律，“从上而下，从左到右”。程序如下：

```
#include <stdio.h>
#define N 7
void main(void){
 int a[N][N];
 int i, j;
 for(i = 0;i < N;i ++ )
   a[i][0] = a[i][i] = 1;

 for(i = 2;i < N;i ++ )
      for(j = 1;j < i;j ++ )
         a[i][j] = a[i - 1][j] + a[i - 1][j - 1];

/*  以下输出数组的各行各列元素(下三角) */
for(i = 0;i < N;i ++ ){
   for(j = 0;j <= i;j ++ )
      printf(" % - 4d",a[i][j]);
   printf("\n");
 }
}
```

程序运行情况如下：

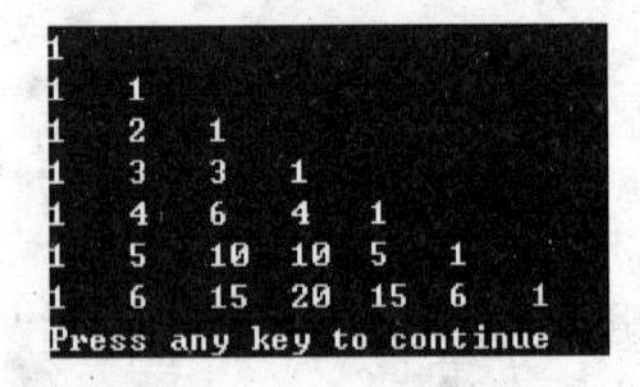

```
1
1   1
1   2   1
1   3   3   1
1   4   6   4   1
1   5   10  10  5   1
1   6   15  20  15  6   1
Press any key to continue
```

说明：

(1) 本例也可以不用数组来完成，即根据图案中数字所在的行列(设I和J，I=0，…，N−1，J=0，…，N−1)，采用排列组合公式 C_I^J 直接计算输出，请读者自己思考完成。

(2) 利用公式 a[i][j]=a[i−1][j]+a[i−1][j−1]计算其余数值时，计算的次序应该从上到下，从左至右。

以上列举了一些典型的二维数组应用实例，希望大家认真思考总结，能举一反三地应用二维数组。当然，上面讨论的都是数值型的数组，在实际应用中，数组还大量地应用在字符和字符串处理中。尽管字符数组的处理方法类似于数值型数组，但因为字符数组的应用广泛和重要性，因此有必要单独讨论。

例 7-11 输入一个二维数组 int from[4][5]的各个元素值，将各个数组元素按其存储顺序(从低地址到高地址)转储至一维数组 int to[20]中，并输出数组 to 中的各个元素。

分析：扫描二维数组的各个元素，依次将其存储于另一个一维数组中。

```
#include <stdio.h>
void main(void){
 int from[4][5],to[20],i,j,k = 0;;
 printf("Enter int data(4×5):\n");
  for(i = 0;i < 4;i++)
      for(j = 0;j < 5;j++){
          scanf("%d",&from[i][j]);
          to[k++] = from[i][j];
      }
 printf("Output int to[20]:\n");
 for(i = 0;i < 20;i++)  printf("%d,",to[i]);
 printf("\n");
}
```

说明：

本例在输入二维数组的各元素同时，就实现将其存储于一维数组。也可以在完成输入后实现转储，将二维数组元素 from[i][j]存储至一维数组 to[i*5+j]中，请读者自己完成。同时，也请读者思考，如何实现将一维数组各元素转储至二维数组中？

程序运行情况如下：

```
Enter int data(4×5):
1 2 3 4 5
11 12 13 14 15
21 22 23 24 25
31 32 33 34 35
Output int to[20]:
1,2,3,4,5,11,12,13,14,15,21,22,23,24,25,31,32,33,34,35,
Press any key to continue
```

7.4 字符数组与字符串

字符数组指的是该数组的元素类型为字符类型，即字符数组是若干字符的有序序列。由于字符数组可以用来描述字符串，因此在 C 语言中，字符数组具有很重要的位置，所以一般都把字符数组单独拿出来进行讨论。

7.4.1 字符数组的定义

字符数组的定义方法与其他类型的数组类似，字符数组也类似地可以分为一维字符数组、二维字符数组以及多维字符数组等。

定义一个一维字符数组的形式为：

```
char 数组名[常量表达式];
```

例如：

```
char name[10];
```

表示数组 name 是一个字符数组，它存储的字符个数为 10。定义字符数组后，对字符数组中元素的引用方法也类似于其他类型的数组。

例 7-12 用字符数组存储一个人的名字,实现对该名字的输入和输出。

分析:定义一个字符数组,用来存储这个人的名字。名字的输入和输出可以通过引用字符数组的各个元素来实现。程序如下:

```
#include< stdio.h>
void main(void){
 char name[10];
 int k;
 printf("Please enter your name:\n");
 for(k = 0;k < 10;k ++ )     scanf(" % c",&name[k]);

 printf("\nOutput:\n");
 printf("Hello ");
 for(k = 0;k < 10;k ++ )
     printf(" % c",name[k]);
 printf("\n");
}
```

程序运行情况如下:

```
Please enter your name:
Sun lei
hua

Output:
Hello Sun lei
hu
Press any key to continue
```

说明:

(1) 如果输入的字符数超过 10 个,则数组只存储前面 10 个。

(2) 如果输入的字符中含有空格符,空格符和其他字符一样,算其中一个。

(3) 如果输入 10 个字符之前输入回车符,则回车符也算一个字符。

(4) 对于字符型变量的输入和输出,可以使用 getchar()和 putchar()。getch()从键盘读一个字符,并自动把击键结果回应到屏幕上。putchar(ch)将传入的字符 ch 写在屏幕的当前光标处。二者的函数原型为 int getchar(void);和 int putchar(int c);。

(5) 本例只是一个示例程序,实用中不会通过输入一个一个字符来构成一个人的名字,而是把名字作为一个整体来输入和输出处理。程序修改如下:

```
#include< stdio.h>
void main(void){
 char name[10];
 printf("Please enter your name:\n");      /* 或 puts("Please enter your name:\n"); */
 scanf(" % s",name);                       /* 或 gets(name); */
 printf("Hello % s\n",name);
}
```

(6) 使用函数 scanf()输入字符串时,只能输入不含空格字符的字符串,即输入时遇到含有空格的字符串,只能接受空格之前的字符串。因此,如要输入的字符串中含有空格符,则需要使用函数 gets()。

例 7-13 以下程序从键盘读字符，改变字母的大小写后写到屏幕上。输入圆点"."后程序结束。

```
#include < stdio.h >
#include < ctype.h >
void main(void){
  char ch;
  printf("Enter some letters(type a period to quit).\n");
  do{
    ch = getchar();
    if(islower(ch)) ch = toupper(ch);
    else ch = tolower(ch);

    putchar(ch);
    }while(ch!= '.');
}
```

程序运行情况如下：

```
Enter some letters(type a period to quit).
I love China.
i LOVE cHINA.Press any key to continue
```

说明：

本例中使用了三个与字母有关的函数，一个是函数 islower(ch)，判断字母 ch 是否为小写字母，如是函数值为 1(真)，否则为 0(假)；一个是函数 toupper(ch)，将小写字母 ch 转换为相应的大写字母；还有一个类似的函数 tolower(ch)，将大写字母 ch 转换成相应的小写字母。这几个函数的定义都在头文件 ctype.h 中，相关的字母处理函数可以参考此头文件 ctype.h。

定义一个二维字符数组的形式为：

char 数组名[常量表达式][常量表达式];

例如：

```
char name[5][10];
```

表示数组 name 是一个二维字符数组，它存储的字符个数为 5×10。比如可以让这个数组存储 5 个学生的姓名，每个学生的姓名假定不超过 10 个字符。也就是说，同样可以把二维字符数组看成是由若干个(此例为 5 个)一维字符数组构成的。定义二维字符数组后，对字符数组中元素的引用方法也类似于其他类型的数组。

例 7-14 输入 5 个学生的姓名，对 5 个学生按姓名的升序排列，输出排列后的姓名。

分析： 5 个学生的姓名可以存储在一个一维长度为 5 的二维字符数组中，每个元素存储了一个学生的姓名。对 5 个学生姓名的排序，通过对该数组的 5 个元素排序实现。程序如下：

```
#include < stdio.h >
#include < string.h >
void main(void){
```

```
    char name[5][10],temp[10];
    int pass,k;
    printf("Please enter 5 names:\n");
    for(k = 0;k < 5;k ++ )
        scanf(" % s",name[k]);

    printf("Be sorting...\n");
    for(pass = 1;pass < 5;pass ++ )
        for(k = 0;k < 5 - pass;k ++ )
            if(strcmp(name[k],name[k + 1])> 0){
                strcpy(temp,name[k]);
                strcpy(name[k],name[k + 1]);
                strcpy(name[k + 1],temp);
            }

    printf("\nAfter sort:\n");
    for(k = 0;k < 5;k ++ )  printf("name[ % d]: % s\n",k,name[k]);
}
```

程序运行情况如下：

```
Please enter 5 names:
Liubei
Zhangmiao
Sunlei
Xuning
Chenbing
Be sorting...

After sort:
name[0]:Chenbing
name[1]:Liubei
name[2]:Sunlei
name[3]:Xuning
name[4]:Zhangmiao
Press any key to continue
```

说明：

(1) 输入的5个学生的姓名分别存储在5个一维字符数组name[0]～name[4]中。

(2) 为了方便地进行各个名字的比较和复制操作，应用了函数strcmp()和strcpy()。函数strcmp()的原型为int strcmp(const char * str1,const char * str2);。函数strcmp()按字典序比较两个字符串，返回整数值的意思如下所示：

值	意思
小于0	str1小于str2
等于0	str1等于str2
大于0	str1大于str2

函数strcpy()的原型为char * strcpy(char * str1,const char * str2);。函数strcpy()把str2的内容复制到str1。str1的空间必须足够放置str2的内容，str2必须是null('\0')结尾的串。strcpy()返回指针str1。这两个函数的定义在头文件<string.h>中。

(3) 程序中采用了冒泡排序算法，当然也可以采用其他排序算法，请读者自己试着完成。

7.4.2 字符数组的初始化

在定义字符数组的同时,可以给字符数组中的元素赋初值,这就是字符数组的初始化。字符数组的初始化也类似于其他类型的数组。例如:

```
char name[10] = {'l','i','u','h','u','a'};
```

经过初始化后,name[0]～name[5]这6个字符元素的值分别为'l'～'a'。

说明:

(1) 如果给定的初值个数小于字符数组的长度,则其他未赋值的字符数组元素的值为空字符(null,即字符'\0',ASCII值为0)。

(2) 如果给定的初值个数大于字符数组的长度,则溢出出错。

(3) 如果是对字符数组的全部元素赋初值,则数组的长度可以省略。例如:

```
char name[] = {'a','b', 'c','d', 'e','f', 'g','h','i','j'};
```

等价于

```
char name[10] = {'a','b', 'c','d', 'e','f', 'g','h','i','j'};
```

(4) 如果初值中间含有字符'\0',则以字符串处理时,字符'\0'作为该字符串的结束标记。例如:

```
char name[10] = {'a','b', 'c','d', '\0','f', 'g','h','i','j'};
printf("%s",name);                    /* 输出为abcd */
```

上面讨论的是一维字符数组的初始化,对于二维或多维字符数组,可以采用类似的方法进行初始化。例如:

```
char name[2][10] = {{'a','b', 'c','d', 'e','f', 'g','h','i','j'},
                    {'m','n', 'o','p', 'q','r', 's','t','u','v'}};
char name[2][3][2] = {{{'0','a'},{'b','c'},{'d','e'}},
                      {{'1','f'},{'g','h'},{'i','j'}} };
```

7.4.3 字符数组与字符串

字符数组经常用来存储字符串,所以字符数组与字符串的关系非常紧密。字符串定义为一维字符型数组,以null(空)字符结尾。空字符(null)表示为'\0',其ASCII码值为0值,以下均称为null符。因此,定义字符串数组时,数组长度必须为其中最多字符数加1。例如,声明长度为10的串的数组s时,应该定义字符数组为char s[11];,为null符留一个位置。虽然C没有字符串数据类型,但允许使用字符串常量。字符串常量(string constant)是一对双引号括起来的一系列字符。例如:

```
"hello!"
```

就是一个字符串常量,其中不必在尾部直接追加'\0'符,编译程序将自动处理。该字符串常量在内存中需要占用7个字节的空间,其存储结构如下:

h	e	l	l	o	!	\0

可以用字符串常量对字符数组进行初始化，例如：

```
char name[10] = {"chenjun"};
```

或

```
char name[10] = "chenjun";
```

但要注意：

（1）如果字符串常量中间出现多个字符'\0'，则首先出现的字符'\0'为字符串的结束标记。

（2）字符数组可以只存储若干个字符，这些字符不构成字符串。这时，对这些字符就不能以字符串的形式来处理，而可以通过引用字符数组中各元素的方法进行处理。

例 7-15 用字符数组存储字符串时，字符串'\0'的使用。

```
#include < stdio.h >
void main(void){
 char name[10] = "abc\0de\0f";
 printf("The name is %s\n",name);
}
```

程序运行情况如下：

```
The name is abc
Press any key to continue
```

例 7-16 字符数组存储的不一定是字符串。

```
#include < stdio.h >
void main(void){
 char name[5] = {'a','b','c','d','e'};
 printf("The name is %s\n",name);  /* 错误 */
}
```

请读者自己思考，该如何修改上面的程序，使之能正确运行？

7.4.4 字符串处理函数

C 支持许多处理字符串的函数，其中最常用的有：

名　字	功　能
strcpy(s1,s2)	s2 复制到 s1
strcmp(s1,s2)	当 s1=s2 时，返回 0 值 当 s1>s2 时，返回大于 0 值 当 s1<s2 时，返回小于 0 值
strlen(s1)	返回 s1 的长度（不包括结束符'\0'）
strcat(s1,s2)	将 s2 联到 s1 末尾
strchr(s1,ch)	返回指针，指向 ch 在 s1 中第一次出现地址
strstr(s1,s2)	返回指针，指向 s2 在 s1 中第一次出现地址

这些字符串处理函数都在头文件string.h中定义，因此在使用它们之前，要使用文件包含命令#include<string.h>。关于其他字符串函数的使用，可以参考附录的有关常用函数使用说明，这里不再阐述。实际上，也可以自己书写代码实现这些常用的字符串处理函数的功能。例如，可以设计如下程序实现strlen(s1)和strcpy(s1,s2)函数的功能。

```
#include<stdio.h>
void main(void){
 char s1[20],s2[20];
 int i=0,len=0;
 puts("Please enter string s2:\n");
 gets(s2);

 while(s2[i++]!='\0')  len++;      /* 求串s2的长度 */

 for(i=0;i<len;i++) s1[i]=s2[i];
 s1[i]='\0';                       /* 这条语句也可以合并至上一条语句中 */

 puts(s1);
}
```

例7-17 阅读如下程序，分析其运行结果。

```
#include<stdio.h>
#include<string.h>

void main(void){
 char s1[80],s2[80],s3[80]="Hello the world";
 gets(s1); gets(s2);
 printf("Length of s1 is %d\nLength of s2 is %d\n",strlen(s1),strlen(s2));
 if(strcmp(s1,s2)) printf("The two strings are unequal\n");
 else printf("The two strings are equal\n");

 strcat(s1,s2);
 puts(s1);

 strcpy(s1,"New string to s1");
 puts(s1);
 if(strchr(s1,'r')) printf("\'e\' is in \"%s\"\n",s1);
 if(strstr(s3,"the"))  printf("Found \"the\" in string \"%s\"\n",s3);

}
```

程序运行情况如下：

```
Huaqiao
Uni.
Length of s1 is 7
Length of s2 is 4
The two strings are unequal
HuaqiaoUni.
New string to s1
'e' is in "New string to s1"
Found "the" in string "Hello the world"

Press any key to continue
```

说明：

(1) 输入字符串时，使用了函数 gets(s1)和 gets(s2)，函数 gets(str)从 stdin 中读字符串，读入结果放到 str 指向的字符数组中，一直读到新行符或 EOF 为止。新行符不作为读入串的内容，读入的新行符变成 null 值，由此结束字符串；同样，在输出字符串时，也使用了函数 puts(s1)，函数 puts(str)把 str 写到标准输出设备，其中的 null 终结符换为新行符(new line)。

(2) 为了在输出字符'e'两边加上单引号''，输出字符串"the"的两边加上双引号""，在 printf()中的格式串中使用了转义字符\'和\"。

(3) 字符串的处理函数很多，需要时，可以参考相关函数使用说明即可。实际上，也可以自己编写程序(函数)实现相关的字符串处理操作。

例 7-18 编写程序，实现将输入的两个字符串联接，即将第二个串接在第一个串的后面，第二个串本身不变。

分析：可以采用将串 2 的每个字符逐个加入到串 1 之后的方法，进行两个字符串的联接处理。编写程序如下：

```
#include<stdio.h>
void main(void){
 char str1[30], str2[10];
 int i = 0,len1 = 0;
 puts("请输入串 1 和串 2: \n");
 gets(str1);
 gets(str2);

 while(str1[i++]!= '\0')  len1++; /* 求串 str1 的长度 */

 i = 0;
 while(str2[i]!= '\0'){                /* 将串 str2 联接至串 str2 之后 */
     str1[len1 + i] = str2[i];
     i++;
 }

 str1[len1 + i] = '\0';
 puts("\n 联接后的 str1: ");
 puts(str1);
}
```

程序运行情况如下：

```
请输入串1和串2:

abcd
efg

联接后的str1:
abcdefg
Press any key to continue
```

说明：

完全可以通过编写程序完成字符串的一些常用操作处理。当然，每一种操作的具体实现方法也不是唯一的。在有了函数的概念之后，就可以把这些操作做成各个函数(放在自定义的头文件中)，以备后用。

7.5 多维数组

C 允许多于二维的数组，维数上限仅受编译程序限制。定义多维数组的一般形式为：

类型名 多维数组名**[常量表达式 1][常量表达式 2][常量表达式 3]…[常量表达式 n]**

因为占用内存量较大，所以三维以上的数组并不常用。例如 int a[10][6][9][4];，数组 a 中每个元素占用 2 个字节的空间，整个数组需要占用 2×10×6×9×4=4320 个字节的存储空间大小。

使用多维数组时，计算各维下标占用处理器时间，这样存取多维数组元素的速度要比一维数组元素时慢。

其他初始化和使用多维数组的用法与二维数组类似。下面举例稍加说明，希望读者自己能举一反三，灵活加以使用。

例 7-19 编写程序，输入 2 个班的 5 个学生的 2 门课程成绩，计算所有学生成绩的平均值。

分析：可以用一个三维数组 grade[2][5][2]存储 2 个班级 5 个学生的 2 门课程成绩，数组的第一维长度 2 描述 2 个班级，第二维长度 5 描述每个班的 5 个学生，第三维长度 2 描述每个学生的 2 门课程。程序编写如下：

```
#include <stdio.h>
void main(void){
  int grade[2][5][2];                /* 假设成绩为整数 */
  int i,j,k;
  long sum = 0;
  double average = 0.0f;

  for(i = 0;i < 2;i ++ )             /* 第一维控制 2 个班级 */
    for(j = 0;j < 5;j ++ )           /* 第二维控制 5 个学生 */
     for(k = 0;k < 2;k ++ ){         /* 第三维控制每个学生的 2 门课程 */
         scanf(" %d", &grade[i][j][k] );
       sum += grade[i][j][k];
     }

  average = sum/20.0;
  printf("average = %f\n",average);
 }
```

程序运行情况如下：

```
70 80 66 86 90 100 50 68 100 100
50 70 80 85 90 90 66 78 82 91
average=79.600000
Press any key to continue
```

说明：

(1) 输入的第一行数据为第 1 个班级的 5 个学生的 2 门课程成绩，第二行数据为第 2

个班级的5个学生的2门课程成绩。即第一行的前两个数据70和80分别为第1个班级第1个学生的2门课程成绩,66和86为第1个班级第2个学生的2门课程成绩,依此类推。当然,也可以设计其他的输入成绩方式。请读者自己思考完成。

(2) 多维数组的使用方法完全类似于二维数组,不再举例说明,希望大家能自己在实践中加以理解、比较和掌握。

7.6 数组小结

数组是C语言程序设计中一种重要的数据类型,它可以用在多个领域的程序设计中。本章的学习,要求理解和掌握数组的基本概念、数组中元素的存储方式和引用方法、一维数组和二维数组的初始化方法、一维数组的典型应用(如简单排序)、二维数组的简单应用以及字符数组和字符串的常见处理函数等。有些内容在学完函数和指针之后会有更好的认识和理解。希望读者通过理解本章的例题,可以举一反三,解决类似的其他问题。

数组也有相应的存储类型,各种存储类型数组的含义同其他各种存储类型的变量,在学完函数中的相关章节后,就可以理解并使用了。

对于多维数组,因为使用较少,需要时可以采用与一维数组和二维数组类似的方法加以理解和使用。

习题

1. 定义一个一维数组 int data[10]; ,假设数组的首元素 data[0]的存储地址为0xFF00,则数组中第5个元素 data[4]的存储地址是多少?

2. 输入10个学生的年龄,输出其最大年龄和平均年龄。

3. Fibonacci 数列:1,1,2,3,5,8,13,…,编程用一维数组求该数列的第15项。

4. 输入10个整数,分别用冒泡排序、简单选择排序和直接插入排序算法对其进行排序输出。

5. 随机输入10个整数,输出其中的最大值和次大值(不采用排序的方法)。

6. 用数组解决 Josephus 问题:设有 $N=20$ 人围成一圈做游戏,他们从1开始顺序编号为1,2,3,…,20,现从第1个人开始顺序从1开始报数,报到 $M=5$ 的人出列。后面的人继续从1开始报数,报到 M 的人出列,如此反复,直到 $M-1$ 个出列。问最后留在圈里的人(最后的赢家)是第几个(编号)人?

7. 定义一个二维数组 int data[3][5]; ,假设数组的首元素 data[0][0]的存储地址为0012FF00,则数组中元素 data[2][3]的存储地址是多少?它是数组中的第几个元素?

8. 输入5个学生的3门课程成绩,输出5个学生中的最高平均分。

9. 已知矩阵 $\boldsymbol{A}=\begin{bmatrix}1 & 2 & 3 & 4\\0 & 5 & 6 & 0\\1 & 0 & 3 & 2\\0 & 1 & 0 & 1\end{bmatrix}$,计算矩阵中的最大值及所在的行和列。

10. 用二维数组输出如下数字图案:

```
1  2  3  4  5
2  3  4  5  1
3  4  5  1  2
4  5  1  2  3
5  1  2  3  4
```

11. 输入 10 个学生的姓名,输出按姓名的升序排列的结果。

12. 定义一个二维数组 int a[3][4],输入各个元素的值。将其中的正整数转存于一个一维数组 unsigned int b[12]中并输出这些正整数。

13. 定义一个一维数组 int a[20],输入各个元素的值。将一维数组各个元素值按其存储的前后次序(从低地址到高地址)依次转存于一个二维数组 int b[4][5]的各个元素中(从低地址到高地址)。

14. 用一个二维整型数组存储一个矩阵,编写程序求矩阵各行中正整数元素之和,遇到 0 则跳过该行。假设矩阵为

$$\begin{bmatrix} 1 & 2 & -3 & 4 \\ -6 & 5 & 0 & 7 \\ 8 & -9 & 1 & 0 \\ -2 & 3 & 0 & 4 \end{bmatrix}$$

则和为 1+2+4+5+8+1+3。

15. 用一维数组 A 存储随机输入的 10 个整数,将其转存储于二维数组 B[2][5]中(按先行后列的次序)。再将二维数组各个元素中能被 2 整除的元素存储至数组 C 中,并输出 C 中各元素。例如,输入的 10 个整数为 1,2,3,4,−5,−6,7,8,9,−10,则

$$\boldsymbol{B}=\begin{bmatrix} 1 & 2 & 3 & 4 & -5 \\ -6 & 7 & 8 & 9 & -10 \end{bmatrix}$$

$$C=(2,4,-6,8,-10)$$

16. 编写程序,输入一个正整数,将其转化为对应的二进制数并输出(假设转化后的结果存储在一个一维数组中)。

17. 自己编写程序,实现对一维数组的插入、删除、查找和遍历操作。假设数组在任何时候(插入和删除后),数组中元素的个数始终不超过 50 个。

第8章 函数

基本内容

- 函数的概念和定义方法;
- 函数的返回值类型和参数类型;
- 调用函数的方法、函数的形参与实参关系;
- 函数原型的使用;
- 递归函数的概念和使用;
- 数组作为函数参数的使用方法;
- 变量各种存储类型的特点;
- 全局函数与静态函数。

重点内容

- 函数的基本概念、定义和调用方法;
- 递归函数的定义与使用;
- 数组作为函数的形参和实参的使用方法;
- 不同存储类型变量的特点。

8.1 函数的概念与定义

8.1.1 函数的概念

函数是组成C程序的基本单位,即一个C程序是由一个主函数main()和若干个子函数组成。其中,主函数main()有且仅有一个,它可以调用其他子函数,子函数之间可以相互调用。但要注意:其他子函数不能调用主函数main()。

C程序的这种组成结构反映了一种结构化程序设计的思想。一个程序可以分解为多个模块,每个模块可以实现一定的功能。如果一个模块过于复杂,就可以进行再分解,直到分解出来的模块足够简单,可以方便实现为止。这种结构化的程序设计思想体现出一种"分而治之(devided and conquer)"的哲学理念,也是日常处理事情的一种典型方法。

例如,国庆节要自行出游,需要提前买一些东西路上用,还要提前订票等。怎么办这件事呢?路上用的东西可以自己去超市买,买票之类的完全可以委托售票点帮忙订到,如此等等。这样,就不需要什么事情都要我们自己去做,只要制定一个计划(什么时间干什么),可以使用其他人或机构所提供的服务等，这也体现出资源（功能）共享、代码重用和协同软件开发的思想。函数就类似于这里面可以为其他人提供服务或功能的专门机构（模块），它是服务的提供者（Service Provider），而调用函数的其他函数就是服务的使用者（User）。要注意，这种提供者和使用者的关系是相对的。

C程序的这种组成结构可以用图8-1来示意。

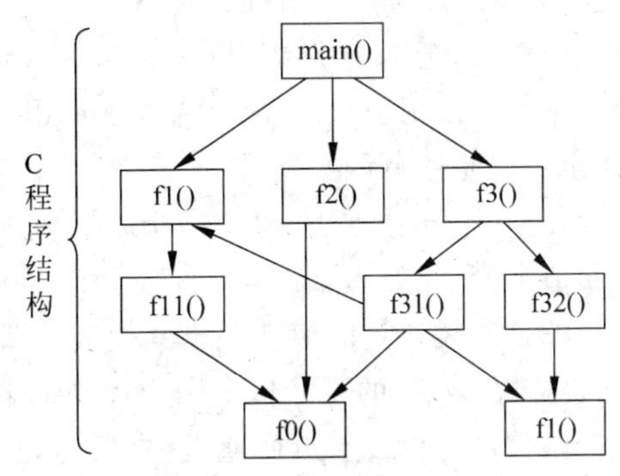

图8-1 C程序的结构示意

在C程序设计中，可以把一些常用的具有一定功能的模块做成函数，统一放在公共函数库中，供大家使用（调用）。C语言处理程序本身也考虑到一些经常要使用的功能，已经把它们做成一个一个函数放在标准函数库中，供程序员随时使用。程序设计者只在库函数不能满足需要的时候，才需要自己来创建所需要的函数（自定义函数）。读者学完本章之后，就应该能自定义一些自己所需要的函数并能正确使用它们，当然也要学会正确使用系统提供的大量的标准库函数。有关库函数的详细情况和使用方法可以参考附录和其他相关资料。

8.1.2 函数的定义

函数的定义就是要建立起一个具体的函数，以方便于其他函数的使用（调用），为其他函数提供相应的功能或服务。

函数的定义既包括对函数框架的描述（函数返回值类型、函数名和形式参数列表），也包括对函数功能的具体实现方法的描述。

函数定义的一般形式为：

```
返回值类型 函数名(形式参数列表){
  函数体
}
```

说明：

(1) 返回值类型是指函数的返回值类型，即被调函数返回给主调函数的值的类型说明。此返回值提供给主调函数，供主调函数使用。函数返回值建立起主调函数与被调函数之间值的传递关系。如果被调函数有返回值，则该返回值由函数体中的return语句提供。

例8-1 求所输入两个整数的最大值。

```
#include <stdio.h>
int Max(int x, int y) {                    /* 函数返回值类型为 int */
  return ( x>y ? x : y );
}
void main(void){
 int a,b;
 printf("Enter a and b:");
 scanf("%d%d",&a,&b);
 printf("Max = %d\n", Max(a,b));      /* 函数表达式 Max(a,b)的值为 int 类型 */
}
```

程序运行情况如下：

```
Enter a and b:
10 20
Max=20
Press any key to continue
```

上例中，把调用函数 Max()的函数 main()称为主调函数，被 main()函数所调用的函数 Max()称为被调函数。显然，主调函数和被调函数是相对的，即某一个函数既可以是主调函数，也可以是被调函数。

在 main()中，调用 Max(a,b)后，函数表达式 Max(a,b)的值的类型就是函数 Max()的返回值类型，此处为 int 类型。这个 int 类型的表达式（称为函数表达式）值再由 main()输出。即函数表达式的值类似于其他表达式，由主调函数加以使用。

函数 Max()的返回值由函数体中的 return 语句获得。

函数也可以没有返回值类型，此时最好把没有返回值类型的函数定义成 void 类型，这时，函数体中的 return 语句可以不写，也可以只写上 return 语句"return;"。

例 8-2 输出两个数的最大值。

```
#include<stdio.h>
void PrintMax(int x, int y) {                /* 返回值类型为 void 类型 */
 int t = x>y ? x : y;
 printf("The max is %d\n",t);
 return;                                     /* 返回值类型为 void 时，可以省略 return 语句 */
}
void main(void){
 int a,b;
 printf("Enter a and b:");
 scanf("%d%d",&a,&b);
 PrintMax(a,b);                              /* 调用函数 */
}
```

程序运行情况如下：

```
Enter a and b:
10 20
The max is 20
Press any key to continue
```

(2) 函数名类似于其他的标识符，其命名规则也与其他标识符相同。

(3) 形式参数列表(formal parameter list)用来描述函数所需要的参数个数及其类型，它的基本形式为：

```
(类型名 1  参数名 1, 类型名 2  参数名 2, …, 类型名 n  参数名 n)
```

如上例中的(int x, int y)。函数的参数是函数与它的主调函数之间发生数据交换的一个通道，即被调函数通过参数的方式建立起它与主调函数之间所需的信息交换的一种途径。如果函数没有形式参数，则在定义时括号内可以为空，但最好写上 void。

例 8-3 不带参数的函数定义。

```
#include<stdio.h>
void PrintHello(void){                       /* 不带参数的函数定义 */
```

```
  printf("Hello The  world!\n");
}
void main(void){
 PrintHello();                         /* 调用不带参数的函数 */
}
```

程序运行情况如下：

```
Hello The  world!
Press any key to continue
```

(4) 函数体(body of the function)描述函数功能的具体实现方法。显然,同一个功能的函数可以采用不同的具体实现方法。

(5) 函数在定义之后,就可以被其他函数(主调函数)所调用(可以多次),其他函数就可以随时调用该函数(被调函数)来获取它所能提供的功能或服务。如例8-1,在定义函数Max()后,main()或其他函数就可以在需要的地方来调用它。

(6) 一般来说,函数定义在前,调用函数在其后,但也可以打破这个规则,即可以先调用定义在后面的函数,但要在调用点之前加上函数的原型说明。关于函数原型的使用见后面的讲述。

8.2 函数的参数与函数的返回值

8.2.1 函数的参数

在调用函数时,大多数情况下,主调函数和被调函数之间有数据传递关系。而函数之间的数据传递主要就是靠函数的参数进行的,而对无参函数的调用则没有数据传递。

在定义函数时,函数名后面括号内的变量名为"形式参数"(形参)。在调用函数时,函数名后面括号内的表达式为"实际参数"(实参)。

关于形参和实参的几点说明:

(1) 实参可以是变量、常量或表达式,但必须有确定的值。而形参必须是变量。

(2) 形参变量只有在发生函数调用时,才被分配存储单元,在调用结束时,形参所占的内存单元被释放。

(3) 实参与形参的类型必须一致,否则会发生"类型不匹配"的错误。

(4) 实参对形参的数据传递是"值传递",即单向传递。由实参把数据传给形参,并且存储单元与形参是不同的单元,并将实参对应的值依次传递给形参变量。调用结束后,形参单元被释放,而实参单元保留并维持原值。

例 8-4　带值参数的函数定义。

```
/* 函数的值参数传递方式 */
#include<stdio.h>
void swap(int a,int b){
 int temp=a;  a=b;  b=temp;
 printf("In function swap:");
 printf("a=%d,b=%d\n",a,b);
```

```
}
void main(void){
 int first = 100,second = 200;
 swap(first,second);

 printf("In main:");
 printf("first = %d,second = %d\n",first,second);
}
```

程序运行情况如下：

```
In function swap:a=200,b=100
In main:first=100,second=200
Press any key to continue
```

说明：

(1) 在调用函数 swap 之前，变量 first 和 second 的值分别为 100 和 200。在调用函数 swap 时，实参 first 和 second 将它们的值分别用来初始化形参 a 和 b，这样 a 和 b 的值分别为 100 和 200。在函数体内，通过第三方变量 temp，使 a 和 b 的值发生交换，即 a 值变为 200，b 值变为 100。函数调用结束后返回主函数 main，这时 first 和 second 的值还是原来的 100 和 200。实参与形参的关系如图 8-2 所示。

(2) 变量 first 和 second 的存储单元不同于变量 a 和 b 的存储单元，即它们对应不同的存储单元。而且变量 first 和 second 的生存期也不同于变量 a 和 b，执行函数时，a 和 b 才由系统自动分配存储单元(生命期开始)，函数执行完毕，a 和 b 所占的存储单元也被系统自动回收(生命期结束)，而此时变量 first 和 second 的生命期仍未结束，直到函数 main 执行完毕。

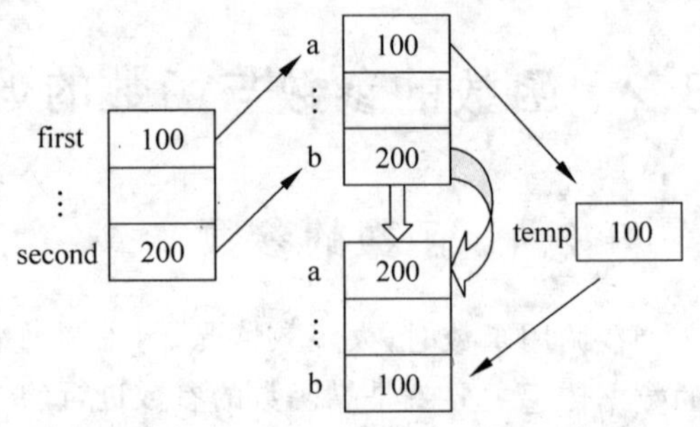

图 8-2 函数的值参数传递方式

(3) 有些读者就会问，那么该如何实现实参随形参的变化而变化呢？即如何让形参的变化值带回给实参呢？这可以使用指针类型的参数来实现，可以参看第 9 章的相关内容。

(4) 主函数 main()也可以带参数，形如 main(int argc,char * argv[ ])，这些参数可以传送给程序，在程序执行时，让程序加以灵活使用。相关数据的相关内容参看第 9 章的 9.4.4 节。

8.2.2 函数参数的求值顺序

先看如下程序，分析程序的运行结果。

```
#include <stdio.h>
void main(void){
    int i = 10;
    printf("%d,%d,%d,%d\n",++i,--i,i++,i--);
}
```

若对 printf 语句中的++i，--i，i++，i--按照从左到右的顺序求值，则运行结果应为 11,10,10,11；若是按照从右到左的顺序求值，则运行结果应为 10,9,9,10。而且在不同的编译程序上运行，其结果可能是不同的。

在 Turbo C 平台上运行，其结果如下：

```
10,9,9,10
```

而在 VC 平台上运行，其结果如下：

```
10,9,10,10
Press any key to continue
```

因此，在书写程序时，应避免这种不确定运行结果的函数参数书写风格。完全可以将其拆成几句，这样，程序运行结果就不会依赖不同的编译系统了，也便于程序的阅读。

8.2.3 函数的返回值

函数的返回值是通过函数中的 return 语句获得的，return 语句的一般形式为：

```
return (表达式);
```

或

```
return 表达式;
```

说明：

return 语句的功能有两个：

(1) 强制程序执行的流程从被调函数返回到主调函数。

(2) 给主调函数带回一个确定的函数值。

例如：

```
int Max(int x,int y) {
 return(x>y?x:y);
}
```

函数返回值的类型就是在定义函数时的函数值类型。在定义函数时，函数值说明的类型和 return 语句中的表达式类型不一致时，则以函数类型为准。

如果被调用函数中没有 return 语句，为了明确表示函数"不返回值"，要用 void 定义无类型。

例如：

```
void print(void) {
  printf("c  language");
}
```

这样系统就保证不使函数带回任何值。

对于主函数 main()，它的返回值为操作系统所用，一般情况下可以不用返回值给操作系统，即可以将 main()的返回值类型说明为 void。

8.3 函数的调用

8.3.1 函数调用的概念

定义函数的目的是为其他函数的使用(调用)提供方便。所谓调用函数，是指在程序中使用了该函数。发生函数调用时，有几个相关的概念要搞清楚：

- 主调函数(calling function)：指的是调用其他函数的函数；
- 被调函数(called function)：指的是被主调函数调用的函数；
- 调用点(calling point)：指的是主调函数调用被调函数的地方。

在主调函数中，调用被调函数的一般形式为：

(被调)函数名(实参列表)；

说明：

(1) 如果调用的是无参函数，则实参列表可略去，但函数的括号不能省略。

(2) 实际参数列表，简称实参表，是指在主调函数调用被调函数时要传递给被调函数形式参数对应的多个表达式，多个表达式之间用逗号隔开。如果该函数没有参数，则实参列表为空(不再写 void)，但左右括号不能省略，参看上例；如果实参表中有多个参数，多个参数之间用逗号隔开，实参的类型、个数应与形参顺序一一对应。

(3) 在被调函数名前不再使用返回值类型，返回值类型已经在函数定义时说明。

(4) 主调函数调用被调函数时，程序控制转移到被调用函数的执行上，被调函数执行完毕，再把程序控制权移交回主调函数，主调函数继续执行调用点之后的程序指令。这个过程可以用图 8-3 来示意。

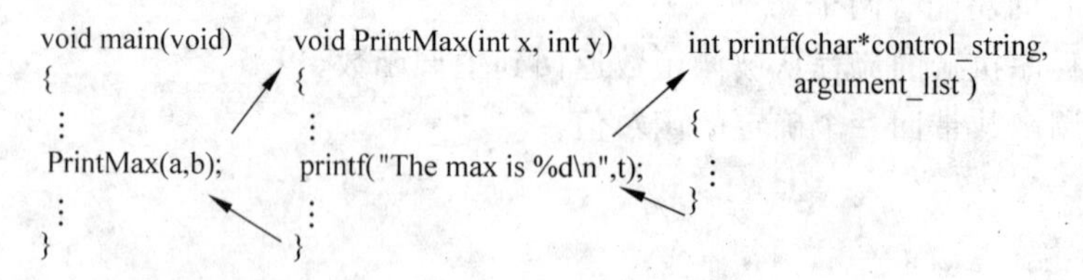

图 8-3 调用函数时，程序执行控制的转移

8.3.2 函数调用的方式

函数一般通过下列三种方式完成函数调用：

(1) 函数调用语句：即以一个函数的调用后面加上“;”作为一个语句。如 printf()；。

(2) 函数表达式：即函数出现在一个表达式中，这时要求函数带回一个确定的值以参加表达式的运算。如 c=2 * max(a,b)；。

(3) 函数参数：以函数的调用作为另一个函数的实参。如 M=max(a,max(b,c))；。

8.3.3 函数的原型说明

在一个函数中调用另一个函数，需要具备的条件：

(1) 首先被调用的函数必须是已经存在的函数。如果调用库函数，一般还应在本文件的开头用 #include 命令将调用有关库函数时所需用到的信息包含到本文件中。

(2) 如果调用用户自己定义的函数，则必须对被调函数的原型进行说明(否则必须先定义函数，然后才能被调用)。

函数的原型说明的一般形式为：

函数值的**类型标识符** **被调用函数名**(形参及其类型表)；

说明：

(1) 对函数原型的说明，通常放在程序的顶部，也可以存放到一个头文件中，然后利用#include 语句嵌入到程序中。

(2) 函数的定义与函数原型说明之间有着明显的区别：

① 函数的“定义”是一个函数功能的确立，包括指定函数名，函数返回值的类型，形参及其类型，函数体等，它是一个完整的、独立的函数单位。

② 函数的原型说明则只是对将要使用的函数进行“框架”说明，它包括函数类型、函数名、一对括号及其括号内的各个函数形参的类型。形参名可以省略。

③ 对函数进行原型说明的作用是告诉编译系统，在本程序中将要用到的函数是什么样的“结构模型”，以便确保在主调函数中必须按此“模型”对函数进行调用(即要匹配)。即方便于编译程序对函数调用的语法进行检查。

例 8-5 把例 8-4 的函数定义写在调用点下面，需要使用函数原型说明。

```
#include <stdio.h>
void swap(int ,int );                   /*  函数原型说明 */
void main(void){
 int first = 100,second = 200;
 swap(first,second);                    /* 函数的调用 */

 printf("In main:");
 printf("first = %d,second = %d\n",first,second);
}

void swap(int a,int b) {                /*  函数的定义 */
 int temp = a;  a = b;  b = temp;
 printf("In function swap:");
 printf("a = %d,b = %d\n",a,b);
}
```

8.3.4 函数的嵌套调用与递归调用

1. 函数的嵌套调用

C 语言中函数的定义是平行的、独立的，所以函数的定义是不能嵌套进行的，但函数的调用可以。嵌套调用，即在调用一个函数的过程中又调用另一个函数，如图 8-4 所示。

注意：

(1) 函数嵌套调用过程中程序执行的流程和返回点。即在调用函数时，程序执行的流程转移到函数体中，在函数执行完毕后，程序执行流程再转移回它的上一级主调函数。

(2) 为了能使程序执行流程顺利地从被调函数转移到主调函数，调用函数时，系统需要完成三件事：

① 将所有的实在参数、返回地址等信息传递给被调用函数保存；

② 为被调用函数的局部变量分配存储区；

③ 将控制转移到被调用函数的入口。

相应地，从被调用函数返回调用函数之前，系统也应完成三件工作：

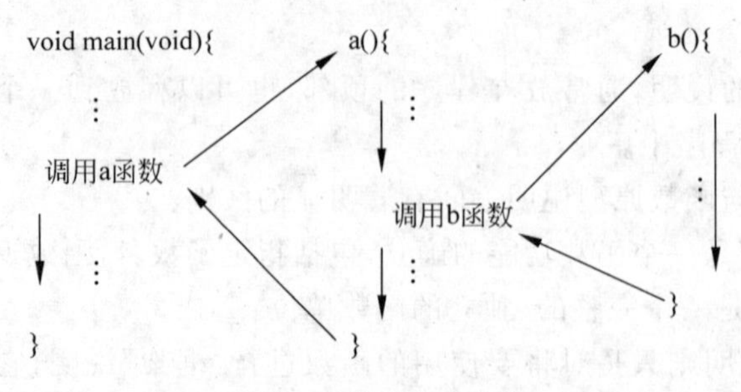

图 8-4　函数的嵌套调用

① 保存被调用函数的计算结果；

② 释放被调函数的数据区；

③ 依照“后调用先返回”的原则，上述函数之间的信息传递和控制转移必须通过“栈”来实现，即系统将整个程序运行时所需的数据空间安排在一个栈中，每当调用一个函数时，就为它在栈顶分配一个存储区；每当从一个函数退出时，就释放它的存储区，则当前正运行的函数的数据区必在栈顶。

“栈”是一种数据结构，关于“栈”的含义和具体实现方法，有兴趣的读者可以进一步参考《数据结构》等书籍。

例 8-6　输入三个整数，求最大值并输出。

```
/* 函数的嵌套调用 */
#include<stdio.h>
int Max(int ,int ,int);
int Larger(int ,int);
void main(void){
 int a,b,c;

 printf("Enter a,b and c:");
 scanf("%d%d%d",&a,&b,&c);
 printf("The max of a,b and c is %d\n",Max(a,b,c));        /* main 调用 Max 函数 */
}

int Max(int x,int y,int z){
 int temp=Larger(x,y);                                    /* Max 函数再调用 Larger 函数 */
 return (temp>z?temp:z);
}

int Larger(int x,int y){
 return (x>y?x:y);
}
```

程序运行情况如下：

```
Enter a,b and c:
10 20 15
The max of a,b and c is 20
Press any key to continue
```

说明：

函数 Larger 实现求两个整数的较大值，所以要求三个整数 a，b，c 的最大值，可以调用 Larger(a，b)，先得到 a，b 的较大值，再用此较大值与 c 比较即可。当然，上例 Max 函数的实现体还可以写成：

```
int Max(int x,int y,int z){
  return (Larger( Larger(x,y) , z ));
 /* 函数表达式 Larger(x,y)作为外面 Larger 函数调用的第一个实参 */
}
```

2. 函数的递归调用

函数的递归调用就是当一个函数在执行的过程中出现了直接或间接地调用函数本身的函数调用方式，这种函数称为递归函数。

例 8-7 定义求 n!的函数。

```
long factorial (unsigned int n){          /* 定义递归函数 fact   */
   if (n == 1)       return 1;
   return factorial (n-1) * n;            /* 出现了函数 fact 直接调用本身的函数调用 */
}
```

和函数的嵌套调用类似，要正确地理解函数的递归调用时，程序执行的流程和返回点。

函数的递归调用必须满足一定的条件，也是在定义一个递归函数时应该遵循的原则：

(1) 必须有完成函数任务的语句。例如，上例求 n!中的 return 1;。

(2) 有一个确定是否能避免递归调用的测试条件。如果条件不满足就递归调用，否则就不再递归调用。

(3) 有一个递归调用语句，并且该递归调用语句的参数应该逐渐逼近不满足条件，以致最后断绝递归。

(4) 先测试，后递归调用。在递归函数定义中，必须先测试，后递归调用。也就是说，递归是有条件的，满足了条件后，才可以递归。

3. 递归函数的应用举例

函数的递归调用的应用非常广泛，也是学习定义和调用函数中的一个难点。下面通过一些应用例子来帮助大家理解函数递归调用的思想及其应用。

例 8-8 定义递归函数，求 $s=1+2+3+\cdots+n$，n 为正整数。

分析：定义递归函数的关键是要把解决的问题用递归的定义方式加以解决。即把大问题分解为小问题，而分解出的小问题的解决方法又类似于大问题，如此反复，直到小问题到达它能够被解决的时候。显然，$s(n)=1+2+3+\cdots+n$ 可以用递归的定义方法来计算：

$$s(n)=\begin{cases}s(n-1)+n, & n\geqslant 2\\ 1, & n=1\end{cases}$$

据此，递归函数定义如下：

```
#include <stdio.h>
```

```
long sum(int n){
 if(n==1)  return  1;                        /* 递归结束条件及执行语句 */
 return(sum(n-1)+n);                          /* 递归过程 */
}
void main(void){
  int n;
  printf("Enter n:");
  scanf("%d",&n);

  printf("The sum is %ld\n", sum(n));     /* 调用递归函数 sum */
}
```

程序运行情况如下：

```
Enter n:5
The sum is 15
Press any key to continue
```

说明：

(1) main 函数调用 sum(5)，程序执行流程转移到函数 sum(5)中，在函数执行过程中又调用了 sum(4)，程序执行流程转移到函数 sum(4)中，依次层层调用，直到在执行函数 sum(2)中又调用 sum(1)，在执行 sum(1)时，得到执行结果 1，返回到 sum(2)，得到 sum(2)的计算结果 3，再返回到 sum(3)中，得到 sum(3)的结果 6，再返回到 sum(4)，得到 sum(4)的结果 10，再返回到 sum(5)中，最后得到 sum(5)的结果 15，返回给函数 main，输出之。

(2) 递归调用的过程和程序执行流程返回的情况如图 8-5 所示。

(3) 也可以改用间接递归调用来实现。程序如下：

图 8-5　递归调用和程序执行流程返回的过程

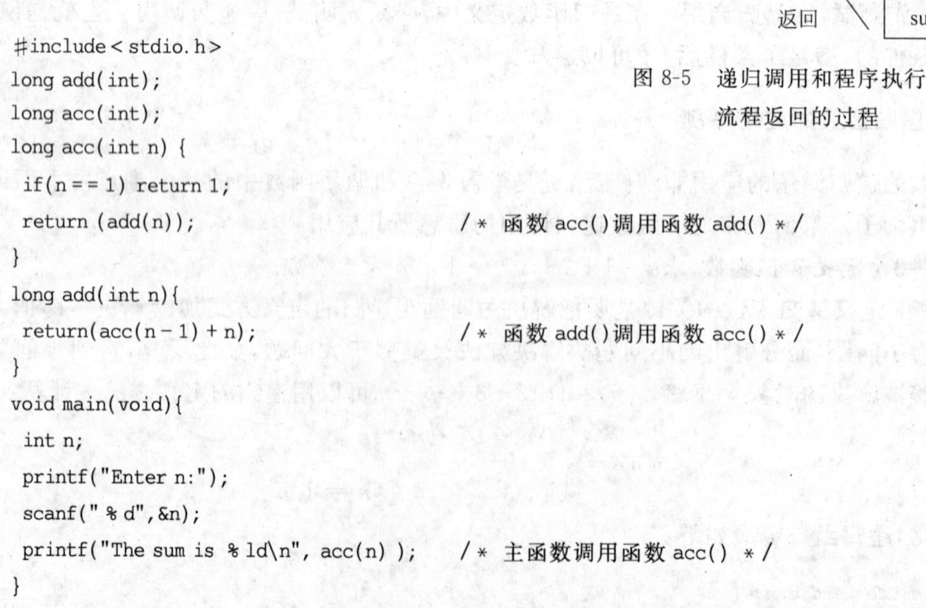

```
#include<stdio.h>
long add(int);
long acc(int);
long acc(int n) {
 if(n==1) return 1;
 return (add(n));                             /* 函数 acc()调用函数 add() */
}
long add(int n){
 return(acc(n-1)+n);                          /* 函数 add()调用函数 acc() */
}
void main(void){
 int n;
 printf("Enter n:");
 scanf("%d",&n);
 printf("The sum is %ld\n", acc(n) );     /* 主函数调用函数 acc() */
}
```

说明：

(1) main()实现体中调用函数 acc()，acc()的实现体中出现调用 add()，而 add()实现中又调用了函数 acc()。即 acc()间接地调用它自身，这种递归调用方法称为间接递归调用。大家自己去分析间接递归调用的过程。一般情况下，常用的是直接递归调用，间接递归调用的使用比较少。

(2) 程序运行情况同例 8-8。

例 8-9 定义递归函数，计算 x^n，x 为实数，n 为大于等于 0 的整数。

分析：类似例 8-8，可以用递归的方式定义 x^n：

$$x^n = \begin{cases} x \cdot x^{n-1}, & n \neq 0 \\ 1, & n = 0 \end{cases}$$

据此，可以定义递归函数和程序如下：

```
#include<stdio.h>
double fun(double x,int n){                    /* 递归函数的定义 */
 if(n==0) return 1.0;
 return x*fun(x,n-1);
}
void main(void){
 double x;int n;
 printf("Enter x and n:");
 scanf("%lf%d",&x,&n);

 printf("The result is %lf\n",fun(x,n));   /* 调用递归函数 fun() */
}
```

程序运行情况如下：

```
Enter x and n:
2.0 5
The result is 32.000000
Press any key to continue
```

例 8-10 定义递归函数 void fun(int a[],int len)，实现逆向输出数组 a[]中的各个元素。即输出序列为 a[len－1]，a[len－2]，…，a[1]，a[0]。

分析：要逆向输出数组 a[]中的各个元素，按递归的方法，在 len＞1 时，只要先输出当前数组中的最后一个元素，再逆向输出数组中剩下的 len－1 个元素即可。如此反复，直到 len 为 1，结束递归过程。程序如下：

```
#include"stdio.h"
void fun(int a[], int len){
 if(len==1) {                                  /* 递归调用结束 */
     printf("%d\n",a[0]);
     return;
     }
 else{
     printf("%d,", a[len-1]);
     fun(a,len-1);                             /* 递归调用自身 */
     }
```

```
}
void main(void){
int b[ ] = {1,2,3,4,5,6,7,8,9,10};
fun(b,10);
}
```

程序运行情况如下：

```
10,9,8,7,6,5,4,3,2,1
Press any key to continue
```

例 8-11 定义递归函数，实现对输入正整数的逆向输出。例如，输入正整数“1234”，则输出 4321。

分析：对一位以上的正整数，先输出它的个位数，再递归逆向输出除了个位以外的那个整数。直到要逆向输出的数为一位整数，则直接输出该一位整数。

```
#include < stdio.h >
void Reverse_display(unsigned int n){
 if(n/10 = = 0){
       printf(" %d",n);
       return;
 }
 else{
     printf(" %d",n % 10);
           Reverse_display(n/10);
 }
}

void main(void){
 unsigned n;
 printf("Enter a positive unsinged integer:");
 scanf(" %d",&n);

 Reverse_display(n);
 printf("\n");
}
```

程序运行情况如下：

```
Enter a positive unsinged integer:
1234
4321
Press any key to continue
```

例 8-12 定义递归函数，求两个正整数的最大公约数。

分析：求两个整数的最大公约数(greatest common divisor-gcd)的算法，可以用欧几里德(Euclid)的辗转相除法进行。

欧几里德算法又称辗转相除法，用于计算两个整数 a，b 的最大公约数。其计算原理依赖于下面的定理(证明略)：gcd(a,b) = gcd(b,a mod b)，程序如下：

```
#include < stdio.h >
```

```
int gcd(int m, int n){
 if(m%n==0) return n;
 else
     return gcd(n,m%n);
}
void main(void){
 int m,n;
 printf("Enter two interger nums:");
 scanf("%d%d",&m,&n);

 printf("The great common devidor is %d\n",gcd(m,n));
}
```

程序运行情况如下：

```
Enter two interger nums:
12 18
The great common devidor is 6
Press any key to continue
```

例 8-13 汉诺塔问题的递归求解。汉诺塔问题的描述：有三根柱子，编号分别为1、2、3，其中1号柱上方有n个大小不等的盘子，大盘在下，小盘在上，这些盘子的编号从上到下依次为1,2,3,…,n，现要求将柱1上的n个盘子移动到柱3上，在移动过程中可以借助于2号柱，但一次只能移动一个盘子，且在移动的过程中，三根柱子上的盘子始终保持大盘在下，小盘在上的次序。

分析：汉诺塔问题的解决是一个函数递归调用的典型应用。用hanoi(n, x, y, z)实现将n个盘子从x柱移到z柱，中间可以借助于y柱。则它可以由下面三步完成：

(1) 递归调用函数hanoi(n−1,x,z,y)，实现将x柱上的n−1个盘子从x柱移到y柱上，可以借助于z柱；

(2) 再将盘n从x柱直接移到z柱上；

(3) 递归调用函数hanoi(n−1,y,x,z)，实现将n−1个盘子从y柱移到z柱上，可以借助于x柱。

程序设计如下：

```
#include<stdio.h>
void hanoi(int n,int x,int y,int z){
 if(n==1)
   printf("将盘%d从%d柱移到%d柱\n",n,x,z);
 else{
   hanoi(n-1,x,z,y);     /* 先将x柱上的n-1个盘子从x柱移到y柱上,可以借助于z柱 */
   printf("将盘%d从%d柱移到%d柱\n", n, x, z);     /* 再将盘n从x柱移到z柱 */
   hanoi(n-1,y,x,z);     /*最后将n-1个盘子从y柱移到z柱上,可以借助于x柱 */
 }
}

void main(void){
 int n;
 printf("Enter the n:");
 scanf("%d",&n);
```

```
 hanoi(n,1,2,3);
}
```

程序运行情况如下：

```
Enter the n:3
将盘1从1柱移到3柱
将盘2从1柱移到2柱
将盘1从3柱移到2柱
将盘3从1柱移到3柱
将盘1从2柱移到1柱
将盘2从2柱移到3柱
将盘1从1柱移到3柱
Press any key to continue
```

说明：

请读者自己画出具体的函数调用过程，注意程序流程的转移，即每一层函数调用的结束都要返回到它的上一层函数体中。不难证明(解递归方程)，n个盘子总共需要搬 2^n-1 次。

思考题：请读者思考下面程序中递归函数的功能，并分析程序的运行结果。

```
#include<stdio.h>
void fun(int n){            /* 输出n行数字图案 */
 int k;
 if(n==1)  printf("%-3d\n",n);
 else{
     fun(n-1);
     for(k=1;k<=n;k++)printf("%-3d",k);
     printf("\n");
 }
}

void main(void){
 int line;
 printf("enter line:");
 scanf("%d",&line);
 fun(line);
}
```

第7章有一个例子，用二分法对数组中存储的有序数据进行查找。这里，请读者思考如何把它做成函数？如何改用递归函数实现？如果觉得有困难，在讲完8.4节后，再思考完成。

8.3.5 函数使用const形参

把函数的形参使用限定词const来修饰，则该形参值不允许在函数体中被修改，即说明为const的形参，只能读，不能对其进行写操作。这样就可以在一定程度上起到保护参数的作用(不被修改)。

例8-14 使用const参数的函数定义。

```
#include<stdio.h>
void Output(const char name[20],const int age){
 printf("name:%s,age:%d\n",name,age);
```

```
}

void main(void){
 const char yourname[20] = "Sun Honglei";
 const int yourage = 18;    /* 将 const 去掉,仍然可以调用函数 Output */
 Output(yourname,yourage);
}
```

程序运行情况如下：

```
name:Sun Honglei,age:18
Press any key to continue
```

说明：

(1) 把参数 name 和 age 说明为 const 之后，就不允许在函数体中对它们进行修改。

(2) 当函数的参数不期望在函数体内发生改动时，最好把它说明为 const。这样，一方面可以保护该参数；另一方面，把形参说明为 const，与之对应的实参既可以是 const 类型，也可以是非 const 类型。如将实参 const int yourage；中的 const 去掉，仍然可以调用函数 Output()。因此，在一个函数体中没有修改它的参数的情况下，应该尽量将它的参数说明为常参数。这样，无论调用该函数的实参是否是常参数，都可以保证该函数被正确调用，使该函数具有了更大的适应性。

(3) 形参声明为 const 后不能在函数中被修改，还可以最大限度地利用编译器的优化功能。

8.4 函数与数组

第 7 章讲了数组及其应用。其实，函数与数组的关系也非常紧密。比如，数组元素或数组都可以作为函数的参数(形参与实参)、函数内部可以定义和使用数组等。

8.4.1 数组元素作为函数的实参

由于数组元素的使用和普通变量的使用方法完全一样，因此，当数组元素的类型与函数的形参类型一致时，就可以用数组元素作为调用该函数的实参。

例 8-15 数组元素作为函数的实参。

```
#include<stdio.h>
void display(int num){                         /* 函数的形参类型为 int */
 printf("%d",num);
}
void main(void){
 int a[] = {1,2,3,4,5,6,7,8,9,10},k = 10;   /*数组 a 的类型为 int */
 for(;k>0;k--){
   display(a[k-1]);                          /* 数组元素用作函数的实参 */
   printf(",");
 }
 printf("\n");
}
```

程序运行情况如下：

```
10,9,8,7,6,5,4,3,2,1,
Press any key to continue
```

说明：

函数 display()的形参参数类型为 int，因此调用函数 display()时，用一个整型数组元素作为它的实参，函数 display()才能正常工作。

8.4.2 数组作为函数的参数

1. 一维数组作为函数的形参和实参

函数的形参可以是一个数组，此时调用该函数时，实参可以是一个数组名或指针；或者，当一个函数的形参是一个指针类型的变量，则调用该函数时，实参可以是一个数组名或指针。指针类型的概念与使用参看第 9 章，这里就暂时避开指针，只讨论形参与实参都是数组的情况。

例 8-16 一维数组作为函数的形参和实参。

```c
#include<stdio.h>
void bubble_sort(int data[],int len);          /* 数组作为函数的形参 */
void main(void){
 int a[]={1,5,4,3,6,2,7,8,10,9}, i ;
 int length=sizeof(a)/sizeof(int);

 printf("排序前的各元素：\n");
 for( i=0; i<length; i++ )   printf("%d,",a[i]);
 printf("\n\n");

 printf("正在冒泡排序......\n");
 bubble_sort(a,length);                        /* 数组作为函数的实参 */

 printf("排序后的各元素：\n");
 for(i=0;i<length;i++)  printf("%d,",a[i]);
 printf("\n");
}

void bubble_sort(int data[],int len){
   int pass,temp,flag,i;
   for( pass=1;pass<len;pass++){
    flag=0;
    for(i=0; i<len-pass; i++)
        if(data[i]>data[i+1]){
            flag+=1;
            temp=data[i];data[i]=data[i+1];data[i+1]=temp;
        }
    if(flag==0) break;
   }
}
```

程序运行情况如下：

```
排序前的各元素：
1,5,4,3,6,2,7,8,10,9,

正在冒泡排序......
排序后的各元素：
1,2,3,4,5,6,7,8,9,10,
Press any key to continue
```

说明：

(1) 把前面数组中讲过的冒泡排序改用函数 bubble_sort(int data[],int len)来实现，函数的形参为一个数组和一个表示数组长度(或表示要排序的元素个数)的整型。当调用函数 bubble_sort()时，直接用数组名 a 作为实参，即 bubble_sort(a, length)，实际上传入函数的是数组的起始地址值 a。

(2) 当然，也可以把函数 bubble_sort(int data[],int len)改为 bubble_sort(int data[10])。这时调用该函数时，只要传入一个长度为 10(或长度大于 10)的数组名就可。当长度大于 10 时，只对前 10 个元素排序，其他元素不变。但是，如果作为实参的数组的长度不足 10，则函数仍对 10 个元素排序，就会多出几个随机值参加排序。因此，为了使函数具有较好的通用性，可以增加一个函数的形参，用它来表示数组的长度(或表示要排序的元素个数)。程序如下所示。

```
#include<stdio.h>
void bubble_sort(int data[10]);
void main(void){
    int a[] = {1,5,4,3,6,2,7,8,10,9,0, -1, -2}, i ;     /* 数组中有 13 个元素 */
    int length = sizeof(a)/sizeof(int);

    printf("排序前的各元素：\n");
    for( i = 0; i < length; i ++ )    printf(" %d,",a[i]);
    printf("\n\n");

    printf("正在冒泡排序......\n");
    bubble_sort(a);

    printf("排序后的各元素：\n");
    for(i = 0;i < length;i ++ )   printf(" %d,",a[i]);
    printf("\n");
}

void bubble_sort(int data[10]) {                /* 对数组中的前 10 个元素排序 */
   int pass,temp,flag,i;
   for( pass = 1;pass < 10;pass ++ ){
    flag = 0;
    for(i = 0; i < 10 - pass; i ++ )
        if(data[i]> data[i + 1]){
            flag += 1;
            temp = data[i];data[i] = data[i + 1];data[i + 1] = temp;
        }
    if(flag == 0) break;
   }
}
```

程序运行情况如下：

```
排序前的各元素:
1,5,4,3,6,2,7,8,10,9,0,-1,-2,

正在冒泡排序......
排序后的各元素:
1,2,3,4,5,6,7,8,9,10,0,-1,-2,
Press any key to continue
```

(3) 当函数的形参为一数组时，要注意它的形参书写格式(bubble_sort(int data[], int len))，而在调用函数时，实参只用数组名(bubble_sort(a,length))。同时，要注意实参的数组类型必须与形参数组的类型一致。

(4) 实际上，当形参为数组类型时，实参既可以是数组名，也可以为指针；或者，当形参为指针类型时，实参可以是指针或数组名。关于指针、数组和函数的讨论，参见第9章。

例 8-17 编写函数将一个数字串转化为相应的数字返回，并设计程序测试。

分析：所谓"数字串"，是指组成这个字符串的每个字符都是数字字符，例如"12345"就是一个"数字串"。现要求将任意一个数字串转化为对应的数字，可以将数字串作为函数的参数，待处理的数字串用字符数组来表示，将转化结果作为函数的返回值。处理字符串的过程就是一个迭代的循环过程。转化公式为 n=n*10+(NumStr[i]-'0');，NumStr[i]为字符串中的任意字符，处理的字符从左到右，直至处理了所有的字符为止。编写程序如下：

```
#include <stdio.h>
unsigned long CharToNum(char NumStr[20]){
 int i;
 unsigned long n = 0;
 for (i = 0; NumStr[i] != '\0'; i++)   n = n * 10 + (NumStr[i] - '0'); /* 处理字符串的方法 */
 return n;
}
void main(void){
 char str[20];
 printf("请输入一个数字串 str:");
 gets(str);
 printf("Result is %ld\n",CharToNum(str));
}
```

程序运行情况如下：

```
请输入一个数字串str:123456
Result is 123456
Press any key to continue
```

说明：

(1) 为了能得到比较大的转换结果，将函数的返回值类型定义为 unsigned long 型。

(2) 本题的关键在于对字符串处理的算法上。这就是在第1章中所讲的算法在程序设计中的重要性的一种体现。

2. 多维数组作为函数的形参和实参

与一维数组可以作为函数的参数类似，二维及二维以上的数组也可以作为函数的参数。下面主要以二维数组为例加以说明。

例 8-18 二维数组作为函数的形参和实参。

```
#include<stdio.h>
void Rect_Multi(int a[3][2],int b[2][4],int c[3][4]) { /* 二维数组作为函数的形参 */
 int i,j,k;
 for(i=0;i<3;i++)
    for(j=0;j<4;j++){
         c[i][j]=0;
         for(k=0;k<2;k++)      c[i][j]+=a[i][k]*b[k][j];
    }
}
void main(void){
 int A[][2]={{1,2},{3,4},{5,6}},B[][4]={{0,1,0,1},{1,0,1,0}},C[3][4],i,j;
 Rect_Multi(A,B,C);                         /* 二维数组作为函数的实参 */
 for(i=0;i<3;i++){
   for(j=0;j<4;j++)
        printf("%-3d",C[i][j]);
   printf("\n");
   }
}
```

程序运行情况如下：

```
2  1  2  1
4  3  4  3
6  5  6  5
Press any key to continue
```

说明：

(1) 函数 Rect_Multi()可以实现两个矩阵的相乘，其中两个矩阵分别用二维数组 ***a*** 和 ***b*** 表示，乘积矩阵用二维数组 ***c*** 表示。根据矩阵相乘的含义，设 ***a*** 为一个 $m\times n$ 的矩阵，***b*** 为一个 $n\times l$ 的矩阵，则其乘积 ***c*** 为 $m\times l$ 的矩阵。其中矩阵 ***c*** 中的每个元素为：

$$c_{ij}=\sum_{k=1}^{n}(a_{ik}\times b_{kj}),\quad i=1,\cdots,m,j=1,\cdots,l$$

(2) 二维数组作为函数的形参，当调用该函数时，传入的实参是二维数组名。有时为了通用起见，作为形参的二维数组可以省略第一维的长度说明，但第二维不能省略，见例 8-19。对于多维数组(二维以上)，也有类似的用法，即作为形参的多维数组只能省略第一维的长度，其他维的长度不能省略，参见例 8-19。

例 8-19 二维数组作为函数的形参，可以省略第一维的长度值。

```
#include<stdio.h>
int Find_Max(int a[][4],int m) {
/* 二维数组的第一维大小不直接指定,而由第二个参数间接指定 */
  int Max=a[0][0],i,j;
  for(i=0;i<m;i++)
   for(j=0;j<4;j++)
        if(a[i][j]>Max)   Max=a[i][j];
  return Max;
}
```

```
void main(void){
    int A[3][4] = {{1,2,3,5},{5,66,7,8},{11,-2,23,8}},B[2][4] = {{1,2,3,4},{5,6,7,8}};
  printf("The Max of A is %d\n",Find_Max(A,3));  /* 既可以求A矩阵的最大值 */
  printf("The Max of B is %d\n",Find_Max(B,2));  /* 也可以求B矩阵的最大值 */
}
```

程序的运行情况如下：

```
The Max of A is 66
The Max of B is 8
Press any key to continue
```

(3) 类似地，二维以上的数组也可以作为函数的参数，下面举一个例子加以说明。

例 8-20 假设有三个班级，每个班级有 5 个学生，每个学生参加了两门课程的考试，现求所有学生成绩分数中的最高分数。

分析：可以用三维数组 int a[3][5][2]保存所有学生的成绩，第一维的长度表示班级数，第二维的长度表示每个班级的学生数，第三维的长度表示每个学生的两门课程成绩。这样，类似于前面的例子，设计程序如下：

```
#include <stdio.h>
int Max_Score(int a[][5][2],int m) {      /* 三维数组作为函数的形参 */
   int max = a[0][0][0],i,j,k;
   for(i = 0;i < m;i++)
    for(j = 0;j < 5;j++)
           for(k = 0;k < 2;k++)
           if(a[i][j][k]> max)  max = a[i][j][k];
   return max;
}

void main(void){
  int A[3][5][2] = {{{60,80},{56,80},{77,88},{86,68},{80,68}},
                   {{70,90},{90,56},{88,79},{70,82},{100,89}},
                   {{87,70},{60,56},{78,79},{80,82},{90,89}}}; /* 三个班级的学生成绩 */
  printf("\nThe max score is %-3d\n",Max_Score(A,2));    /* 三维数组作为函数的实参 */
}
```

程序运行情况如下：

```
The max score is 100
Press any key to continue
```

说明：

用数组作为函数的参数来传递数据，实质上传递的是地址(指针)，数组名就是指针。所以，当函数的形参是数组时，实参可以是指针，反之亦然。

8.5 变量的类型

8.5.1 局部变量和全局变量

从程序中各个变量起作用的范围(作用域)来看，变量可以分为局部变量和全局变量。

1. 局部变量

在一个函数的内部定义的变量就是内部变量(局部变量)。如：

```
float f1(int a) {
     int a,b;                         /* 局部变量 a,b */
      ⋮
}
void main(void) {
  int b,c;                            /* 局部变量 b,c */
    …
}
```

对局部变量作以下几点说明：

(1) 局部变量的作用范围(作用域)：只局限在定义它的本函数体之内。

(2) 局部变量的生存期(存在的时间)：只有当程序执行到本函数时，才给这些局部变量分配存储单元，当本函数执行完毕后，这些局部变量所占存储单元就被释放。

(3) 不同函数体中可以定义相同名字的变量，但它们代表不同的对象，互不干扰。它们在内存占用不同的内存单元。

(4) 函数的形式参数也是该函数的局部变量，其他函数不能调用。

(5) 在一个函数内部，可以在复合语句中定义变量，但这些变量只在本复合语句中有效，因此，复合语句也可称为"分程序"或"程序块"。例如：

```
void f(void){
 int t;
 scanf(" %d",&t);
 if(t==1){
   char s[80];                        /* 复合语句块中的局部变量 s */
   printf("Enter name:");
   gets(s);
   …
 }
}
```

(6) 在某些 C 语言文献中，局部变量又称为自动变量(automatic variable)，因为可以在 C 程序中用关键字 auto 说明。使用 auto 存储类型定义的变量称为自动变量，编译系统在堆栈区(内存的一部分)为它分配内存空间。分配和释放空间的操作都由系统自动完成，故称为自动变量。函数内定义的自动变量关键字 auto 可以缺省。

2. 全局变量

在所有函数体外部定义的变量为外部变量(全局变量)，全局变量可以被本文件中其他函数所调用(使用)。全局变量的有效范围为：从定义该变量的位置开始到本程序文件的结束。比如：

```
int p=1, q=5;                         /* 全局变量 */
float f1(int a){
```

```
 int b,c;
 p += 100;                        /* 访问全局变量 */
 …
}
char c1,c2;                       /* 全局变量 */
char f2(int x, int y){
 int i,j;
 q -= 5;                          /* 访问全局变量 */
 c1 = '*';                        /* 访问全局变量 */
 …
}
void main(void){
 int m,n ;
 p += q;                          /* 访问全局变量 */
 c2 = c1 + 1;                     /* 访问全局变量 */
 ⋮
}
```

对全局变量的几点说明：

(1) 全局变量在程序的全部执行过程中都占用固定的内存储单元，而不是仅在需要时才开辟单元，所以其生存期是整个程序运行期间。

(2) 全局变量的作用范围是整个程序文件。全局变量处于文件的开头定义时，其作用范围为整个文件；否则在定义点之前的函数内使用时，应在函数体内或外部用 extern 说明。

说明的格式是：

```
extern 类型标识符  变量名;
```

比如：

```
#include <stdio.h>
extern int a;      /* extern 说明,说明中可以省略缺省类型 int,即可以为 extern  a; */
void f1(void){
 /*  extern int a;  */            /* extern 说明也可以放在函数体内 */
 printf("a = %d\n",a);            /* 使用了后面定义的全局变量 a */
}

int a = 100;                      /* 定义全局变量 a */
void main(void){
  f1();
}
```

程序运行情况如下：

```
a=100
Press any key to continue
```

(3) 使用全局变量的目的是让全局变量能在多个函数之间架起交流信息的桥梁。但要注意，全部变量的使用也不能太多，否则会因为破坏了模块的封闭性而产生副作用。比如：

```
#include <stdio.h>
void addsub(int x,int y){
```

```
 extern int c,d;
 c = x + y;
 d = x - y;
}

int c,d;             /* 全局变量 c,d 在函数 addsub()和 main()之间架起交流信息的通道 */
void main(void){
 int a = 4,b = 3;
 addsub(a,b);                  /* 调用函数 addsub 后,带回 c,d 的值给 main */
 printf("sum = %d,sub = %d\n",c,d);
}
```

程序运行情况如下：

```
sum=7,sub=1
Press any key to continue
```

(4) 在一个程序文件中定义的全局变量，要在同一程序的另外一个程序文件中使用时，应在使用它的程序文件中所有函数体内部或外部对所使用的全局变量用 extern 说明(外部变量)。比如，整个程序(工程)由程序文件 mymain.c 和 myfun.c 构成，其中文件 mymain.c 的内容为：

```
#include <stdio.h>
int addone_global(void);            /* 外部函数说明 */
int addtwo_global(void);            /* 外部函数说明 */
int global = 0; /* 全部变量的定义,如果没有初始化,其值默认为 0 */

void main(void){
 global += 100;
 printf("%d\n",addone_global());
 printf("%d\n",addtwo_global());
}
```

程序文件 myfun.c 的内容为：

```
extern int global;                  /* 使用另一个文件中定义的全部变量 global,加 extern 说
                                       明,这个说明也可以都写在各个函数的内部 */
int addone_global(void) {
 /* extern global; */
 return(global + 1);
}
int addtwo_global(void){
    /* extern global; */
    return(global + 2);
}
```

程序运行情况如下：

```
101
102
Press any key to continue
```

(5) 在同一个文件中，全局变量与局部变量同名时，则在局部变量的作用范围内，全局变量不起作用。比如：

```
#include<stdio.h>
int x=200;                          /* 全局变量 */
void fun(void){
 int x;                             /* 局部变量,与全部变量同名 */
 x=100;                             /* 局部屏蔽全局 */
 printf("x=%d\n",x);
}

void main(void){
 fun();
}
```

程序运行情况如下：

```
x=100
Press any key to continue
```

8.5.2 说明存储类型

C 支持 4 种存储类型说明符：extern、static、register 和 auto。

这些说明符告诉编译程序应该怎样保存有关变量。存储类型说明符放在其修饰的变量声明之前，一般形式为：

存储类型标识符 类型标识符 变量名

比如：

```
static int a,b;
```

1. extern

因为 C 允许分别编译大程序的模块，虽然加快了编译的速度并方便了大项目的管理，但因此需要一种使源程序文件能了解全部变量的方法。程序中，同一个全局变量只能声明一次。用同一个名字在同一个文件中两次声明时，C 编译程序可能认为名字重复而报错，也可能只挑一个定义而放弃另一个定义。如果在程序的每个文件中声明所有全局变量，也存在类似的问题。解决的方法是在一个文件中声明程序的所有全局变量，在其他文件中使用 extern 声明，如图 8-6 所示。

```
/* File1 */                  /* File2 */
int x,y;                     extern int x,y;
char ch;                     extern char ch;
void main(void){             int fun2(void){
…                             y=x/2;
}                             …
int fun1(void){              }
 x=100; ch='*';              int fun3(void){
 …                            y=18;
}                             …
                             }
```

图 8-6 在分别编译的模块中使用全局变量

在文件 2 中,对在文件 1 中定义的全局变量用说明符 extern 修饰。extern 通知编译程序,告知其后变量的类型和名字已在别处定义。即 extern 使编译程序了解这些全局变量的类型和名字,同时又不再为它们重新分配内存。当链接程序链接各模块时,会自动理解所有对这些外部变量的引用。

在声明全局变量的同一个文件中,如果函数内也引用该全局变量,也可以用 extern 来说明该全局变量,但这种外部声明不是必要的。因为 C 编译程序在函数中发现未定义的变量时,会检查该变量是否与文件中的全局变量匹配。如是,则认为匹配的全局变量就是被引用的对象。比如:

```
int a,b;
void main(void){
 extern int a;                    /* 可以不用声明 */
  …
}
```

2. static 变量

static 变量是函数或文件中的永久变量。但和全局变量不同,函数外或文件外看不到静态(static)变量;与全局变量相同,函数调用之间,静态变量保持其值。这个特性在编写一些其他程序使用的通用函数或库函数时是很有用的。static 对局部变量和全局变量的作用不一样。

1) static 局部变量

把 static 作用于局部变量时,编译程序为之生成永久存储单元,很像全局变量。静态(static)局部变量和全局变量的主要区别在于它们的可见性不同,静态局部变量只在被声明的代码块中是可见的。简言之,静态局部变量是多次函数调用之间保持其值的局部变量。

定义静态局部变量的一般形式为:

```
static 类型标识符 变量名;
```

静态局部变量的特点:

(1) 静态局部变量本身也是局部变量,因此其作用域也是局限在定义它的本函数体内,当离开本函数体,该变量就不再起作用,但其值还继续保留。

(2) 另一方面,静态局部变量又是静态存储类别的变量,所以,在整个程序运行开始就被分配固定的存储单元(占用静态存储区),整个程序运行期间不再被重新分配,所以其生存期是整个程序运行期间。

(3) 静态局部变量赋初值的时间在编译阶段,并不是每发生一次函数调用就赋一次初值。当再次调用该函数时,静态局部变量保留上次调用函数时的值。

(4) 如果静态局部变量或静态全局变量没有赋初值,则其值自动设置为“零”值(数值型值为 0,指针型值为 NULL)。

例 8-21 利用静态局部变量的特性编写数列产生器函数。

```
#include <stdio.h>
```

```
int func(int start, int diff) { /* 数列的起始值由 start 指定，差值由 diff 指定 */
 static int count = start;
 count += diff;
 return count;
}

void main(void){
 int i;
 for(i = 1;i <= 10;i++)  printf(" %d ",func(10,5));
 printf("\n");
}
```

程序运行情况如下：

```
15 20 25 30 35 40 45 50 55 60
Press any key to continue
```

说明：

对某些必须在调用之间保持局部变量的函数而言，static 局部变量特别重要。如果不允许使用 static，则必须在这类函数中使用全局变量，由此会开放带来副作用的门户。

2）static 全局变量

静态(static)全部变量仅在定义它的文件中是可见的。因此，虽然变量是全局的，但其他文件中的函数不能感知它的存在，无法存取它，有效地消除了副作用。在静态局部变量不能满足要求的情况下，可以建立一个小文件，其中只放需要静态全局变量的函数和所需的静态全局变量，然后独立编译该文件，以后使用时就不必担心它的副作用了。

静态全局变量定义在所有函数体的外部，其一般形式如下：

static 类型标识符 变量名；

静态全局变量的特点是：

(1) 与全局变量基本相同，只是其作用范围(即作用域)是定义它的程序文件，而不是整个程序。

(2) 静态全局变量属于静态存储类别的变量，所以它在程序一开始运行时就被分配固定的存储单元，其生存期是整个程序运行期间。

(3) 使用静态全局变量的好处是同一程序的两个不同的程序文件中可以使用相同名称的变量名而互不干扰。

例 8-22 改写例 8-21 如下：

```
/* File1 */
static int series_num;

int series(int diff){
 series_num += diff;;
 return series_num;
}
void series_start(int seed){
 series_num = seed;
}
```

```
/* File2 */
#include <stdio.h>
void series_start(int seed);
int series(int diff);
void main(void){
 int num;
 series_start(10);
 for(num = 1; num <= 10;num++)
     printf(" %d ",series(5));
}
```

说明：

（1）把函数 series()、series_start()和变量 series_num 放在一个文件 File1 中，main()函数可以调用 series()和 series_start()，但不能直接引用静态全局变量 series_num。

（2）static 全局变量允许程序的一部分对其他部分充分隐蔽，管理大型复杂程序时的优点是十分突出的。

3. register 变量

传统上，存储说明符 register 只适用于 int 和 char 型变量。然而，ANSI 拓宽了它的定义，使之适于各种类型的变量。

最初，寄存器(register)说明符要求 C 编译程序把如此说明的变量的值保存在 CPU 寄存器中，不像普通变量那样保存在内存里。这样，对 register 变量的操作速度可以远快于保存在内存里的普通变量，因为其值存在寄存器中，不用访问内存。

然而，由于 ANSI 允许 register 修饰任何类型的变量，register 的定义已经变化了，ANSI 标准只泛泛地讲"尽量快速访问对象"。实践中，字符和整数仍放在 CPU 的寄存器里面；数组等大型对象显然不能放入寄存器，但还是可以得到编译程序的优惠处理。基于 C 编译的实现和运行的操作系统环境，编译程序可以用自己认为合适的一切办法处理 register 变量。

值得注意的是，register 只能施予局部变量和函数形参。因此，全局寄存器变量是非法的。下面函数使用了寄存器整型变量 e 和 temp，函数计算参数 m 的 e 次幂：

```
#include<stdio.h>
long Int_pwr(int m,register int e){
    register int temp=1;
    for(;e;e--) temp*=m;
    return temp;
}
void main(void){
    int x,y;
    printf("Enter x and y:");
    scanf("%d%d",&x,&y);
    printf("The result is %ld\n",Int_pwr(x,y));
}
```

程序运行情况如下：

```
Enter x and y:
2 4
The result is 16
Press any key to continue
```

说明：

（1）一般而言，寄存器变量应该用在作用最大，即多次引用同一变量的地方。比如，上例中，因为 e 和 temp 在循环中反复使用，所以可以把它们定义成 register 变量。

（2）虽然可以在程序中随意声明寄存器变量，但得到访问优化的变量是有限的。具体限制由运行环境和C编译程序的实现确定。超限时，C编译程序自动把寄存器变量转成普通变量，程序员不必关心超限额定义寄存器变量时的处理。这样就可以保证C代码在大量处理器间的移植性。

(3) 因为register变量可以保存在CPU寄存器中，所以这类变量不能持有地址，即不能使用“&”运算符来取register变量的地址。

(4) 虽然ANSI拓宽了register定义的变量类型，但实践中，register一般只对整型和字符型有实际作用。因此，一般不应期望其他类型的register变量实质性地改善处理速度。

8.6 全局函数和静态函数

8.6.1 全局函数

全局函数类似于全局变量。凡程序中定义的函数，如果未做特别说明，一律都是全局的(也称外部函数)。也就是说，函数从本质上是全局的，一个程序不管由多少个程序文件所组成，在某个程序文件中可以调用同一程序的另外一个程序文件中定义的函数，只要对被调函数的原型进行说明即可(可以缺省extern关键字)。关于函数原型说明的用法，已在前面作过描述。下面的例子说明全局函数的使用及其方法，如图8-7所示。

```
/* file1.c */
#include"stdio.h"
int Max(int ,int);    /*函数原型说明*/
int Min(int,int);
void main(void)
{
int m,n;
printf("Enter m and n:");
scanf("%d%d",&m,&n);
printf("Max=%d\n",Max(m,n));
printf("Min=%d\n",Min(m,n));
}
```

```
/* file2.c */
int Max(int x,int y)    /*函数定义*/
{
return (x>y?x:y);
}

int Min(int x,int y)
{
return (x<y?x:y);
}
```

图8-7 全局函数的使用

说明：

(1) 在文件file2.c中定义的函数Max和Min都是全局函数。即它们可以被另一个文件file1.c中的函数main所调用，只要在调用之前加上函数原型说明即可。函数原型说明既可以放在main()的前面，也可以在它的里面。

(2) 一般地，通常把函数的定义写在一个或几个文件里，而把它们的原型说明集中放在另外一个头文件中(比如my.h)，这样在需要调用这些函数的文件中加上#include<my.h>即可。上例可以修改如下，如图8-8所示：

```
/* file1.c */
#include"stdio.h"
#include"my.h"
void main(void){
 int m,n;
 printf("Enter m and n:");
 scanf("%d%d",&m,&n);
printf("Max=%d\n",Max(m,n));
printf("Min=%d\n",Min(m,n));
}
```

```
/* file2.c */
int Max(int x,int y) {
    return (x>y?x:y);
}
  …
int Min(int x,int y){
 return (x<y?x:y);
}
```

```
/* my.h */
int Max(int ,int );
int Min(int ,int );
```

图 8-8 全局函数的使用

(3) 对于已经写好的一些通用函数,也可以把它们直接定义在一个头文件(Header File)中,在需要的源程序中包含这个头文件即可。这样,使用这些自定义函数就类似使用库函数一样方便。比如:

```
/* mymain.c */
#include<stdio.h>
#include"d:\test\my.h"              /* 包含自己创建的头文件(可以指定路径)*/
void main(void){
 int x=10,y=20;
 printf("sum=%d\n",sum(x,y));
      printf("max=%d\n",max(x,y));
}

/* d:\test\my.h */                  /* 创建自己的头文件,其中包含自己定义的一些函数 */
int sum(int a,int b){
 return a+b;
}
int max(int x,int y){
 return (x>y?x:y);
}
…
```

(4) 常用的库函数使用方法参见附录中的函数使用说明。

8.6.2 静态函数

静态函数,类似于静态全局变量。因为函数多数为外部型的,必然产生不同源文件中同名函数的冲突。若将某一重要函数定义为静态型(static),则只能被该函数所在文件的其他函数调用,而不能被其他源文件的函数调用。

静态函数定义的一般形式为:

```
static 类型标识符 函数名(形参及其类型){
  函数体
}
```

注意:这种函数只能在定义它的程序文件中调用。

8.7 参数类型与数量可变的函数

在C语言中,可以定义参数的类型和数量都可变的函数。最典型的例子是函数printf(),它的参数类型和个数就是可以变化的,相信读者已经使用和体验过了。为了把参数类型及数目都未定的事实告诉编译程序,用三个圆点(…)结束函数形参的声明。例如,以下声明表示函数func()至少接受两个整型变元,随后,可能还有0到多个其他变元。

```
fun(int a,int b, … );
```

函数原型中也可以使用这种形式。

注意:变元数可变的任何函数,至少必须有一个真正的变元。例如,以下用法是错误的。

```
func( … );
```

关于参数类型与数量可变的函数的具体使用方法与指针有关,而且使用很少,在这里不再详细叙述,如有需要,可以参见头文件stdarg.h中的函数描述:

```
void va_arg(va_list argptr, type);
type va_start(va_list argptr,last_parm);
void va_end(va_list argptr);
```

8.8 函数小结

函数作为构成C语言程序的基本单位,在程序设计中起到非常重要的作用。学习本章时,以函数的定义与调用方法为出发点,理解函数调用的机制,主调函数与被调函数的关系;进而领会函数嵌套调用及其特殊形式——递归函数的定义与简单使用;再理解与函数有关的一些知识点:数组作为函数的参数(包括形参和实参)和变量的存储类型及其特点等;最后理解内部函数与外部函数等。当然,在学完指针之后,还要掌握函数与指针的关系,这点也是非常重要的。

认真思考本章的所有例题,独立完成章后习题,相信可以很好地掌握本章的内容。另外,读者可以将前面没学函数之前的所有程序重新改写成函数的形式,使用函数调用的方法加以实现,可以进一步加深对函数的理解和掌握。

习题

1. 定义函数float Area(float a,float b,float c),根据三角形的三边a,b和c计算其面积,并设计程序调用。

2. 定义函数long int Sum(unsigned int n),求表达式$1+2+3+\cdots+n$的值。

3. 将题2改为递归函数实现,并测试。

4. 用递归函数实现求 Fibonacci 数列：1,1,2,3,5,8,13,…的第 n 项值。

5. 定义函数 float Average(int grade[],int n)，求 n 个学生成绩的平均分，各个学生的成绩存储在数组 grade 中。

6. 简述"值参数"的含义，并设计程序测试。

7. 将题 5 改用递归函数实现。

8. 完成函数 int Max(int a[],int n)，返回数组 a 中 n 个元素的最大值，通过全局变量 index 存储数组中首个最大元素的下标值，并用程序测试。

9. 比较局部变量、全局变量、静态局部变量和静态全局变量的区别，并自己设计程序验证。

10. 将第 7 章中的三种简单排序算法改成函数形式，分别实现它们。

11. 编写函数 void Trans(unsigned int n,unsigned int base) 实现将十进制数 n 转化为 base 进制数，转化结果存储在全局一维数组 unsigned int result[20]中。

12. 编写函数 void StrInsert(char str1[30],const char str2[10],int pos)，实现将字符串 str2 插入到字符串 str1 的指定位置 pos 处，并设计程序测试。

13. 完成函数 void Fun(int a[3][4],int b[4][5],int c[3][5])，求二维数组 a 表示的矩阵和二维数组 b 表示的矩阵的乘积 c，并将结果输出。

14. 编写函数 int fun(int a[][5],int n)，返回二维数组 a(有 n×5 个元素)中元素的最大值，最小值存储在全部变量中，并设计程序测试。

15. 自己设计程序测试全部函数与静态函数的使用特点。

指针

基本内容

- 指针的基本概念和简单使用方法；
- 指针与一维数组、二维数组的关系；
- 指针与字符串的关系；
- 指针与函数的关系；
- 动态存储分配的方法。

重点内容

- 理解指针的基本概念，它是使用指针的基础；
- 理解指针与数组、字符串的各种关系，通过指针访问数组元素、使用字符串；
- 通过指向函数的指针调用函数的方法和指针作为函数参数的使用方法；
- 掌握动态内存分配的方法。

9.1 指针的概念

要理解指针，就必须知道计算机是如何在内存中存储信息的。

PC 的内存（RAM）由许多的顺序存储单元组成，其中每一个单元用一个唯一的地址标识。计算机的内存地址从 0 开始，最大值取决于内存量。

使用计算机时，操作系统将使用一些内存；运行程序时，程序的代码（用于完成该程序的各种任务的机器语言指令）和数据（程序使用的信息）也将使用一些内存。

在 C 程序中声明一个变量时，编译器会留出一个具有唯一地址的内存单元来存储该变量。编译器将该地址同变量名关联起来。当程序使用该变量时，将自动访问相应的内存单元。程序使用的是内存单元的地址，而我们不知道，但不必关心它。例如，程序中声明了一个变量 i，并将其初始化为 100。编译器将地址为 0X0012FF7C 的内存单元留给了这个变量，并将地址 0X0012FF7C 同该变量的名称 i 关联起来，如下所示。

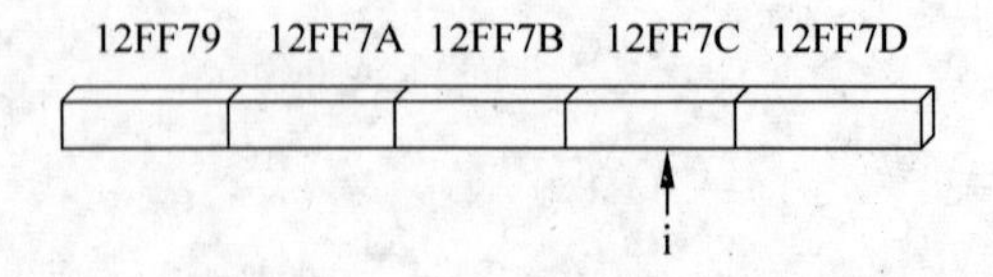

变量 i 的地址是一个数字（其他变量的地址也是这样），可以像对待其他数字那样来对待它。可以创建第二个变量 ip，用它存储变量 i 的地址，这时，ip 变量就是一个指针变量。

指针指的是一种数据类型，用它来说明变量的类型，显然，指针类型不是C的基本数据类型。属于指针类型的变量通常简称为指针变量。那么，什么样的变量才算是指针变量呢？或者说，指针变量具有什么样的特性呢？

简单地说，当一个变量的值是一个地址值时，这个变量就是指针变量。也就是说，指针变量和地址的概念是紧密相关的。C程序中使用的所有变量在内存中都有对应的存储空间。一个变量在内存中所占存储单元的地址号就是该变量的指针。

例如：

```
int i; i = 20;
```

假设i变量在内存中所占存储单元的地址号为0x0012FF7C。此时，称0x0012FF7C这个存储地址为变量i的指针。若把该存储地址作为另一个变量ip的值，则称变量ip为指针变量，它指向了变量i，而20是变量i的值。

9.1.1 指针变量的定义

专门存放其他变量地址的变量称为指针变量。和其他变量的定义类似，指针变量在使用前也必须定义其类型。其定义的一般形式为：

```
类型标识符   * 指针变量名表;
```

例如：

```
int i = 50;    int * ip;     ip = &i; /* 指针变量 ip 指向了变量 i */
```

说明：

(1) 指针变量名前面的“*”表示该变量为指针变量，它不是变量名本身的一部分。

(2) 此处的类型标识符是该指针变量所要指向的变量的所属类型，称为基类型。

(3) 变量的指针和指向变量的指针变量的区分：指针是某一变量在内存中所占存储单元的地址，是一个地址值；而指针变量则是专门存放其他变量的地址的变量，是一个变量。如果某一指针变量ip存储了另外一个变量i的指针，则称该指针变量ip是指向另外一个变量i的指针(变量)，或者称该指针变量ip指向了另外一个变量i。

设变量i的存储地址为0012FF7C，指针变量ip指向了变量i，即变量ip的值为变量i的存储地址，两变量之间的关系示例为：

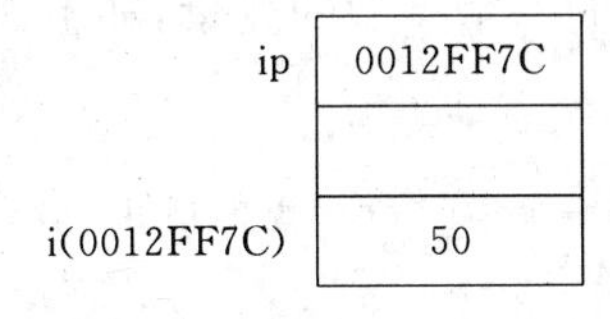

9.1.2 与指针运算有关系的两个运算符

1. “&”运算符

“&”运算符：求某一变量所占存储单元的存储地址。例如：

```
int i = 50;
int * ip;      /* 只是声明 ip 是一个指针类型的变量,并没有说明它指向了谁(无所指) */
ip = &i;       /* &i——求变量 i 的存储单元的地址(即指针)。此时,指针变量 ip 存储了变量 i 的
                  存储地址(指针),因此称指针变量 ip 指向了变量 i */
```

因此,通常使用"&"运算符来对指针变量进行初始化,即让指针变量有值,简称有所指(向)。

2. "*"运算符

"*"运算符:取出指针变量所指向变量的内容,后面跟指针变量。例如:

```
int i = 50;
int * ip;
ip = &i;
printf(" * ip = %d\n", * ip); /*  * ip 为取出指针变量 ip 所指向变量的内容。即由于 ip 是指向
                                  变量 i 的,因此 * ip 与 i 是等价的  */
```

因此,运算符"*"经常用于通过指针变量对它所指的对象进行间接访问。

"*"运算符和"&"运算符其实是互逆的。因此,(*ip)与 i,*(&i)与 i 等都是等价的。

9.1.3 指针变量的引用

指针变量的引用,即使用指针变量,其使用方法和普通变量的使用原理一致,但要注意:

(1) 指针变量是一个变量。一个指针变量和普通变量一样,在内存中也占存储单元,因此一个指针变量也相当于一个容器(容器中存放了指针),所以指针变量也有其指针,这就是指针变量的指针。例如:

```
int a = 10;
int * p = &a;          /* 指针变量 p 指向整型变量 a */
int * * q = &p;        /* 指针变量 q 指向指针变量 p,即 q 是一个指向了指针的指针变量 */
```

(2) 指针变量内只能存放其他变量的地址,而不能直接存放一个普通数据。例如:

```
int * p = 12345;           /* 错误 */
int * p = (int * )0x00002000;    /* 虽然可采用强制类型转换的方法将一个地址值赋给一个指
                                    针变量,但是对 0x00002000 内存空间的操作有时会产生意
                                    想不到的危险 */
```

(3) 一个指针变量只能指向同一个类型的变量,如上例中指针变量 ip 只能总是指向整型变量。例如:

```
char * pc;             /* pc 是一个指向 char 型的指针 */
double d;
pc = &d;               /* 错误 */
```

但是,指针变量的值是可以改变的,即指针变量可以指向其他的同类型变量。例如:

```
char * pc;
char ch1,ch2;
pc = &ch1;             /* pc 指向 ch1 */
```

```
pc = &ch2;              /* pc 改为指向 ch1 */

int i = 10; long *p = (long *)(&i);
/* 虽然合法,但是 long 型指针变量 p 所指的内存大小在 ANSI C 中是 4 个字节,而 i 所对应的内存空
间是 2 个字节。这样,p 所操作的内存空间除了 i 变量的 2 个字节之外,还要访问未知的 2 个字节,这
是非常危险的 */
```

因此要注意：不要轻易改变一个指针变量的指向，这样容易造成指针指向的混乱，且程序的可读性也会下降。

(4) 一个指针变量只有先指向某一个变量后，才可利用该指针变量对它所指向的变量进行操作(间接访问)，这点是初学指针者最容易发生错误的地方之一。例如：

```
int a = 10;
int *p = &a;
printf("%d\n", (*p) + 20);      /* 通过指针实现间接访问的目的 */
```

反之，以下使用指针的代码是错误的。

```
int a = 10, *p;
*p = 12;      /* 指针 p 无所指,不能通过它进行间接访问 */
```

注意：将 12 赋给 p 所指向的地址。该地址可能是内存的任何地方，可能是存储操作系统代码或程序代码的地方。将 12 存储到这个位置可能会覆盖一些重要信息。这可能导致奇怪的程序错误，甚至整个系统崩溃。

(5) 指针变量可以参加算术运算，但要注意运算的意义。例如：

```
int a[5] = {10, -20,30, -15,25};
int * p = a, q = a + 1;            /* p 指向第一个元素 a[0], q 指向第二个元素 a[1] */
p += 3;                            /* 运算后,指针 p 指向数组第 4 个元素 a[3] */
printf("p - q = %d\n",p - q);     /* 同类型的两指针差值为 2,表示它们所指数组元素之间相隔的个
                                      数,即 4 - 2 = 2。类似地,指针也可以进行比较运算,如 p>q */
p = p + q;                         /* 错误的算术运算,即两个指针变量的和毫无意义 */
```

例 9-1 指针的算术运算。

```
#include <stdio.h>
void main(void){
  int a[] = {1,2,3,4,5};
  int *pa;

  pa = &a[0];    /* 等价于 pa = a; */
  printf("pa = %p\n",pa);
  printf(" *pa = %d\n", *pa);

  pa += 4;      /* 指针值加(后移)4 * sizeof(int)个字节,并非简单的加 4 个字节 */
  printf("\nsizeof(int) = %d\n",sizeof(int));
  printf("pa = %p\n",pa);
  printf(" *pa = %d\n", *pa);
}
```

程序运行情况如下：

```
pa=0012FF6C
*pa=1

sizeof(int)=4
pa=0012FF7C
*pa=5
Press any key to continue
```

说明：

(1) 指针变量可以参加加法和减法运算，但不能做乘法和除法运算。

(2) 要注意指针的加法和减法运算的含义，pa+=4；使指针值加 4 * sizeof(int)，即指针后移(加法)时，其值的增加取决于它所指的对象所占用的存储空间大小。

(3) 两个同类型的指针可以相减，但不能相加。例如 pa=a；pa+=4;，则表达式(pa－a)值为 4，表示它们所指的两个对象相隔个数为 4(4 个对象距离)。

(4) 请读者思考，表达式 sizeof(pa)的值是多少？

9.1.4 const 指针

1. 指向常量的指针变量的定义与使用

定义指向常量的指针变量的一般形式为：

```
const 类型标识符 *指针变量名;
```

例如：

```
const int *p;
```

说明：

用这种方法定义的指针变量，借助该指针变量只可读取它所指向的变量或常量的值，但不可借助该指针变量对其所指向对象的值进行修改(即重新赋值)。但是，可允许这种指针变量指向另外一个同类型的别的变量。

例 9-2 指向常类型的指针及其使用。

```
#include"stdio.h"
void main(void){
  const int i = 20;
  int k = 40;
  const int *p;    /* 定义指向常量的指针变量 p */
  p = &i;
  printf(" *p= %d,i= %d\n", *p,i);

   *p = 100;          /* 该句错误，不可借助 p 对它所指向的目标进行重新赋值 */

   p = &k;            /* 可以使 p 指向另外一个同类型的变量 */
   printf(" *p= %d,k= %d\n", *p,k);

   p = 200;           /* 该句错误 */
   k = 200;
}
```

2. 指针常量的定义与使用

指针常量定义的一般形式为：

类型标识符 * const 指针变量名 = 初始指针值;

例如:

```
char * const p = "abcde";
```

说明:

用该种方法定义的指针变量,其值(是一个指针值)不可进行修改,但可以借助该指针变量对其所指向对象的值进行读取或修改。另外,这种指针在定义时必须初始化。

例 9-3　指针常量的定义与使用。

```
#include"stdio.h"
void main(void){
  char s[] = "Huaqiao University";
  char * const p = s;         /* 必须初始化 */
  p = "xyz";                  /* 该句错误,不可改变常量指针的值(地址)*/

  *p = 's';                   /* 可以改变常量指针所指对象的值 */
  printf("p = %s\n",p);
  printf(" *p = %c\n", *p);

  p++;                        /* 错误 */
}
```

3. 指向常量的指针常量的定义与使用

把前面两种情况相结合,就可以定义指向常量的指针常量,指向常量的指针常量的定义方法为:

const 类型标识符 * const 指针变量名 = 初始指针值;

例如:

```
const int b;
const int * const p = &b;
```

说明:

用这种方法定义的变量,既不允许修改指针变量的值,也不允许借助该指针变量对其所指向对象的值进行修改。另外,该变量在定义时必须初始化。

例 9-4　指针常量的定义与使用。

```
#include <stdio.h>
void main(void)
{
  const int a = 10,b = 20;
  int c = 20;
  const int * const p = &a;
  const int * const q = &b;

  p = &c;                     /* 错误 */
  *p = 50;                    /* 错误 */
  p = q;                      /* 错误 */
}
```

9.2 指针与数组

数组的指针即整个数组在内存中的起始地址,数组元素的指针是数组中某一元素所占存储单元的地址。引用数组元素时,既可以通过数组的下标进行,也可以利用数组元素的指针进行,或者通过数组的指针(首地址)进行。

利用指针引用某一数组元素时,可以先使一指针变量指向某一数组元素,然后通过该指针变量对它所指向的数组元素进行引用。

由于数组名本身就是一个指针,因此指针与数组的关系非常紧密,理解和掌握指针与数组之间的关系并灵活地加以使用是学习和使用好指针的重要环节之一。

9.2.1 指向数组元素的指针变量的定义

指向数组元素的指针变量的定义与以前定义指针变量的方法相同,只要注意指针变量定义时的类型要与所要指向的数组的类型一致即可。例如:

```
int a[10];
int * p;                    /* 指针的基类型与数组类型一致 */
p = &a[0];                  /* 使指针变量 p 指向数组元素 a[0] */
```

在 C 语言中,数组名就代表数组首地址,即数组名就是一个指针,它指向了数组的首元素。例如:

```
int a[10];
int * p;
p = &a[0];                  /* 与 p = a; 是等价的 */
```

p=&a[0];与 p=a;是等价的。但要注意,其作用是把数组 a 的起始地址赋给指针变量 p,而不是把数组 a 的各元素地址赋给 p。

例 9-5 通过指针实现数组元素的正向输入和逆向输出。

```
#include <stdio.h>
void main(void){
  int a[10],k;
  int * pa = a;

  printf("Enter 10 integers:\n");
  for( k = 0;k < 10;k++)     /* 通过指针输入数组的 10 个元素值 */
    scanf(" % d",pa++);
  pa = a + 9;                /* 指针 p 指向数组的最后一个元素 */

  printf("Output:\n");
  for(;pa >= a;pa-- )        /* 通过指针逆向输出数组的 10 个元素值 */
    printf(" % - 3d", * pa);
  printf("\n");
}
```

程序运行情况如下：

```
Enter 10 integers:
1 2 3 4 5 6 7 8 9 0
Output:
0 9 8 7 6 5 4 3 2 1
Press any key to continue
```

说明：

(1) 两个指针变量是可以相互比较的，如本例中 pa>=a 实际上就是两个地址值的大小比较。

(2) 注意本例中指针的前加 pa++和后减 pa--的含义。

9.2.2 通过指针变量使用数组元素

假设 p 为指向某一数组元素的指针变量。C 语言规定：p+1 指向数组的下一个元素(注意不是单纯 p 的地址值加 1)。

设定义了一个数组 a[10]，p 的初值为 &a[0]，即此时 p 指向 a[0]元素，则：

(1) p+1 或 a+1 就是 a[1]元素的存储地址，即它们都指向数组的第 1 号元素 a[1]。所以，*(p+1)或*(a+1)或 p[1]都与 a[1]等价。

(2) 把上面(1)的特例一般化，如果初始化 p=a;，则 p+i 或 a+i 就是 a[i]元素的存储地址，即它们都指向数组的下标为 i 的元素 a[i]。所以，*(p+i)或*(a+i)或 p[i]都与 a[i]等价。

例 9-6 通过指针使用数组元素。

```
#include<stdio.h>
void main(void){
  int a[]={0,1,2,3,4,5,6,10};
  int *p=a;                              /* p指向a[0] */
  printf("a[0]=%d\n",a[0]);
  printf("*p=%d\n",*p);
  printf("*(p+0)=%d\n",*(p+0));
  printf("p[0]=%d\n\n",p[0]);            /* 此时p[0]等价于a[0] */

  p+=4;                                  /* p指向a[4] */
  printf("a[4]=%d\n",a[4]);
  printf("*p=%d\n",*p);
  printf("p[0]=%d\n",p[0]);              /* 此时p[0]等价于a[4],也等价于*(p+0) */
  printf("p[1]=%d\n",p[1]);              /* 此时p[1]等价于a[5],也等价于*(p+1) */
  printf("p[-1]=%d\n\n",p[-1]);          /* 此时p[-1]等价于a[3],也等价于*(p-1) */

  printf("*p++=%d\n",*p++);              /* p++等价于*(p++),所以值为4,此后p指向a[5] */
  printf("*(++p)=%d\n\n",*(++p));        /* p再增1,指向a[6],所以值为6 */

  printf("(*p)++=%d\n",(*p)++);          /*(*p)值后增1,原a[6]值为6,此后a[6]值增1为7*/
  printf("*p=%d\n",*p);                  /* 此时a[6]值为7 */
}
```

程序运行情况如下：

```
a[0]=0
*p=0
*(p+0)=0
p[0]=0

a[4]=4
*p=4
p[0]=4
p[1]=5
p[-1]=3

*p++=4
*(++p)=6

(*p)++=6
*p=7
Press any key to continue
```

说明：

(1) 在语句 p+=4;之后，p 指向了数组元素 a[4]，此时 p[0]的值为 a[4]，p[1]的值为 a[5]，p[-1]的值为 a[3]。

(2) *p++的运算。*p++等同于*(p++)，它的作用是先得到 p 所指向元素的值(即*p)，然后再使 p 增 1。

(3) *(p++)与*(++p)的作用是不同的。*(p++)是先取 p 的值作"*"运算，然后再使 p 加 1(即指向下一个元素)；*(++p)是先使 p 加 1(即使 p 指向下一个元素)，然后再作"*"运算。例如，若 p 的初值为 a(即 &a[0])，输出*(p++)时，得到 a[0]的值，而输出*(++p)时，则得到 a[1]的值。

(4) (*p)++表示 p 所指的元素值加 1，即若 p 的初值为 a，则(*p)++，即为 a[0]++。

(5) 对于指针的--(自减)运算原理同上。

(6) 只有指向数组元素的指针变量才可进行自加或自减运算。

9.2.3 指针与二维数组

上面给出的是一维数组元素的指针及其用法，与一维数组元素的指针类似，指针变量也可以指向二维数组的元素以及多维数组的元素等。本节讨论指针与二维数组之间的关系，说明如何通过指针使用二维数组。

在前面数组中已经讲过，二维数组可以看做是一维数组的数组，即当一维数组的元素又是一个一维数组时，就得到了一个二维数组。同理，对于 n 维数组，可以把它看成是一个由 n-1 维数组作为元素组成的 n 维数组。这就是在第 7 章中所讲的 n=(n-1)+1 的含义所在。

例如，对于二维数组 int A[3][4];，可以把 A 看成是由三个一维数组元素组成的。即 A 由 A[0]、A[1]和 A[2]组成，而 A[i](i=0,1,2)都是长度为 4 的一维数组，可以用图 9-1 示意描述。

```
  ┌A[0]  : A[0][0], A[0][1], A[0][2], A[0][3]
A ┤A[1]  : A[1][0], A[1][1], A[1][2], A[1][3]
  └A[2]  : A[2][0], A[2][1], A[2][2], A[2][3]
```

图 9-1 二维数组与一维数组的关系示意

对于数组(一维或多维),数组名就是一个指向数组首元素的指针。所以对于上面的二维数组 A 而言,数组名 A 就是一个指针,这个指针指向了数组 A 的第一个元素 A[0]。前面说过,指向数组元素的指针,可以做算术运算,运算后的指针指向数组中的相应元素。如 A+1 也是一个指针,它指向了 A[0]的下一个元素,即指向 A[1]。同理,A+2 就是一个指向数组元素 A[2]的指针。

对于数组 A 的三个元素 A[0]、A[1]和 A[2],它们又都是三个一维数组名,即都是指针,分别指向三个一维数组的首元素 A[0][0]、A[1][0]和 A[2][0]。可以用图 9-2 加以描述。

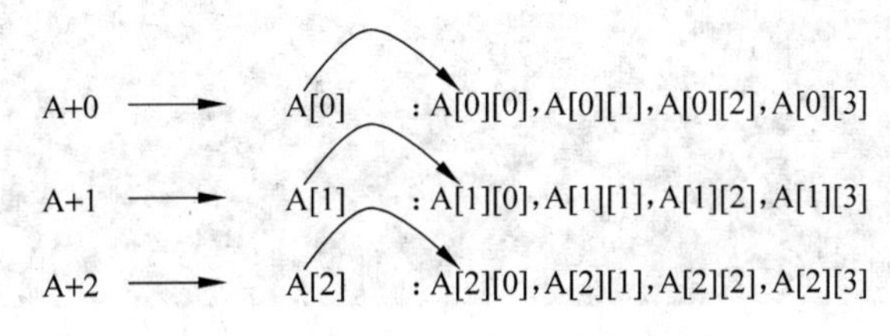

图 9-2 二维数组中的几个指针示意

基于上面的分析,就可以通过指针的方法访问二维数组中的任意元素。比如,要访问上面二维数组 A 中的元素 A[1][3],可以有如下几种方法:

(1) 直接用数组名加两个下标,即 A[1][3]。

(2) 用一维数组名的方法: *(A[1]+3)或 *(A[0]+7)或 *(A[2]-1)。

(3) 用二维数组名的方法: 只要(2)中的一维数组名改成相应的二维数组名即可。比如,可以把 A[1]改成 *(A+1)等。这样,就可以得到如下访问 A[1][3]的很多方式: *(*(A+1)+3)或 *(*(A+0)+7)或 *(*(A+2)-1)。

(4) 当然,还可以用"*"和"&"运算符的组合来访问 A[1][3],即可以使用 *(&A[1][3])。同理,可以用 &A[0][0]取代 A[0], &A[1][0]取代 A[1], &A[2][0]取代 A[2];用 &A[0]取代 A+0, &A[1]取代 A+1, &A[2]取代 A+2 等。比如,可以用 *(*(&A[1])+3)等访问 A[1][3],依此类推,请读者自己思考可能的更多写法。

通过以上分析,知道数组和指针的关系非常紧密,要访问数组中的元素,可以有很多不同的写法。只要理解数组中最基本的几个指针含义,不难得出相应的访问元素的方法。当然,也没必要去追求这些花样,只要掌握几种最基本的方法就可以了。

下面通过几个例子,再分析在数组的使用过程中数组与指针的关系。

例 9-7 二维数组与指针之间的关系。

```
#include <stdio.h>
void main(void){
    int A[3][4] = {{1,2,3,4},{5,6,7,8},{9,10,11,12}},i,j;
    i = j = 0;
    for(i = 0;i < 3;i++){
      for(j = 0;j < 4;j++)  printf("&A[ %d][ %d] = %p, ",i,j,&A[i][j]);
      printf("\n");
    }
    printf("\n&A[0][0] = %p\n",&A[0][0]);
    printf("A[0] = %p\n",A[0]);
```

```
    printf("A = %p\n",A);

  printf("\nThe size of A = %d\n",sizeof(A));
    printf("The size of A[0] = %d\n",sizeof(A[0]));
    printf("The size of A[0][0] = %d\n",sizeof(A[0][0]));
}
```

程序的运行情况如下：

```
&A[0][0]=0012FF50, &A[0][1]=0012FF54, &A[0][2]=0012FF58, &A[0][3]=0012FF5C,
&A[1][0]=0012FF60, &A[1][1]=0012FF64, &A[1][2]=0012FF68, &A[1][3]=0012FF6C,
&A[2][0]=0012FF70, &A[2][1]=0012FF74, &A[2][2]=0012FF78, &A[2][3]=0012FF7C,

&A[0][0]=0012FF50
A[0]=0012FF50
A=0012FF50

The size of A=48
The size of A[0]=16
The size of A[0][0]=4
Press any key to continue
```

说明：

(1) 从运行结果看，数组元素占用连续的存储空间，每个元素占用 4 个字节的空间大小。

(2) 运行该程序时，&A[0][0]、A[0]和 A 的值可能不是 0012FF50，但这三个值应该相等，它们都等于数组中第一个元素(A[0][0])的地址。指针 A 指向 A[0]，指针 A[0]指向 A[0][0]，编译系统知道每个指针所指向的是什么，即明确每个指针所指向元素(对象)的长度。

(3) 数组 A 包含三个数组元素，其中每个数组都包含 4 个 int 变量。每个变量占用 4 个字节的内存。由于总共有 12 个 int 变量，因此数组 A 的长度为 48 字节。同理，A[0]是一个包含 4 个 int 元素的数组，其中每个 int 变量占用 4 个字节，因此 A[0]的长度为 16 个字节。而 A[0][0]是一个 int 变量，因此其长度为 4 个字节。

(4) 当然，在不同位数的操作系统上或者不同的开发平台上，每个 int 变量所占用的存储空间大小也会不同，程序的结果会有所不同。

(5) 对多维(三维以上)的数组，可以采用同样的分析方法，请读者自己思考。

9.2.4 指针与数组作为函数的参数

在第 7 章中，讲过数组名可以作为函数的实参和形参。用数组名作实参，在调用函数时实际上是把数组的首地址传递给形参，这样，实参数组就与形参数组共占同一段内存，那么形参数组中元素的值发生变化后，实参数组中各元素的值也发生变化，但这种变化并不是从形参传回实参的，而是由于形参与实参数共享同一段内存而造成的。

利用数组名作为函数的参数时，可以用以下 4 种情况实现：

(1) 形参和实参都用数组名；

(2) 实参用数组名，形参用指针变量；

(3) 实参和形参都用指针变量；

(4) 实参用指针变量，形参用数组名。

例 9-8 形参与实参的结合方式——值参数传递。

```
#include<stdio.h>
void swap(int x,int y){
 int t=x;
 x=y;
 y=t;
 printf("In swap:x=%d,y=%d\n",x,y);
}
void main(void){
 int a,b;
 printf("Input a and b:");
 scanf("%d%d",&a,&b);

 swap(a,b);
 printf("In main:a=%d,b=%d\n",a,b);
}
```

程序的运行情况如下：

```
In swap:x=22,y=11
In main:a=11,b=22
Press any key to continue
```

说明：

(1) void swap(int x,int y)中的两个形参都是“值参数”，它们的初始值由对应的实参传递而获得，但它们在函数体中的变化并不会回传给实参，即采用所谓的“单向传递”方式。因此，出现了上面的运行结果。那么该如何实现实参与形参之间的双向传递呢？即如何将形参在函数体内的变化值带回到实参中，实现实参与形参的双向传递？

可以将函数的形参改为指针。程序修改如下：

```
#include<stdio.h>
void swap(int *px,int *py){
  int t=*px;
  *px=*py;
  *py=t;
  printf("In swap:*px=%d,*py=%d\n",*px,*py);
}

void main(void){
 int a,b;
 printf("Input a and b:");
 scanf("%d%d",&a,&b);

 swap(&a,&b);
 printf("In main:a=%d,b=%d\n",a,b);
}
```

程序的运行情况如下：

```
Input a and b:11 22
In swap:*px=22,*py=11
In main:a=22,b=11
Press any key to continue
```

(2) 在修改后的函数中,采用指针类型作为函数 swap()的参数,这时,对应的实参也必须是指针类型,所以传入了两个指针表达式 &a 和 &b。此时,px 指向了 a,py 指向了 b。

(3) 在函数体中,通过指针 px 和指针 py 间接实现了将 px 所指向的整型 a 与 py 所指向的整型 b 的交换,即完成了 a 和 b 的交换。这个过程可以如下示意描述。

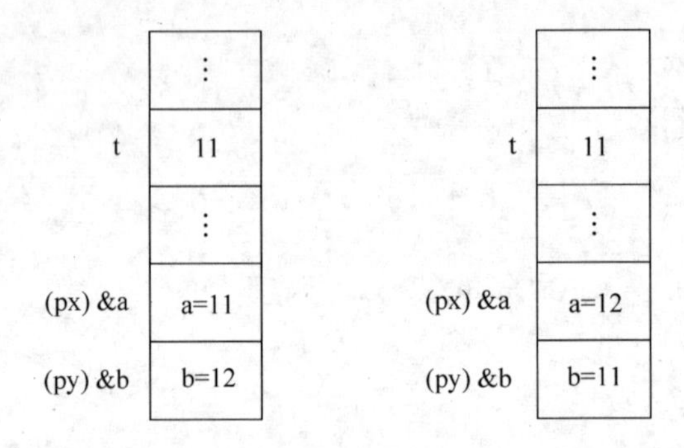

调用时,交换前的实参与形参　　调用时,交换后的实参与形参

(4) 请读者自己体会、比较和理解“值参数”与指针参数之间的区别。对于类似的问题,可以借助于画内存图的方法来理解和掌握各个变量之间的关系。

例 9-9　函数 func 实现数组排序。主函数将 8 个整数读入,调用 func 排序并输出结果。

```
#include <stdio.h>
void func(int *);                        /* func 函数的原型说明 */
void main(void){
  int  data[8];
  int  i;

  printf("Enter 8 nubers:");
  for(i = 0; i<8; i++)
      scanf("%d",&data[i]);              /* 可写成 scanf("%d",data + i); */

  func(data);                            /* 实参为数组名 */

  printf("\n 排序后输出: \n");
  for ( i = 0; i<8; i++)
      printf("%d ",data[i]);             /* 可写成 printf("%d", *(data + i)); */
}
void func(int * s){                      /* 形参为指针类型 */
  int  i,j,work;
  for ( i = 0; i<8; i++)
     for ( j = i + 1; j<8; j++)
        if ( *(s + i)< *(s + j)){        /* 采用选择排序算法,实现从大到小排序 */
          work = *(s + i);
          *(s + i) = *(s + j);           /* 可写成 s[i] = s[j] */
```

```
            *(s+j) = work;
        }
}
```

程序的运行情况如下：

```
Enter 8 nubers:-1 4 6 2 8 0 7 22

排序后输出:
22 8 7 6 4 2 0 -1 Press any key to continue
```

说明：

(1) 本例中，函数 func()的形参为指针，调用函数时的实参为数组名。它们是类型匹配的，数组名也是指针类型，指向数组中的首元素。

(2) 也可以将本例中函数的形参改为数组，而实参改为指针等变化形式，请读者自己思考完成。

9.2.5 指针数组

若一个数组的元素类型为指针，则称该数组为指针数组。即指针数组是由若干个指针组成的数组。基本性质同普通的数组，但要注意，指针数组的每个元素都是一个指针。下面以一维指针数组为例，对指针数组加以说明。对于二维及以上的多维指针数组，可以采用类似的方法来理解和掌握，但实际应用较少。

一维指针数组定义的一般形式为：

类型名 * 数组名[数组长度];

例如：

```
char * P_str[4];
```

定义了一个指针数组 P_str，它由 4 个元素(P_str[0]～P_str[3])组成，每个元素都是一个指向字符类型的指针。

与普通数组类似，指针数组也可以初始化。例如：

```
char * P_str[4] = { "cannot open file\n","read error\n","write error\n","media failure\n"};
```

初始化后，使得指针数组的各个元素分别指向对应的字符串(各元素值为相应字符串的首地址)。即 P_str[0]指向字符串"cannot open file\n"，P_str[1]指向字符串"read error\n"，P_str[2]指向字符串"write error\n"，P_str[3]指向字符串"media failure\n"。各个指针数组元素和对应字符串的关系可以用图 9-3 加以描述。

例 9-10 指针数组及其使用。

```
#include <stdio.h>
void syntax_error(int);
void main(void){
  int err_num;
  printf("Input a number beyond 0 - 3 to stop\n");
  for(;;){
     printf("Input an error code(0 - 3):");
     scanf("%d",&err_num);
```

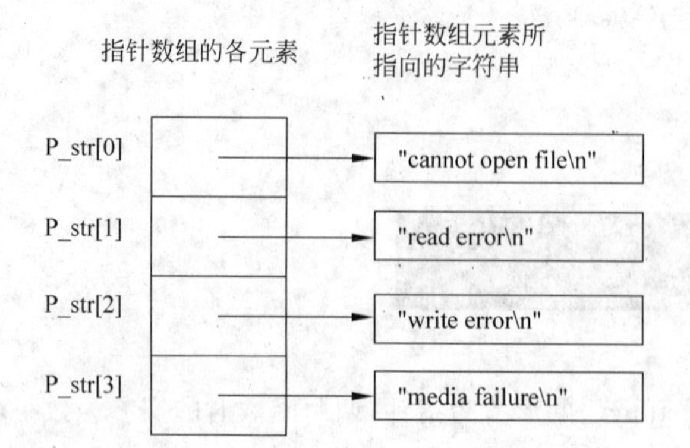

图 9-3 指针数组元素和它们指向的字符串

```
        if(err_num < 0 || err_num > 3) break;
        syntax_error(err_num);
    }
}
void syntax_error(int num)
{
    char * err[] = {
        "cannot open file\n",
        "read error\n",
        "write error\n",
        "media failure\n"
        };
    printf("Reason of Error: %s\n",err[num]);
}
```

程序运行情况如下：

```
Input a number beyond 0-3 to stop
Input an error code(0-3):0
Reason of Error: cannot open file

Input an error code(0-3):1
Reason of Error: read error

Input an error code(0-3):2
Reason of Error: write error

Input an error code(0-3):3
Reason of Error: media failure

Input an error code(0-3):6
Press any key to continue
```

说明：

(1) 在函数 syntax_error()中，定义了指针数组 err[]，并对其进行了初始化，使得各个字符串的存储地址分别存储在数组的各个元素中。这样，对字符串的处理就转化为对数组中各元素的处理。在 main()中，根据输入的错误代号，输出相应的错误信息。

(2) 用指针数组统一存储各个字符串的信息，使得对各个字符串的处理比较方便。当然，对多个字符串的存储，也可以使用二维字符数组。实际上，二维字符数组就是一个由若干个指向字符的指针构成的指针数组。当然，使用二维字符数组处理若干个字符串，不如使用指针数组处理字符串方便和快捷。从例 9-11 中可以看出。

例 9-11 通过指针数组,对若干个字符串进行排序输出。

```
#include<stdio.h>
#include<string.h>
void Sort_string(char *str[],int );
void main(void){
  int i,k;
  char *err[]={   "cannot open file",
                  "read error",
                  "write error",
                  "media failure"
              };
  printf("Before sort:\n");
  k=sizeof(err)/sizeof(char *);
  for(i=0;i<k;i++)  printf("%s\n",err[i]);
  Sort_string(err,k);
  printf("\nAfter sort:\n");
  for(i=0;i<k;i++)  printf("%s\n",err[i]);
}
void Sort_string(char *str[],int n){
  int pass,j;
  char *temp;
  for(pass=1;pass<n;pass++)
      for(j=0;j<n-pass;j++)
          if(strcmp(str[j],str[j+1])>0){
              temp=str[j];
              str[j]=str[j+1];
              str[j+1]=temp;
          }
}
```

程序运行情况如下：

```
Before sort:
cannot open file
read error
write error
media failure

After sort:
cannot open file
media failure
read error
write error
Press any key to continue
```

说明：

(1) 函数 void Sort_string(char *str[],int n)实现将 n 个存储在指针数组 str[]的字符串进行排序(冒泡排序)。main()中将排序前后的字符串分别输出。

(2) 在排序函数 Sort_string(char *str[],int n)中,通过指针数组各元素的改变(指针值改变)间接实现了对应字符串的排序。实际上,各个字符串的存储地址并没有发生改变,只是修改了指向各个字符串的指针数组元素值来达到字符串排序的目的。排序前后,指针数组中各元素与字符串的关系如图 9-4 所示。

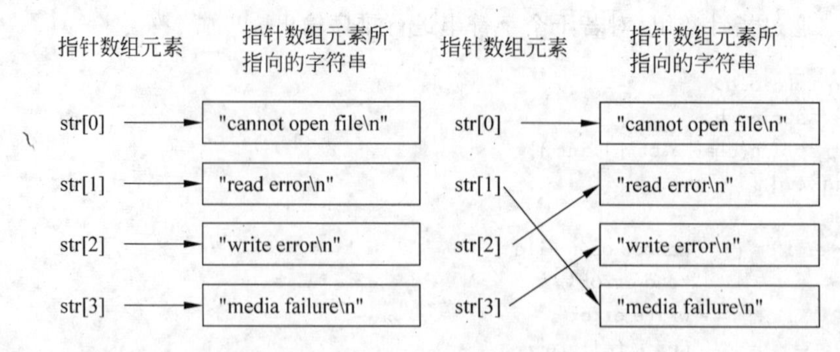

图 9-4 排序前后，指针数组元素的变化

（3）当然，也可以使用二维字符数组实现同样的功能，请读者自己完成，并对二者作一比较。

9.3 指针与字符串

9.3.1 指向字符串的指针

字符串在内存中的首地址称为字符串的指针。在 C 程序中，可以用两种方法实现字符串的存储：一是用字符数组，二是用字符串指针。例如：

```
#include< stdio.h>
void main(void){
  char str[] = "c language";
  printf("%s\n",str);
}
```

该程序段的输出结果如下：

```
c language
Press any key to continue
```

一维字符数组 str[]的数组名 str 就是一个指向字符类型的指针。这里它指向了字符串的首字符，存储了字符串的首地址。可以把数组改为指针来存储字符串。

```
#include< stdio.h>
void main(void){
  char *str = "c language";
  printf("%s\n",str);
}
```

注意：输出时的指针变量的写法是 str 而不是 *str。

当输出字符的指针时，这个指针显示所指向字符串的内容，而不是指针本身的地址值。因为 C 格式的字符串是通过字符的指针定义的，如果要输出字符指针本身的地址值，只需要把它强制转换为 void 指针。例如：

```
#include< stdio.h>
```

```
void main(void){
  char * str = "c language";
  printf(" %p\n",(void * )str);
}
```

程序运行结果如下：

```
00420020
Press any key to continue
```

结果为一个用十六进制数表示的存储单元地址。

9.3.2　字符串指针作函数参数

前面讲过，指针或数组名可以作为函数的参数，字符串指针或字符数组当然也可以作为函数的参数，类似地，可以采用以下 4 种方法实现：

形参	实参
(1) 数组名	数组名
(2) 数组名	字符指针变量
(3) 字符指针变量	字符指针变量
(4) 字符指针变量	数组名

例 9-12　将字符串 a 复制为字符串 b。

```
#include<stdio.h>
void copy_string(char *to, const char *from){
  for(; *from!='\0';from++,to++) *to= *from;
  *to='\0';
}
void main(void){
  char a[20] = "c language";
  char b[20] = "very good";
  copy_string(a,b);
  printf("a= %s\n",a);
  printf("b= %s\n",b);
}
```

程序运行情况如下：

```
a=very good
b=very good
Press any key to continue
```

9.4　指针与函数

9.4.1　指针作为函数的参数

前面已经讲过，函数的参数可以为整型、实型、字符型、数组和指针等类型。当函数的参数为整型、实型和字符型等时，实参与形参间参数的传递是单向的“值传递”。

当函数的参数为指针类型时,实参将一个变量的地址传给被调函数的形参。因此,该形参变量就指向实参,在被调函数中对形参的操作就相当于对它所指向的实参的操作。

例 9-13 交换两个变量的值。

```
#include <stdio.h>
void swap(int *p1, int *p2) {      /* 形参 p1 和 p2 为指针类型 */
  int p;
  p = *p1;
  *p1 = *p2;
  *p2 = p;
}
void main(void){
  int a[] = {1,2,3,4,5}, *front = a, *rear = a + sizeof(a)/sizeof(int) - 1,k;
  for(;front <= rear;front++,rear-- )
    swap(front,rear);                /* 实参为指针表达式 */
  for(k = 0;k < sizeof(a)/sizeof(int);k++)
    printf("%d,",a[k]);
  printf("\n");
}
```

程序运行情况如下:

```
5,4,3,2,1,
Press any key to continue
```

说明:

(1) 函数 void swap(int *p1, int *p2)实现将 p1 指向的整数与 p2 指向的整数进行值交换。主函数调用函数 swap()实现将数组 a 中的所有元素首尾交换。

(2) 调用函数时,实参类型必须与形参类型一致。实参可以是变量、常量或表达式。

请读者自己分析下面程序的输出结果。特别注意,实参 pa 的值是否在调用前后发生了变化?

```
#include <stdio.h>
void fun(int *q){
  q += 2;
  *q = 100;
}
void main(void){
  int a[] = {1,2,3,4,5};
  int *pa = a;
  printf("Before calling function:");
  printf("a[2] = %d\n",a[2]);
  printf("*pa = %d\n", *pa);

  fun(pa);

  printf("\nAfter calling function:");
  printf("a[2] = %d\n",a[2]);
  printf("*pa = %d\n", *pa);
}
```

9.4.2 返回指针值的函数

函数可以返回一个指针,称该函数为指针函数。返回指针值的函数定义的一般形式为:

```
类型标识符    * 函数名(参数名){
    函数体
}
```

要注意的是,不能返回局部变量的指针。例如:

```
#include <stdio.h>
int * fun(void){
  int a = 100;
  return &a;
}
void main(void){
  printf("fun = %d\n",(*fun()) );
}
```

编译时会出现如下警告:

```
warning C4172: returning address of local variable or temporary
```

尽管仍然可以得到结果100,但是不建议这样使用返回局部变量的指针。

例 9-14 返回全局变量指针的函数。

```
#include <stdio.h>
int a;                                    /* 全部变量没有赋初始值,则为0值 */
int * fun(void){
  return &a;                              /* 返回全部变量a的指针 */
}
void main(void){
 int * p = fun();
 printf("*p= %d\n", *p);                  /*  结果为0 */
}
```

程序运行情况如下:

```
*p=0
Press any key to continue
```

说明:

函数fun的返回值为一个指向整型的指针,这个指针值赋给指针变量p,即p指向整型变量a,所以结果为0。

例 9-15 返回静态局部变量指针的函数。

```
#include <stdio.h>
int a = 100;
int * fun(){
 static int b = 10;                       /* 静态局部变量b */
 return &b;
}
void main(void){
```

```
 int * p = fun();
 printf(" * p = %d\n", * p);

 * p = 12;                              /* 间接修改了 b 的值 */
 printf(" * fun() = %d\n", * fun());    /* 使得间接存取局部静态变量成为可能 */
}
```

程序运行情况如下：

```
*p=10
*fun()=12
Press any key to continue
```

请注意程序中的注释。

例 9-16 返回堆地址的函数。

```
#include <stdio.h>
#include <stdlib.h>
int a = 100;
int * fun(void){
 int * p = (int * )malloc(sizeof(int));  /* 动态内存分配指针值 p */
 * p = a + 1;
 return p;                                /* 可以返回堆地址(运行时动态分配的地址) */
}

void main(void){
 int * q = fun();
 printf(" * q = %d\n", * q);
}
```

程序运行情况如下：

```
*q=101
Press any key to continue
```

说明：

(1) 函数体中，通过函数 malloc 为指针变量 p 动态分配内存地址(从堆中分配的单元地址)，并将数值 101 填入到该内存单元中，最后函数返回这个堆地址。关于动态内存分配的使用，参看后续章节的相关内容。

(2) 要使用动态内存分配函数 malloc()等，程序要包含头文件＜stdlib.h＞或＜malloc.h＞。

例 9-17 定义 findmax()，其功能是寻找数组中的最大元素，将该元素的下标通过参数返回，并返回最大元素的地址。

```
#include <stdio.h>
int * findmax(int * array, int size, int * index);
void main(void){
 int a[] = {33,91,54,67,82,37,85,63,19,68};
 int * maxaddr, idx;

 maxaddr = findmax(a, sizeof(a)/sizeof(int), &idx);
```

```
 printf("The index of MAX = % d\n",idx);
 printf("Address of MAX = % p\n",maxaddr);
 printf("MAX = % d\n", * maxaddr);        /* 或 printf("MAX = % d\n",a[idx]); */
}

int * findmax(int * array,int size,int * index){
  int max,i;
  max = * (array + 0);                     /* array[0] */
  for (i = 1;i < size;i++)
    if (max < * (array + i)){
      max = * (array + i);
      * index = i;
    }

  return(array + * index);                 /* array[index] */
}
```

程序运行情况如下：

```
The index of MAX=1
Address of MAX=0012FF5C
MAX=91
Press any key to continue
```

说明：

(1) 函数 findmax 中的第一个形参为指针，对应的实参为数组名。函数的第三个形参为一个指向 int 类型的指针 index，用它存储函数中求得的最大元素的下标值(int)，并通过 index 指针带回到主调函数中的 idx，即通过调用函数 findmax，idx 中存储了最大元素的下标。

(2) 函数 findmax 的返回值为指针，这个指针指向数组的最大元素。

9.4.3 指向函数的指针

1. 指向函数指针的定义和使用

一个函数在内存中的起始地址就是该函数的指针。在 C 语言中，函数的名称就代表了该函数的指针。另外，可以定义一个指向函数的指针变量，即指针变量可以指向普通变量，也可以指向函数。

指向函数的指针变量定义的一般形式为：

数据类型标识符(* 指针变量名)(参数类型 1,参数类型 2, …,参数类型 n);

例 9-18 求 a 和 b 中的较大者。

```
#include < stdio.h >
int Min(int x, int y);
void main(void){
 int a,b;
 int ( * p_fun)(int,int);                /* 指向函数的指针 p_fun 的定义 */
 p_fun = Min;                            /* 指针 p_fun 指向函数 Min */
```

```
 printf("Enter a and b :");
 scanf(" %d%d",&a,&b);
 /* 通过指向函数 Min 的指针 p_fun 调用函数 Min */
 printf("Min= %d\n",(*p_fun)(a,b)); /* (*p_fun)(a,b)可以写成 p_fun(a,b) */
}
int Min(int x,int y){
  return x<y?x:y;
}
```

程序运行情况如下：

```
Enter a and b :12 56
Min=12
Press any key to continue
```

说明：

(1) 在 main 函数中，通过声明语句 int (*p_fun)(int,int)；定义了一个指向返回值为整型，带两个整型参数的函数的指针；同时通过赋值语句 p_fun＝Min；让它指向具体的函数 Min，再通过该指针 p_fun 间接调用函数 Min，其调用形式为(*p_fun)(a,b)或 p_fun(a,b)。

(2) p_fun＝Min；表示把函数的入口地址赋给指针变量 p_fun，那么 *p 就是函数 max。因此，(*p_fun)(a,b)或 p_fun(a,b)和 Min(a,b)等价，即函数的调用可以通过函数名调用，也可通过函数指针调用。

(3) int (*p)(int,int)；只是表示定义了一个指向函数的指针变量。

(4) 在函数指针变量赋值时，只需给出函数名，不必给出参数，如 p＝max；，因为只是传递函数的地址。

(5) 对指向函数的指针做像 p＋n、p＋＋和 p－－等运算都是无意义的。

2. 函数指针作为函数的参数

一个指向函数的指针变量的主要用途就是把该指针变量作为参数传递到其他函数中。下面通过一个例子说明函数指针作为函数参数的使用。

例 9-19 指向函数的指针作为其他函数的参数。

```
#include<stdio.h>
void print(int,int,int (*f1)(int,int)); /* 函数 print 的第三个参数使用了一个指向函数的指
                                           针 f1 */
int add(int,int);
int max(int,int);

void main(void){
  int data1=10,data2=34;
  int(*p_fun)(int,int);              /* 定义了一个指向函数的指针变量 p_fun */

  p_fun=add;                         /* 让指针变量 p_fun 指向具体的函数 add */
  print(data1,data2,p_fun);          /* 等价于 print(data1,data2,add); */

  p_fun=max;                         /* 让指针变量 p_fun 指向具体的函数 max */
  print(data1,data2,p_fun);          /* 等价于 print(data1,data2,max); */
```

```
}

int add(int i,int j){
  return (i+j);
}

int max(int i,int j){
  return (i>j?i:j);
}

void print(int i,int j,int (*f1)(int,int)){
  printf("%d\n",(f1)(i,j));      /* 通过函数指针 f1 调用它所指向函数,并输出其返回值 */
}
```

程序运行情况如下：

```
44
34
Press any key to continue
```

说明：

(1) 在函数 print()中,它的第三个参数 f1 是一个指向函数的指针。函数 print()通过函数指针 f1 调用 f1 所指向的函数(本例为 add 和 max),并输出该调用函数的返回值(44 和 34)。

(2) 在调用函数 print()时,可以传递所需要的函数给 f1 来实现调用不同的函数,输出不同的结果。这就是用函数指针作为函数参数的好处。

3. 函数指针数组

在 C 语言中,指针变量可以指向普通变量,它也可以指向函数。若干个指向同类型函数的指针可以构成函数指针数组。下面以一维函数指针数组为例加以说明。

一维函数指针数组定义的一般形式为：

类型名 (*数组名[**数组下标**])(函数参数类型 1,…,函数参数类型 n);

例如：

```
int (*p_fun[5])(int,int);
```

定义时也可以初始化,类似一般数组,例如：

```
int (*p_fun[5])(int,int) ={add,sub,mul,div,mod};  /* add 等为已经定义函数的函数名 */
```

此时,p_fun 为一维函数指针数组名,它是一个指向函数指针的指针。即数组中的每个元素都是一个函数指针。因此,前面讲过的有关指针与数组的关系等,在这里仍然适用。

例 9-20 函数指针数组及其使用。

```
#include<stdio.h>
int add(int a,int b) {
  return a+b;
}
```

```
int sub(int a,int b){
  return a - b;
}

int mul(int a,int b){
  return a * b;
}

int div(int a,int b){
  if(!b) return 0;                    /* 当除数为 0 时,返回值为 0 */
  else return a/b;                    /* 返回商 */
}

int mod(int a,int b){
  if(!b) return 0;                    /* 当除数为 0 时,返回值为 0 */
  else return a % b;                  /* 返回相除的余数 */
}

int op(int x,int y,int ( * pf)(int,int)){     /* 参数 pf 为函数指针 */
  int result;
  result = pf(x,y);                   /* 通过函数指针参数 pf 实现调用不同的函数 */
  return result;
}

void main(void){
 int i = 100,j = 30,k,a[5];
 char s[] = {'+','-','*','/','%','\0'};

/* 定义一个函数指针数组 pfA,并进行初始化操作,给它的每个元素定向,使得 pfA[0]指向 add(),
pfA[1]指向 sub()等 */

 int ( * p_fun[5])(int,int) = {add,sub,mul,div,mod};
 int ( ** ppf)(int,int) = p_fun;      /* ppf 为一个指向函数指针的指针,数组名 p_fun 指向
                                         p_fun[0],即函数 add() */
 for(k = 0;k < 5;k++)  a[k] = op(i,j,ppf[k]);  /* 通过函数指针数组的各个元素调用不同的函
                                                   数,此处 ppf[k]当然也可写成 * (ppf + k) */
 for(k = 0;k < 5;k++)  printf("( %d): %d %c %d = %d\n",k + 1,i,s[k],j,a[k]);
}
```

程序运行情况如下:

```
(1):100+30=130
(2):100-30=70
(3):100*30=3000
(4):100/30=3
(5):100%30=10
Press any key to continue
```

说明:

(1) 函数 op()的第三个参数 pf 为函数指针。调用函数 op()时,传给 pf 不同的函数指针值,就可以实现调用不同的相应函数。

(2) 在 main()中,使用了函数指针数组 p_fun[5],数组中的每个元素都是函数指针。通过对数组的初始化,让数组中的每个元素 ppf[k](k=0,1,2,3,4,5)依次指向函数 add()、add()、sub()、mul()、div()和 mod()。

(3) 将 ppf[k](k=0,1,2,3,4,5)的值分别传递给函数 op()中的参数 pf,通过 pf(x,y)就可以实现不同的函数调用。

9.4.4 命令行参数

在执行 C 程序时,有时需要向程序传入一些信息。一般通过命令行向主函数 main()传递信息。命令行参数(变元)(command line argument)是操作系统命令行中执行程序名字之后的信息。

例如,在 UNIX 系统下编译 C 程序时,在提示符下输入类似下行的内容。

```
cc program_name
```

其中,program_name 是准备被编译的程序。程序名字 program_name 作为参数传给命令 cc(编译程序),这里的 program_name 就是命令行参数,cc 是执行的程序名。

类似地,C 源程序经编译、链接后生成了可执行的程序,如 D:\my\myprogram.exe。在执行程序时,允许向该程序传送参数,形式为:

```
D:\my>myprogram para1  para2 … paraN
```

其中,myprogram 为要执行的程序名,para1 para2 … paraN 为要传送给程序 myprogram 的参数,也就是上面所说的命令行参数,这些参数可以被程序所接收和使用,这样就大大增强了程序的灵活性和处理能力。

下面就说明一下命令行中的参数是如何传送给程序的,即如何被程序所接收的。

在 C 语言中,void main(int argc,char *argv[])中的两个参数就是用于接收运行程序时命令行传入的参数信息,这两个参数分别是 argc 和 argv。

argc 是整型变量,用于存放命令行中参数的总数(程序名也计算在内,因此,argc 的值最小为 1)。

形参 argv 是一个指针数组,指针数组中的每个元素(是一个指针)都分别指向相应的一个命令行变元(字符串)。即 argv[0]指向字符串"D:\my\myprogram",argv[1]指向字符串"para1",argv[2]指向字符串"para2",依此类推。这样,在程序中就可以通过 argv[0]、argv[1]等使用这些字符串参数了。

例 9-21 命令行参数及其使用。

```
#include<stdio.h>
#include<stdlib.h>

void main(int argc,char *argv[]){
  if(argc!=2){
    printf("You forgot to type a name or You typed too many names!\n");
    exit(1);
  }
  printf("该程序名为: %s\n",argv[0]);
  printf("Hello %s\n",argv[1]);
}
```

程序运行情况如下:

```
Microsoft Windows XP [版本 5.1.2600]
(C) 版权所有 1985-2001 Microsoft Corp.

C:\Documents and Settings\user>d:

D:\>test\myprogram Lihua
该程序名为: test\myprogram
Hello Lihua

D:\>
```

说明：

(1) 程序经过编译、链接后产生的可执行程序名为 myprogram，在命令行状态运行，如果不带一个参数或所带参数超过一个，则显示信息 You forgot to type a name or You typed too many names! 后退出；如果在程序后只带一个参数，则输出程序名，并 Hello 该字符串参数，如上面的程序运行情况所示。

(2) 在执行程序时，传递给程序的命令行参数个数（包括程序名本身）存储在 main()的整型参数 agrc 中，各个命令行的参数（字符串）分别存储在 main()中的指针数组参数 argv[]中。

(3) 这个例子只是简单演示了 C 程序中的 main()是如何接收并处理命令行参数的。读者可以举一反三，写出更为复杂的命令行参数使用程序。

9.5 多级间址

可以定义一个指针变量 ppoint，让它指向另外一个指针变量 point，这时称变量 ppoint 就是一个指向指针的指针变量。这种情况称为多级间接地址（multiple indirection），或称为指向指针的指针（pointers to pointers）。

例 9-22 多级间址。

```
#include <stdio.h>
void main(void){
  int x = 10;
  int * p = &x;                   /* 指针 p 指向 x */
  int * *q = &p;                  /* 指针 q 指向 p,即 q 是一个指向指针 p 的指针变量 */

  printf("p = %p\n",p);           /* 指针 p 的值(地址) */
  printf("x = %d\n", *p);         /* 通过指针 p 间接访问它所指向的整型 */

  printf("q = %p\n",q);           /* 指针 q 的值(地址) */
  printf(" *q = %p\n", *q);       /* 通过指针 q 间接访问它所指向的指针 p 的值(地址) */
  printf(" * *q = %d\n", *( *q)); /* 通过指针( *q)间接访问它所指的整型 */

    printf("&q = %p\n",&q);       /* q 所占用的存储空间地址 */
}
```

程序运行情况如下：

说明：

(1) 结果中，* q 的值和 p 的值相等，** q 的值、* p 的值和 x 的值相等。

(2) p 是一个指向整型变量 x 的指针变量(一级间址)，而 q 是一个指向指针的指针变量(二级间址)。

(3) x、p 和 q 之间的关系可以用图 9-5 示意。

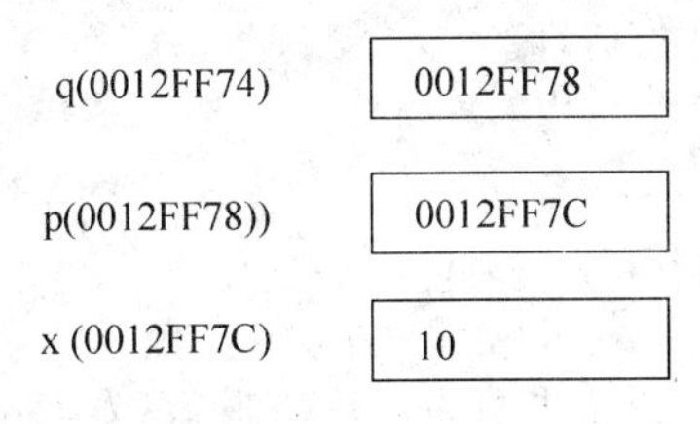

图 9-5　多级间址中变量的关系

(4) 语句 printf("&q=%p\n",&q);中的 &q 就是一个三级间址。用它表示变量 q 所占用的存储空间地址。即(&q)指向 q，q 指向 p，p 指向 x。

(5) 实际上，前面讲指针与数组之间的关系时，一维数组名就是一个指针(一级间址)，二维数组名就是一个指向一维数组的指针(二级间址)，即二维数组名就是一个指向指针的指针，依此类推。

(6) 另外，指针也可以指向数组(一维或二维等)，此时该指针就是多级间址。

例 9-23　指向一维数组的指针。

```
#include< stdio.h>
void main(void){
  int a[ ] = {1,2,3,4,5};
  int ( * p)[5];                     /* p是一个指向一维数组的指针，一维数组的长度为 5 */
  p = &a;                            /* p指向一维数组 a */
  printf(" % d\n", * ( * p + 2) );   /*   3   */
}
```

程序运行情况如下：

```
3
Press any key to continue
```

说明：

(1) 语句 int (* p)[5];声明 p 是一个指向一维数组的指针，而且所指向的一维数组长度为 5。所以，指针 p 实际上就是一个二级间址，即是一个指向指针的指针。

(2) 赋值语句 p=&a;使指针 p 指向一维数组 a。(* p)的值和 a 一样，它们都指向 a[0]，(* p+2)指向 a[2]，所以输出结果为 3。

(3) 实际上,二维数组名就是一个指向一维数组的指针。可以把上例添加代码如下,请大家自己思考程序的运行结果。

```
#include < stdio.h >
void main(void){
  int a[] = {1,2,3,4,5};
  int ( * p)[5];                /* p是一个指向一维数组的指针,一维数组的长度为 5 */
  p = &a;
  printf(" % d\n", * ( * p + 2) );   /*   3   */

  int b[2][5] = {{1,2,3,4,5},{6,7,8,9,0}};
  printf(" % d\n", * ( * (b + 1) + 2) ) ;      /*  输出? */
}
```

例 9-24 指向二维数组的指针。

```
#include < stdio.h >
void main(void){
  int a[][3] = {{1,2,3,},{21,22,23}};
  int ( * p)[2][3];          /* 定义了一个指向二维数组的指针 p ,所指向的二维数组的第一维
                                长度为 2,第二维长度为 3 */
  p = &a;                    /* 让 p 指向二维数组 a */
  printf(" % d\n", * ( * ( * p + 1) + 2 )  );   /* 通过指针 p 访问它所指向的二维数组的元素 */
}
```

程序运行的情况如下:

```
23
Press any key to continue
```

说明:

(1) 语句 int (* p)[2][3];声明了一个指向二维数组的指针变量 p,p 所指向的二维数组的二维长度分别为 2 和 3。本质上,p 指针指向了二维数组,所以它是一个指向二级指针的指针,即为三级间址。

(2) 语句 p=&a; 使指针 p 指向了二维数组 a,下面就可以通过指针 p 来访问它所指向的二维数组的各元素。表达式 * p 的值为 a,(* p+1)指向一维数组 a[1], * (* p+1)+2 指向二维数组元素 a[1][2],所以程序运行结果为 23。

所以,在涉及多级指针的问题上,某个表达式指针到底指向了什么,大家一定要抓住指针的基本概念,这是最重要的,也是理解指针的最根本方法。

9.6 void 指针与动态内存分配

1. void 指针

在 C 语言中,关键字 void 是“空”的意思,但 void * 指针的真正含义却是不确定类型的指针,在程序中常常理解为通用类型指针,即这样的指针可指向任何数据类型(基类型)。

声明 void * 指针的一般格式为:

```
void * 指针变量名;
```

例如:

```
void * p;
```

此时,由于p所指向的基类型是不确定的,也就无法确定指向的内存空间的单位大小,因此无法进行p++或p--等这样的指针算术运算。

为了能让void*指针操作所指向的内存空间,在实际应用中,还应通过强制类型转换将其指向的内存空间的单位大小确定下来。例如:

```
int x = 100;
void * p;
p = &x;                     /* 合法 */
printf(" %d\n", * ( (int * )p )  );    /* 注意其中的类型转换,否则会出错 */
```

代码(int*)p强制将指针变量p指向int,否则,上面的代码会出错。也就是说,(int*)p指向的内存的大小与变量x的内存空间大小相同,由于p指向x,因此*(int*)p就是对p所指向的变量x的引用。

请读者自己分析下面程序的功能和运行结果。

```
#include <stdio.h>
void main(void){
      int a[100], i, sum = 0;
      void * p = a;                /* 指针变量的初始化 */

      for(i = 0;i < 100;i++)
          ((int * )p)[i] = i + 1;   /* 通过强制类型转换使用p[i],访问数组的各元素 */

      for(i = 0;i < 100;i++){
          sum + = * (int * )p;      /* 通过强制类型转换使用*p  */
          p = (int * )p + 1;        /* 通过强制类型转换使p指向下一个元素   */
      }

        printf("sum = %d\n", sum);
}
```

另外,void*指针可以作为一个函数的形参,也可以作为函数的返回值。由于void*的特殊性,因此这样定义的函数更具有通用性。

如下面的函数swap()可以实现两个任意数据类型值的交换。

```
#include <stdio.h>
void swap(void* a,void * b, int size){
/* size用来确定不同数据类型所占用的存储空间的大小 */
  char temp;
  int i;
  for(i = 0;i < size;i++){            /* 通过逐个字节交换,实现两个数据的整体交换 */
      temp = * ((char * )a);
      * ((char * )a) = * ((char * )b);
      * ((char * )b) = temp;
      a = (char * )a + 1;
```

```
        b = (char * )b + 1;
    }
}
void main(void){
    char s1[20] = "abcdef",s2[20] = "12345678";
    int i = 10,j = 20;
    double x = 3.5,y = - 4.5;

    swap(s1,s2,sizeof(s1));        /* 两个字符串数据的交换 */
    printf("s1 = %s,s2 = %s\n",s1,s2);

    swap(&i,&j,sizeof(int));       /* 两个整型数据的交换 */
    printf("i = %d,j = %d\n",i,j);

    swap(&x,&y,sizeof(double));    /* 两个double类型数据的交换 */
    printf("x = %f,y = %f\n",x,y);
}
```

程序运行结果如下：

```
s1=12345678,s2=abcdef
i=20,j=10
x=-4.500000,y=3.500000
Press any key to continue
```

再看下面的程序，程序中调用了一个返回 void * 类型的函数。

```
#include <stdio.h>
#include <stdlib.h>
void * fun(void){
    int * p = (int * )malloc(sizeof(int));          /* 不能返回局部变量指针 */
    return p;
}
void main(void){
  int * p = (int * )fun();
  * p = 100;
  printf(" * p = %d\n", * p);                       /* 结果值为100 */
}
```

程序运行结果如下：

```
*p=100
Press any key to continue
```

2. 动态内存分配

指针为C的动态存储分配提供了必要的支持。动态分配(dynamic allocation)是程序在运行中取得内存的方法。全局变量是编译时分配的，局部变量使用栈空间，二者都不能在运行时增减。然而，程序运行中也可能需要数量可变的内存空间。这时，就需要通过C的动态分配系统，按需要量动态分配存储空间。

C动态分配函数从堆(heap，系统的自由内存区)中取得内存。堆中的自由内存量一般都很大。

C动态内存分配系统的核心由函数malloc()、calloc()、realloc()和free()等组成，其他几个动态分配函数不甚重要。这些函数协作，用自由内存区建立并维护一个可用内存表。使用这些函数的程序需要包含头文件stdlib.h(或malloc.h、alloc.h)。

(1) malloc()。

malloc()分配内存，free()释放内存。即发malloc()请求时，从剩余内存中分配一部分；发free()调用时归还之。

malloc()的原型是：

```
void * malloc( size_t  number_of_bytes);
```

其中，number_of_bytes是申请内存空间的字节数；size_t在stdlib.h中定义，一般是unsigned int；malloc()返回void型指针，表示可以赋给其他各类指针(重被赋值)。成功的malloc()调用返回指针，指向由堆中分得内存区的第一个字节。堆中内存不够时调用失败，返回NULL。NULL是一个预定义标识符，其含义是“(void *)0”，即空指针。size_t是unsigned int类型的别名。

例如：

```
int *p; p=(int*)malloc(sizeof(int));
```

使p获取一块动态分配的大小为sizeof(int)字节的内存空间。

再如：

```
int *p=(int*)malloc(sizeof(int)*100);
```

使p获取100个整型数据的内存空间，p的值为空间的首地址。

注意：malloc只管分配内存，并不能对所得到的内存进行初始化。

(2) calloc()。

与malloc()类似，calloc()也向系统申请分配一定字节的内存空间。只不过它有两个参数，第一个参数用来指定“内存单位”的个数，第二个参数用来指定每个“内存单位”的大小。

例如：

```
int *p=(int*)calloc(100,sizeof(int));
```

为p申请能存储100个整型的内存空间。而且，与malloc()不同，calloc()得到的内存中，其值会被初始化为0。

calloc()的原型是：

```
void * calloc(size_t nitems, size_t size);
```

(3) realloc()。

realloc()可以对给定的指针所指的空间进行扩大或缩小，无论扩大或缩小，原来内存中的内容将保持不变。当然，对于缩小，则被缩掉的那一部分的内容会丢失。注意，realloc()并不保证调整后的内存空间和原来的内存空间保持同一内存地址。

realloc()的原型是：

```
void * realloc(void* block,size_t size);
```

例如：

```
p = (int * )realloc(p, sizeof(int) * 150);
```

甚至，可以传一个空指针((void *)0 或 NULL)给 realloc()的第一个参数，则此时 reallco()的作用完全相当于 malloc()。

例如：

```
int * p = (int * )realloc(0, sizeof(int) * 10);
```

等价于

```
int * p = (int * )malloc(sizeof(int) * 10);
```

(4) free()。

free()用来释放由上述三个函数分配的内存空间。即分配的内存空间使用完毕后，必须及时释放，否则这些内存空间就一直被占用，直到计算机重启后才得到释放。

free()的原型是：

```
void free(void * block);
```

其中，block 指定的指针必须是由 malloc、calloc 和 realloc 分配内存而获得的有效指针。

例如：

```
int * p = (int * )malloc(sizeof(int));
* p = 100;
⋮
free(p);
```

值得注意的是，用 malloc、calloc 或 realloc 给指针变量分配一个有效指针后，必须先用 free 释放，才能再用 malloc、calloc 或 realloc 重新分配或改变指向，否则先前分配的内存空间因无法被程序所引用而变成一个无用的内存垃圾，直到重新启动计算机，该内存才会被收回。

例如：

```
int * p = malloc(sizeof(int));        /* A */
p = malloc(sizeof(int));              /* B: 虽能通过编译,但 A 分配的内存变成无用的了 */
free(p);                              /* 释放的是 B 分配的内存,A 分配的内存无法释放 */
```

另外，一旦 free(p)之后，指针 p 的指向可能是原来的值，也可能是其他的值，这取决于编译器对其处理的结果。正因为如此，从程序的健壮性来考虑，一定要在使用 free 后，将指针置为 0 或 NULL，这是一个良好的编程习惯。请分析下面程序的运行结果。

```
#include < stdio.h >
#include < stdlib.h >
void main(void){
  int * p = (int * )malloc(sizeof(int));
  * p = 100;

  free(p);
```

```
  printf("%d\n",*p);                /* 结果可能是无法预测的 */
}
```

```
*p=-572662307
Press any key to continue
```

例 9-25 动态内存分配及其使用。

```
#include<stdio.h>
#include<stdlib.h>
void main(void){
  int *p;
  p=(int*)malloc(sizeof(int));          /* 动态获取内存地址 */
  scanf("%d",p);                        /* 使用动态内存地址 */
  printf("%d\n",*p);                    /* 使用动态内存地址 */
  free(p);                              /* 释放动态获得的内存地址 */
}
```

程序运行情况如下：

```
15
15
Press any key to continue
```

说明：

(1) 通过动态内存分配给指针变量 p 赋值，p 的值即为动态分配的内存地址(首地址)。使用完毕后，应及时释放该内存地址。

(2) 动态内存分配提供了一种对指针变量初始化的方法。例子中，语句 int * p；定义了一个指针变量 p，在没有给 p 赋值之前，称其为“无所指”，此时不能使用它。而让指针 p 有所指的方法之一，可以通过动态内存分配的方法，让 p 有确定的值(地址)，即让它有所指。

(3) malloc(sizeof(int))中的表达式 sizeof(int)是为了提高代码的可移植性。所需要的存储空间大小(字节数)由表达式 sizeof(int)来获得，不依赖于具体的机器和平台。

例 9-26 动态一维数组的产生与使用。

```
#include<stdio.h>
#include<stdlib.h>
#define N 5
void main(void){
 int *Array1D,i;
 Array1D=(int*)malloc(N*sizeof(int));      /* 产生动态一维数组 ArrayiD,长度为 5 */
                                            /* 相当于静态一维数组 int ArrayiD[N] */
 for(i=0;i<N;i++)  Array1D[i]=i+1;         /* 使用动态数组 */

 printf("\nThe Array1D:\n");
 printf("The address of elements:\n");
 for(i=0;i<N;i++)  printf("%p\n",Array1D+i);   /* 输出动态数组中各元素的地址 */

 printf("\n\nThe contents of elements:\n");
 for(i=0;i<N;i++)  printf("%-3d",Array1D[i]);   /* 输出动态数组中各元素的值 */
 free(Array1D);  /* 释放动态一维数组 Array1D 所占用的存储空间 */
}
```

程序运行情况如下：

```
The Array1D:
The address of elements:
00431EA0
00431EA4
00431EA8
00431EAC
00431EB0


The contents of elements:
1  2  3  4  5  Press any key to continue
```

说明：

(1) 动态一维数组的数组名 Array1D 是一个指向整型的指针，通过调用函数 malloc() 获取值，函数的参数指定了所产生的动态数组的长度。此时，Array1D 就是动态数组的数组名，以后对它的访问方法，完全等同于一般的静态数组。

(2) 从程序运行结果可以看出，产生的动态数组各个元素所占用的存储首地址呈连续等差分布，它们之间相差一个 int 类型数据所占用的空间大小(sizeof(int)字节)。

例 9-27 动态二维数组的产生与使用。

```
#include<stdio.h>
#include<stdlib.h>

#define M 3
#define N 5

void main(void){
  int (*Array2D)[N],i,j;              /* 要产生的动态二维数组名 Array2D */
  Array2D=(int(*)[N])malloc(M*sizeof(int[N]));  /* 产生动态二维数组 Array2D */
                                      /* 相当于对应的静态二维数组 Array2D[M][N] */

  for(i=0;i<M;i++)
    for(j=0;j<N;j++)
      Array2D[i][j]=i*10+j;   /* 使用动态二维数组 Array2D */
  printf("\nArray2D:\n");
  for(i=0;i<M;i++){
    for(j=0;j<N;j++)
      printf("%-5d",Array2D[i][j]);
    printf("\n");          /* 按行输出二维数组中的各元素 */
  }
  free(Array2D);           /* 释放动态二维数组 Array2D 所占用的存储空间 */
}
```

程序的运行情况如下：

```
Array2D:
0    1    2    3    4
10   11   12   13   14
20   21   22   23   24
Press any key to continue
```

说明：

(1) 为了产生所要求的动态二维数组 Array2D，声明 Array2D 是一个指向一维数组的指针：int (* Array2D)[N]；。因为要产生的动态二维数组名就是一个指向一维数组的指针，所指向的一维数组的长度为 N。

(2) 与一维动态数组类似，二维动态数组所需要的存储空间的获取通过调用函数 malloc()来实现，但二维空间的申请要比一维复杂得多，请大家注意写法。

(3) 得到动态二维数组后，该二维数组的使用方法类似于一般的静态数组。

(4) 采用类似的方法，可以产生三维动态数组等，但是，对二维以上的多维动态数组的使用较少，一般不建议使用。

以上给大家说明了动态内存的分配方法。实际上，动态内存在分配之后，还可以做一些更为复杂的操作，如动态内存的调整(增加或减少)等，这些操作需要用到一些与 malloc()相类似的其他动态分配函数，如 alloca()、calloc()和 realloc()等，这些函数定义在<malloc.h>和<stdlib.h>中，请大家参阅有关书籍，这里不再展开讨论。

9.7 指针小结

指针是 C 语言程序设计中很重要的一部分内容，也是学习数据结构等课程的重要基础(通过指针和其他结构的联合，可以构造许多复杂的数据结构类型)，同时也是学习 C 语言程序设计的难点所在，这主要是因为指针本身的概念不是很直观，指针的不当使用会造成系统异常或机器死机等，而且指针与数组、函数等的关系都非常紧密又灵活、难以掌握，特别是对初学者。

但是，我们认为，不管指针多么复杂难懂，最关键的地方在于读者一定要牢牢建立起指针的基本概念，即所谓“万变不离其宗”。在基本概念清楚的前提下，逐步认识和理解指针与数组、函数、字符串等的紧密关系，掌握通过指针使用数组元素的方法、使用指针作为函数的参数、通过指针灵活使用字符串等，这些都是本章的重点内容。另外，要理解并逐步掌握通过指针和动态内存分配的方法使用常见的动态一维和二维数组的方法。

另外，通过学习后面章节(结构体)中的链表，通过对链表各种操作的具体实现，也可以大大加强对指针的理解和巩固。同时，这章内容的学习和理解，需要大量的阅读程序和上机练习，希望读者能通过阅读例题、自己上机训练以及习题的完成等，能举一反三，理解并掌握好 C 语言程序设计中最难的指针部分的内容。

习题

1. 简述指针变量的基本概念，并用实例来说明。

2. 若有定义：int a=10; int * p=&a;，请说明表达式 p、* p 和 &p 的含义。

3. 若 int a[]={1,2,3,4,5};int * pa=a+1;，分别给出表达式 * pa、pa[1]、* (pa+2)和 pa[-1]的值。

4. 若 int a[2][3]={1,2,3,4,5,6}; int * p=a[1];，说明表达式 p[2]、(* (a+0))[1]和

(a[1]+1)的含义。

5. 给出下面程序的输出结果。

```
#include <stdio.h>
void main(void){
 int  a[2][5] = {1,2,3,4,5,6,7,8,9,10}, * p;
 for(p = a[0] + 9;p >= a[0];p-- )
  printf(" %d ", * p);
}
```

6. 给出下面程序的输出结果。

```
#include <stdio.h>
void main(void){
  int  a[2][5] = {1,2,3,4,5,6,7,8,9,10},( * p)[5],i,j;
  p = a;

  for(i = 0;i < 2;i++)
   for(j = 0;j < 5;j++)
      printf(" %d ", * ( * (p + i) + j));
}
```

7. 给出下面程序的输出结果。

```
#include <stdio.h>
char * strchr(char * str,char ch){
 while(( * str!= ch)&&( * str!= '\0')) str++;
 if( * str == ch) return str;
 else return NULL;
}
void main(void){
  char * string = "Huaqiao University";
  char ch = 'U';

  char * pc = strchr(string,ch);
  printf("The position of the ch is %d\n",pc - string + 1);
  printf("Substring is %s\n",pc);
}
```

8. 说明指向函数的指针的含义,并自己设计程序实例使用它。

9. 说明指针数组的含义,并自己设计程序实例测试。

10. 分析下面程序的输出结果。

```
#include< stdio.h>
#include< stdlib.h>
#include< string.h>
void main(int argc,char * argv[]){
  if(argc!= 3){
      printf("You should type two strings\n");
      exit(1);
  }
```

```
    printf("The result string is %s\n",strcat(argv[1],argv[2]));
}
```

11. 输入 5 个字符串，将它们存储在一个字符指针数组中，按从小到大的顺序排序输出。

12. 编写函数 int length(char *str)，返回字符串 str 的长度。

13. 编写函数 char* Substr(const char *str, int start,int length)，实现求字符串 str 的一个子串，它是 str 中第 start 个字符开始的长度为 length 的子串。

14. 将题 11 改用指向指针的指针方法实现。

15. 编写程序分别使用动态一维数组和动态二维数组。

第10章 编译预处理

基本内容

- #define 预处理编译指令;
- #include 预处理编译指令;
- #if、#elif、#else 和 #endif 预处理编译指令;
- #ifdef 和 #ifndef 预处理编译指令;
- #undef 预处理编译指令。

重点内容

- #define 预处理编译指令;
- #include 预处理编译指令;
- #if、#elif、#else 和 #endif 预处理编译指令。

所有的 C 编译程序都提供了预处理程序。编译 C 程序时,程序首先由编译程序中的预处理程序进行处理。在大多数 C 编译程序中,预处理程序都被集成到编译程序中。当运行编译程序时,它将自动运行预处理程序。

预处理程序根据源代码中的指令(预处理编译指令)对源代码进行修改。预处理器输出修改后的源代码文件,然后该输出被用作下一个编译步骤的输入。通常看不到这样的文件,因为编译器使用完毕后将把它删除。

预处理指令都以符号“#”打头。预处理指令有许多非常有用的功能,例如宏定义、条件编译、在源代码中插入预定义的环境变量、打开或关闭某个编译选项等。对使用 C 语言的程序员来说,深入了解预处理指令的各种特征也是编写高效程序的关键之一。

10.1 C 预处理程序

按照 ANSI 标准的定义,C 预处理程序应处理如下指令:

```
#if
#ifdef
#ifndef
#else
#elif
#define
#undef
```

```
#line
#error
#pragma
```

显然，所有的预处理指令都以“#”开始。而且，每条预处理指令必须独占一行。例如：

```
#include<stdio.h>  #include<stdlib.h>
```

是错误的。

下面只介绍一些最常用的指令，其他指令的使用，请大家需要时参考有关书籍。

10.2 #define

#define指令定义一个标记符和一个串，在源程序中发现该标记符时，都用该串替换。ANSI标准中称这种标记符为宏名字（macro name），称相应的替换为宏替换（macro substitution）。这种指令的一般形式为：

```
#define 宏名 串
```

这种语句不用分号结尾。宏名字与串之间可以有多个空白符，但串开始后只能以新行符（newline）结尾。例如：

```
#define TRUE 1
#define FALSE 0
printf("%d %d %d\n",FALSE,TRUE,TRUE+1);     /* 显示 0 1 2 */
```

说明：

(1) 宏定义之后，编译程序将程序中的TRUE和FALSE都替换为1和0。所以显示结果为0 1 2。

(2) 定义一个宏名字之后，可以在其他宏定义中使用它。例如：

```
#define ONE 1
#define TWO ONE+1
#define THREE ONE+TWO
```

例 10-1 宏定义及其使用。

```
#include<stdio.h>
#define MESSAGE "You are right!\n"
#define LONG_STRING "This is a very long string\
that is used as a example\n"
#define ABS(a) (a)<0?-(a):(a)
void main(void){
  printf(MESSAGE);           /* 输出：You are right! */
  printf("MESSAGE\n");       /* 输出：MESSAGE */
  printf(LONG_STRING);       /* 输出：This is a very long string that is used as an example */

  printf("abs of -1 and 1 : %d %d\n",ABS(-1),ABS(1));
}
```

程序运行情况如下：

```
You are right!
MESSAGE
This is a very long string that is used as a example
abs of -1 and 1 : 1 1
Press any key to continue
```

说明：

(1) 遇到标识符 MESSAGE 时，编译程序用串"You are right! \n"替换，等价于 printf("You are right! \n");。

(2) 如果标记符用引号(")括起来，则不发生替换。

(3) 如果串长于一行，可在行尾用反斜线"\"进行续行。

(4) #define 指令还有一个重要功能：宏名字可以有变元。每当遇到宏名字时，与之有关的变元都由程序中的实际变元替换，如上例中的#define ABS(a) (a)<0? －(a):(a)。但要注意，#define ABS(a) (a)<0? －(a):(a)中变元 a 两边的括号是不能少的，否则会产生非预期结果。例如：

```
#define ABS(a)   a < 0? - a:a
printf("abs of (10 - 20): % d\n",ABS(10 - 20));
```

ABS(10－20)替换为 10－20<0? －10－20:10－20，则输出结果为－30。

10.3 #include

程序中的#include 指令要求编译程序读入另一个源文件。被读入文件的名字必须由双引号(")或一对尖括号(<>)括起来。例如：

```
#include"stdio.h"
```

或

```
#include < stdio.h>
```

都令编译程序读入并编译用于 I/O 函数处理的包含文件 stdio.h。

说明：

(1) 包含文件中还可以包含其他文件，称为嵌套包含(nested includes)。允许的最大嵌套深度随编译程序而变。

(2) 用尖括号括起头文件时，搜索头文件要按编译程序的预先定义进行，一般只搜索某些专门放置包含头文件的特殊目录。当头文件用双引号包围时，搜索按编译程序实现时的规定进行，一般指搜索当前目录，如未发现头文件，则再按尖括号包围时的办法重新搜索。

10.4 条件编译指令

若干编译指令允许程序员有选择地编译程序的不同部分，这种过程称为条件编译(conditional compilation)，广泛用于提供多版本程序的软件生产者。

10.4.1 #if、#else、#elif 和 #endif

#if 的一般形式为：

```
#if 常量表达式
    代码块
#endif
```

#if 后的常量表达式为真时，#if 和 #endif 之间的代码块被编译，否则忽略该代码块。#endif 标记 #if 块的结束。

例 10-2 编译指令 #if 的使用。

```
#include <stdio.h>
#define MAX 100
void main(void){
  #if MAX>90
    printf("Example for #if\n");
  #endif
}
```

程序运行情况如下：

```
Example for #if
Press any key to continue
```

说明：

(1) 因为常量表达式为真，所以 printf()被编译。

(2) #if 后面的表达式在编译时求值，因此只能包括常数和已经定义的宏名字，不能使用变量。

(3) #else 指令的作用与 C 语言条件分支语句中的 else 类似，是建立 #if 失败时的备选。如上例可以扩充如下：

```
#include <stdio.h>
#define MAX 10
void main(void){
  #if MAX>90
    printf("Example for #if\n");
  #else
    printf("Example for #else\n");              /*  显示该信息 */
  #endif
}
```

程序运行情况如下：

```
Example for #else
Press any key to continue
```

说明：

(1) #if 后的常量表达式为假，所以 #else 后的代码块被编译。

(2) #else 既标记 #if 块的结束，也标记 #else 块的开始，每个 #if 只能与一个 #endif

匹配。

#elif 指令的一般形式为：

```
#if 表达式
    代码块
#elif 表达式 1
    代码块 1
#elif 表达式 2
    代码块 2
⋮
#elif 表达式 N
    代码块 N
#endif
```

(3) #elif 指令的含义是“否则，如果”，它为多重选择建立一条 if-else-if 链。如果 #if 表达式为真，该代码块被编译，此时就不再测试其他 #elif 表达式；否则，序列中的下一块被测试，如成功则编译。例如：

```
#define US 0
#define ENGLAND 1
#defiine RRANCE 2
#define ACTIVE_COUNTRY US

#if ACTIVE_COUNTRY == US
    char currency[ ] = "dollar";                    /* 被编译 */
#elif ACTIVE_COUNTRY == ENGLAND
    char currency[ ] = "pound";
#else
    char currency[ ] = "franc";
#endif
```

(4) #if 和 #elif 也可以嵌套，最大嵌套深度随编译程序而变。与 C 语言中条件分支语句 if-else 嵌套中的 else 与 if 的对应关系类似，要注意嵌套链中 #if 与 #endif、#if 与 #else、#if 与 #elif 的对应关系。

10.4.2 #ifdef 和 #ifndef

条件编译的另一个方法是使用编译指令 #ifdef 和 #ifndef，分别表示“如果已定义”和“如果未定义”。

#ifdef 的一般形式为：

```
#ifdef 宏名字
    代码块
#endif
```

其含义为：如果前面已经在一个 #define 指令中定义了宏名字，则编译代码块。类似地，#dendef 的一般形式为：

```
#ifndef 宏名字
    代码块
```

```
#endif
```

其含义为：如果宏名字还未被一个#define指令定义，则编译其中的代码块。

注意：#ifdef和#ifndef都可以使用#else，但不能用#elif。

例 10-3 编译指令#ifdef和#ifndef的使用。

```
#include"stdio.h"
#define TED 10
void main(void){
  #ifdef TED                                    /* 已定义宏 TED */
      printf("Hi Ted\n");                       /* 被编译 */
  #else
      printf("Hi anyone\n");
  #endif
  #ifndef RALPH                                 /* 未曾定义宏 RALPH */
      printf("RALPH not defined\n");            /* 被编译 */
  #endif
}
```

程序运行情况如下：

```
Hi Ted
RALPH not defined
Press any key to continue
```

说明：

(1) 因为已经在#define编译命令中定义了宏TED，所以语句printf("Hi Ted\n");被编译；因为未曾在#define中定义宏RALPH，所以语句printf("RALPH not defined\n");* 被编译。

(2) #ifdef和#ifndef的嵌套情况与#if相同。

10.5 #undef

#undef指令的一般形式为：

```
#undef 宏名字
```

其作用是删除前面定义的宏名字，主要用于使宏名字局部化，使其仅局部于需要这类宏名字的代码段。

例 10-4 编译指令#undef的使用。

```
#include"stdio.h"
#define NAME "Tsinghua Uni.\n"                  /* 定义了宏 NAME */
void main(void){
  #ifdef NAME
    printf(NAME);                               /* 参加编译 */
  #endif

  #undef NAME                                   /* 取消了宏 NAME 的定义 */
  #ifndef NAME                                  /* 没有定义宏 NAME */
```

```
    printf("NAME doesn\'t mean \"Tsinghua Uni.\"\n");    /* 参加编译 */
  #endif
}
```

程序运行情况如下：

```
Tsinghua Uni.
NAME doesn't mean "Tsinghua Uni."
Press any key to continue
```

说明：

因为开始时已经定义了宏 NAME，所以输出宏 NAME 所代表的串；后面取消了宏 NAME 的定义，所以输出 NAME doesn't mean "Tsinghua Uni."。

10.6 小结

C 程序员可以在 C 源程序中插入传给编译程序的各种指令。这些被称为预处理器指令的内容实际上不是 C 语言的组成部分，但它们扩充了 C 程序设计环境，主要使用在对源程序代码进行调试的过程中。

在本章中只介绍一些最常用的指令，主要是让读者认识和理解这种编译预处理指令的使用方法和主要作用，对于其他编译预处理指令的使用，与这些预处理指令类似，读者需要时，可以参考有关书籍或参考手册。

习题

1. #define 指令定义一个标记符和一个串，在源程序中发现该标记符时，都用该串替换。使用#define 指令定义圆周率标记符 PI，编写程序输入圆的半径，计算圆的周长和面积并输出。

2. 分析下面程序的运行结果。

```
#include < stdio.h>
#define R 5.0
#define PI 3.14
#define CIRCLE PI * R * 2
#define AREA PI * R * R

void main(void){
 printf("Circle = %f, Area = %f\n",CIRCLE,AREA);
}
```

3. 写出下面程序的运行结果。

```
#include < stdio.h>
#define R 1.0 + 2.0

void main(void){
   double result = R * R;
```

```
    printf("result = %f\n",result);
}
```

4. 写出下面程序的运行结果。

```
#include<stdio.h>
#define PI 3.14
#define S(r) PI*r*r

void main(void){
    double r1 = 1.0,r2 = 2.0;
    double Aera1 = S(r1 + r2);
    printf("Area = %f\n",Aera1);
}
```

5. 程序由以下文件 file1.c 和 file2.c 组成，分析程序运行的结果。

```
/* 文件 file1.c 的内容 */
#include"D:\\test\\file2.c"
#include<stdio.h>
void main(void){
    Output();
    A++;
    printf("In file1:A = %d\n",A);
}
```

```
/* 文件 file2.c 的内容 */
#include<stdio.h>
static int A = 10;
void Output(void){
    printf("In file2:A = %d\n",A);
}
```

6. 写出下面程序的运行结果。

```
#include<stdio.h>
#define LETTER 1

void main(void){
    char str[20] = "I love Beijing",c;
    int i = 0;
    #undef LETTER

    while((c = str[i++])!= '\0'){
   #if LETTER
     if(c>= 'a'&&c<= 'z') c-= 32;
       #else
         if(c>= 'A'&&c<= 'A') c+= 32;
       #endif
     printf("%c",c);
     }
}
```

7. 给出以下程序的运行结果，分析其中编译预处理指令的作用。

```
/* 文件 my.h 的内容 */
#if defined (my_h)
/* the file has been included already */
#else #define my_h
void Hello(void){
    printf("Hello everybody!\n");
}
#endif
```

```
/* 文件 mymain.c 的内容 */
#include<stdio.h>
#include"D:\\test\\my.h"
void main(void){
    printf("This is a test.\n");
    Hello();
}
```

第11章 结构体、共用体、枚举类型

11.1 结构体

在实际应用中,只使用C语言提供的简单数据类型并不能满足编写程序的需要。例如,在登记职工信息的时候,一个职工的信息不是一种数据类型所能描述的,它需要用到各种数据类型的组合。比如:职工姓名,需要字符型数组;职工号,需要整型变量;职工性别,需要字符型变量;年龄,需要整型变量;工资,需要单精度实型变量。为使编写的程序简明易懂,C语言提供了结构体这样的构造数据类型。

11.1.1 结构体定义

结构是一种构造类型,每一个结构体类型都是由几个结构体成员组成的。在说明和使用之前,必须事先定义结构体。

一般结构体的定义:

```
struct 结构体名{

    类型说明符 成员 1;
    类型说明符 成员 2;
    ⋮
    类型说明符 成员 n;
}
```

其中,struct是结构体声明的关键字,每一个成员都是该结构体的一个组成部分。每一个成员也必须有对应的类型说明(成员的数据类型为C语言所允许的合法数据类型或者是已经定义过的用户自定义类型)。任何合法的标识符都可以作为成员的命名。

结构体定义举例:

```
struct employee{
    int EId;
    char name[20];
    char tel[12];
    float salary;
}
```

在这个例子中,结构体类型名为employee,结构体由4个成员组成。第一个成员是基本整型变量,成员名为 EId;第二个成员为字符型数组,成员名为 name;第三个成员为字符型数组名,成员名为 tel;第四个成员为单精度实型变量,成员名为 salary。

employee 为一个结构体类型,其中包含有 4 个成员:

EId	name	Tel	float

11.1.2 声明结构体变量

(1) 先定义结构类型,再声明变量。

以上面已经定义过的结构体 employee 为例:

```
struct employee{
    int EId;
    char name[20];
    char tel[12];
    float salary;
}
struct employee emp1,emp2;
```

emp1 和 emp2 就被声明为 employee 结构体类型的结构体变量了。

(2) 在定义结构体类型的同时声明结构体变量。

此种方法的一般形式为:

```
struct 结构名{
    类型说明符 成员 1;
    类型说明符 成员 2;
    ⋮
    类型说明符 成员 n;
}结构体变量名列表;
```

例如:

```
struct employee{
    int EId;
    char name[20];
    char tel[12];
    float salary;
}emp1,emp2;
```

(3) 直接声明结构体变量。

此种方法的一般形式为:

```
struct{
    类型说明符 成员 1;
    类型说明符 成员 2;
    ⋮
    类型说明符 成员 n;
}结构体变量名列表;
```

例如：

```
struct{
    int EId;
    char name[20];
    char tel[12];
    float salary;
}emp1,emp2;
```

此种方法与第二种方法之间的差别就在于此种方法省略了结构体类型名（无名结构类型），直接给出了结构体变量。emp1 和 emp2 具有相同的结构体成员结构。这种声明结构体变量的方法只能一次性地声明所有的结构体变量。比如，在声明 emp1 和 emp2 之后，如果还要用到结构体类型的变量 emp3，就不能再声明了，只能把 emp3 添加到上面声明 emp1 和 emp2 之后。

11.1.3 结构体成员为结构体的情况

结构体中的结构体成员可以是简单数据类型，也可以是另外的一个结构体类型，这称为结构体类型的嵌套定义。例如，在 employee 结构类型中，除了关心 EId、name、tel 和 salary 外，如果还想知道某员工进入公司的日期，可以设计一个日期结构体类型：

```
struct date{
    int year;
    int month;
    int day;
}
```

在这个结构体类型中存在 3 个成员，可以使用这样的结构体类型来声明结构体变量。在程序编写的时候，使用这样的变量来存储年、月与日。

定义完了 date 结构体类型后，可以在 employee 结构体类型中加入 date 成员。例如：

```
struct employee{
    int EId;
    char name[20];
    char tel[12];
    struct date beInDate;
    float salary;
}
```

如此，即在定义结构体类型 employee 的时候，使用了另外一个结构体类型 date 来作为结构体 employee 的一个成员。此时，结构体 employee 有 5 个成员：

EId	name	tel	beInDate	salary

而其中结构体 beInDate 又有 3 个成员：

Year	month	day

于是，实际上 employee 中的结构是这样的：

<table>
<tr><td rowspan="2">EId</td><td rowspan="2">Name</td><td rowspan="2">tel</td><td colspan="3">beInDate</td><td rowspan="2">salary</td></tr>
<tr><td>year</td><td>month</td><td>day</td></tr>
</table>

在定义完了这样有嵌套存在的结构体类型名之后，相对应的结构体变量的声明方法同上。

11.1.4 结构体变量的初始化

结构体变量的初始值可以在结构体变量定义的时候赋予，这称为结构体变量的初始化。例如：

```
struct employee{
            int EId;
            char name[20];
            char tel[12];
            float salary;
    }emp1 = {2015,"John","0595576723",5000.0};
```

而当结构体类型中有结构体成员为结构体的时候，则需要将结构体成员为结构体的那个结构体变量用大括号括起来。例如：

```
struct employee{
        int EId;
        char name[20];
        char tel[12];
        struct date beInDate;
        float salary;
}emp2 = {2015,"John","0595576723",{2005,1,20},5000.0};
```

一个结构体变量所占内存空间大小，实际上就是这个结构体变量的所有成员所占空间的总和。如，emp1 有 4 个成员，分别为 int 型的 EId，占 2 字节；字符数组 name，占 20 字节；字符数组 tel，占 10 字节；float 型的 salary，占 4 字节。于是，emp1 总共占用 36 字节。

<table>
<tr><td colspan="2">EId</td><td colspan="20">name</td><td colspan="10">tel</td><td colspan="4">salary</td></tr>
<tr><td></td><td></td><td></td><td></td><td></td><td></td><td></td><td></td><td></td><td></td><td></td><td></td><td></td><td></td><td></td><td></td><td></td><td></td><td></td><td></td><td></td><td></td><td></td><td></td><td></td><td></td><td></td><td></td><td></td><td></td><td></td><td></td><td></td><td></td><td></td><td></td></tr>
</table>

emp2 有 5 个成员，分别为 int 型的 EId，占 2 字节；字符数组 name，占 20 字节；字符数组 tel，占 10 字节；struct date 型的 beInDate，float 型的 salary，占 4 字节。而 beInDate 由 3 个整型变量的成员组成，所以 beInDate 占 6 字节。于是，emp2 总共占 42 字节。

可以使用 sizeof()计算结构体变量占有几个字节。例如：

```
sizeof(emp2);
```

使用 sizeof()还可以用来计算某个结构体类型占几个字节。例如：

```
sizeof(struct employee);
```

11.1.5 结构体成员的表示

在程序中定义了结构体类型,声明了结构体变量之后,如果要使用结构体变量的成员,应该使用"."操作符。而对结构体的各种使用,实际上也是通过对成员的各种运算来实现的。

结构体成员表示的一般形式为:

结构体变量.结构体成员名

例如:emp1.EId 表示 emp1 结构体变量的 EId 成员。

如果结构体变量的成员为另外一个结构体的情况,需要首先使用"."操作符求得作为成员的结构体变量,再对这个求出来的结构体变量使用"."操作符求得。

例如:

emp2.beInDate 求得结构体类型为 date 的 beInDate 成员,再对这个成员使用".",即得:

emp2.beInDate.year 表示入职的年份。

11.1.6 结构体变量的引用、赋值、输入和输出

结构体成员被引用出来后,与描述它的类型说明符所对应的变量的用法是一致的。

例 11-1 打印出一个 employee(员工)信息,他的 Eid 为 2015,name(姓名)为 John,tel(电话号码)为 0595576723,salary(工资)为 5000 元。

```
#include <stdio.h>
void main(void){
    struct employee{      /* 结构体类型 employee 的定义也可以放在 main()之前 */
            int EId;
            char name[20];
            char tel[12];
            float salary;
    }emp1 = {2015,"John","0595576723",5000.0};
    printf("Eid\tname\ttel\t\tsalary\n");
    printf("%d\t%s\t%s\t%.2f\n",emp1.EId,emp1.name,emp1.tel,emp1.salary);
}
```

运行结果如下:

```
Eid     name    tel             salary
2015    John    0595576723      5000.00
```

这个例子中,emp1 的 EId、name、tel、salary 成员均被打印出来。经过观察发现,格式控制符分别为%d、%s、%s 和%.2f。这些格式控制符与 emp1 的 4 个成员的类型说明符是相一致的。

例 11-2 结构体成员的赋值操作。输入一个新员工的员工号、姓名、电话号码。这个新员工的工资和原来的员工 John 的工资一样。

```
#include <stdio.h>
void main(void){
    struct employee{
            int EId;
            char name[20];
            char tel[12];
            float salary;
    }newEmp,emp1 = {2015,"John","0595576723",5000.0};

    printf("input a new Employee:\n");
    printf("Eid:");
    scanf("%d",&newEmp.EId);
    printf("name:");
    scanf("%s",newEmp.name);
    printf("Tel:");
    scanf("%s",newEmp.tel);
    newEmp.salary = emp1.salary;

    printf("New Employee's detail:\n");
    printf("Eid\tname\ttel\t\tsalary\n");
    printf("%d\t%s\t%s\t%.2f\n", newEmp.EId, newEmp.name, newEmp.tel, newEmp.salary);
}
```

在这个程序中，使用了键盘输入语句 scanf 对新员工的各种信息进行输入。使用赋值语句，对新员工的 salary 成员赋值。

运行结果如下：

```
input a new Employee:
Eid:2073
name:Rose
Tel:0595765423
New Employee's detail:
Eid     name    tel             salary
2073    Rose    0595765423      5000.00
_
```

结构体成员能够进行赋值运算，结构体变量也是可以进行赋值运算的。

例 11-3 将上例中新员工信息复制到 emp2 中。

```
#include <stdio.h>
void main(void){
    struct employee{
            int EId;
            char name[20];
            char tel[12];
            float salary;
    }newEmp,emp1 = {2015,"John","0595576723",5000.0},emp2;

    printf("input a new Employee:\n");
    printf("Eid:");
    scanf("%d",&newEmp.EId);
    printf("name:");
    scanf("%s",newEmp.name);
    printf("Tel:");
```

```
    scanf("%s",newEmp.tel);
    newEmp.salary = emp1.salary;

    emp2 = newEmp;

    printf("emp2's detail:\n");
    printf("Eid\tname\ttel\t\tsalary\n");
    printf("%d\t%s\t%s\t%.2f\n",emp2.EId, emp2.name, emp2.tel, emp2.salary);
}
```

运行结果如下：

```
input a new Employee:
Eid:2073
name:Rose
Tel:0595765423
emp2's detail:
Eid     name    tel             salary
2073    Rose    0595765423      5000.00
_
```

11.2 结构体数组

结构体类型的变量也可以组成数组。与基本变量类型的数组的元素一样，结构体数组的每一个元素具有相同的数组名，不同的下标号。可以使用数组存放具有关联的结构体变量，如存放职工信息表。

11.2.1 结构体数组的定义

当程序中已经定义了结构体类型，与声明结构体变量的方法一样，C也提供了 3 种结构体变量数组的定义方式。

(1) 先定义结构，再声明变量数组。

以上面已经定义过的结构体 employee 为例：

```
struct employee{
    int EId;
    char name[20];
    char tel[12];
    float salary;
}
struct employee emp[10];
```

emp 就被声明为 employee 结构体类型的结构体变量数组了。

(2) 在定义结构体类型的同时声明结构体变量数组。

此种方法的一般形式为：

```
struct 结构名{
    类型说明符 成员 1;
    类型说明符 成员 2;
    ⋮
    类型说明符 成员 n;
```

```
}结构体数组名[数组的长度];
```

例如：

```
struct employee{
    int EId;
    char name[20];
    char tel[12];
    float salary;
}emp[10];        /* 定义了一个长度为10的结构体类型的数组 emp */
```

(3) 直接声明结构体变量数组。

```
struct{
      int EId;
      char name[20];
      char tel[12];
      float salary;
}emp[10];
```

11.2.2 结构体变量数组的初始化

当定义出结构体数组后，可以对数组进行初始化赋值。

```
struct employee{
    int EId;
    char name[20];
    char tel[12];
    float salary;
}emp[10] = {{2015,"John","0595576723",5000.0},
            {2016,"Mike","0595576724",5000.0},
            {2017,"Smith","0595576323",7000.0},
            {2018,"Zoe","0595873291",4000.0},
            {2019,"Evon","0595356723",2500.0},
            {2020,"Svon","0595579757",7000.0},
            {2021,"Hiro","0595579871",8000.0},
            {2022,"Nulin","0595578659",5000.0},
            {2023,"Bacon","0595576812",5000.0},
            {2024,"John","0595965788",5000.0}
            };
```

与基本数据类型变量一样，当对数组中的所有元素初始化时，可以省略数组长度。

```
struct employee{
    int EId;
    char name[20];
    char tel[12];
    float salary;
}emp[] = {{2015,"John","0595576723",5000.0},
          {2016,"Mike","0595576724",5000.0},
          {2017,"Smith","0595576323",7000.0},
          {2018,"Zoe","0595873291",4000.0},
```

```
        {2019,"Evon","0595356723",2500.0},
        {2020,"Svon","0595579757",7000.0},
        {2021,"Hiro","0595579871",8000.0},
        {2022,"Nulin","0595578659",5000.0},
        {2023,"Bacon","0595576812",5000.0},
        {2024,"John","0595965788",5000.0}
        };
```

在程序中使用结构体数组,实际上是使用结构体数组元素(每个元素都是结构体类型),而对数组元素的访问又是通过使用元素的各个成员实现的,具体如何使用成员,取决于该成员的数据类型。

例 11-4 找到公司中月薪最高的一个人的名字。

```
#include <stdio.h>
void main(void){
    struct employee{
        int EId;
        char name[20];
        char tel[12];
        float salary;
    }emp[] = {{2015,"John","0595576723",5000.0},
              {2016,"Mike","0595576724",5000.0},
              {2017,"Smith","0595576323",7000.0},
              {2018,"Zoe","0595873291",4000.0},
              {2019,"Evon","0595356723",2500.0},
              {2020,"Svon","0595579757",7000.0},
              {2021,"Hiro","0595579871",8000.0},
              {2022,"Nulin","0595578659",5000.0},
              {2023,"Bacon","0595576812",5000.0},
              {2024,"John","0595965788",5000.0}
          };
    int i = 0,max;

    max = i;
    for(i = 0; i < 10; i++){
        if(emp[i].salary > emp[max].salary){
            max = i;
        }
    }
    printf("%s gets %.2f, the highest payment in our Company.\n", emp[max].name, emp[max].
salary);
}
```

运行结果如下:

```
Hiro gets 8000.00, the highest payment in our Company.
```

在这个例子中,emp 作为结构体变量数组,而对结构体成员 salary 进行了比较运算。首先假设第一个结构体变量的 salary 成员为最大值,使用循环,对比已经保存的 max 值与 i 值相对应的结构体变量数组元素的 salary 成员。一旦第 i 个结构体变量数组元素的 salary 成员大于 max 结构体变量数组元素的 salary 成员，就把 i 赋值给 max。这样就可以保证在循环进行完以后，第 max 个元素为 salary 最大的结构体变量数组元素。

11.2.3　结构体数组的引用

上一个例子中，已经对结构体数组中的元素进行了引用(访问)。实际上结构体数组的使用方法与基本数据类型数组的使用方法大同小异。

例 11-5　建立一个简单的拥有 3 个职工的职工信息表。

```
#include <stdio.h>
void main(void){
 struct employee{
        int EId;
        char name[20];
        char tel[12];
        float salary;
 }emp[3];
int i;
float temp;
for(i = 0;i < 3; i++){
    printf("input Employee's EId:");
    scanf("%d",&emp[i].EId);
    printf("input Employee's name:");
    scanf("%s",emp[i].name);
    printf("input Employee's Tel:");
    scanf("%s",emp[i].tel);
    printf("input Employee's salary:");
    scanf("%f",&temp);
    emp[i].salary = temp;
}
printf("Eid\tname\ttel\t\tsalary\n");
for(i = 0; i < 3; i++){
  printf("%d\t%s\t%s\t%.2f\n",emp[i].EId,emp[i].name,emp[i].tel,
        emp[i].salary);
    }
}
```

运行结果如下：

```
input Employee's EId:1234
input Employee's name:Sammy
input Employee's Tel:05952269027
input Employee's salary:1235
input Employee's EId:1235
input Employee's name:Jimmy
input Employee's Tel:05952269028
input Employee's salary:2351
input Employee's EId:1236
input Employee's name:Tommy
input Employee's Tel:05952269029
input Employee's salary:3251
Eid     name    tel             salary
1234    Sammy   0595226902      1235.00
1235    Jimmy   0595226902      2351.00
1236    Tommy   0595226902      3251.00
```

在这个例子中，使用循环语句为 emp 结构体数组中的各个元素的成员赋值。之后，又使用 for 语句将结构体数组中所有元素的成员依次输出。

11.3 结构体变量与指针

指针变量可以指向一个结构体变量。这个结构体指针的值是指向这个结构体变量的首地址。结构体指针变量的声明形式为：

```
struct 结构体名 *结构体指针名;
```

例如，要声明一个指针，让这个指针指向 employee 结构体类型的结构体变量。

```
struct employee{
        int EId;
        char name[20];
        char tel[12];
        float salary;
}
struct employee * pemp;
```

或者

```
struct employee{
        int EId;
        char name[20];
        char tel[12];
        float salary;
} * pemp;
```

指向结构体变量的指针变量可以被赋值。当使用赋值运算符的时候，指针变量被赋予了这个结构体变量的首地址。

```
struct employee{
        int EId;
        char name[20];
        char tel[12];
        float salary;
}emp1, * pemp;
pemp = &emp1;
```

这个赋值的结果就是 pemp 指向了 emp1 的首地址。

需要注意的是，结构体指针只能指向相应的结构体变量，而不能指向结构体类型。例如：

```
pemp = &employee;
```

这种写法就是错误的。这是因为结构体类型名表示的是一种结构形式，并不会在内存中划分出特定的空间。而结构体变量经过声明后，编译器会在内存中划分出具体的空间。所以，只有结构体变量能够有地址，而结构体类型是没有地址的。

当有一个指针指向了一个结构体变量后，可以使用以下的方法来访问结构体变量成员：

```
struct employee{
```

```
        int EId;
        char name[20];
        char tel[12];
        float salary;
    }emp1, * pemp;
    pemp = &emp1;
    pemp -> EId;
```

表达的就是 pemp 指向的这个 emp1 结构体变量的 EId 成员；

```
pemp -> name
```

表达的就是 pemp 指向的这个 emp1 结构体变量的 name 成员；

```
pemp -> tel
```

表达的就是 pemp 指向的这个 emp1 结构体变量的 tel 成员；

```
pemp -> salary
```

表达的就是 pemp 指向的这个 emp1 结构体变量的 salary 成员。

"－＞"运算的基本形式为：

```
结构体指针 -> 结构体成员名;
```

除了使用"－＞"操作符外，还可以使用"＊"操作符。

pemp －＞ EId 其实就相当于(＊pemp).EId 的操作。由于"."操作符的优先级比"＊"操作符优先级高，因此必须加上括号才是表达 pemp 所指向的结构体变量，之后才能再用"."操作符取得需要的成员变量。

指针被赋值为结构体数组名的时候，结构体指针变量的值实际上是整个数组的首地址。这点和基本数据类型的数组指针是一样的。当结构体数组指针进行了＋1 操作，结构体指针将由指向第 i 个结构体数组元素移动到指向第 i＋1 个结构体数组元素。

```
struct employee{
        int EId;
        char name[20];
        char tel[12];
        float salary;
}emp[10], * pemp;
pemp = emp;
```

此时，pemp 指向了 emp 数组的首元素，即 emp[0]；pemp＋1 指向 emp[1]；pemp＋i 指向 emp[i]。

结构体数组指针的跳转与基本数据类型数组的指针跳转的含义是一样的。

注意：前面讲述过的指针与一般数组的关系可以推广到指针与结构体数组上，只是此时数组的各个元素是结构体类型而已。

例 11-6 写出下列操作后的结果。

```
#include <stdio.h>
void main(void){
```

```
    struct fee{
            int i;
            char c;

    }foo[5] = {{1,'a'},{2,'b'},{3,'c'},{4,'d'},}, *fp;
    int k;

    printf("Number\tcharactor\n");
    for(k = 0;k < 4; k++){
        printf(" %d\t %c\n",(foo + k)->i,(foo + k)->c);
    }
    printf("after being operated:\n");
    fp = foo;

    printf(" %c\t",(++fp)->c);
    printf(" %d\t",++fp->i);
    printf(" %d\t",(fp++)->i);
    printf(" %c\t",++fp->c);
    printf(" %d\t",fp->i++);
    printf(" %d\n",fp->i);

    printf("Number\tcharactor\n");
    for(k = 0;k < 4; k++){
        printf(" %d\t %c\n",foo[k].i,foo[k].c);
    }
}
```

运行结果如下：

```
Number  charactor
1       a
2       b
3       c
4       d
after being operated:
b       3       3       d       3       4
Number  charactor
1       a
3       b
4       d
4       d
```

在这个程序中，设计了一个结构体数组 foo。这个数组中的每个元素都是 fee 结构体类型的。包含有两个成员：一个整型数、一个字符型变量。经过初始化后，foo[0] = {1,'a'}，foo[1] = {2,'b'}，foo[2] = {3,'c'}，foo[3] = {4,'d'}。程序使用了一个循环语句，打印出 foo 结构体数组的各个元素的成员。在这个循环体中，使用了“－>”操作符来调用指针所指向的结构体变量元素的成员变量。foo 为数组名，同时也是该数组的首地址。在执行了 fp = foo 操作后，fp 指向了数组的首地址。执行 printf("%c\t",(++fp)－>c)操作的时候，首先判断运算符优先级。“()”优先级高于“－>”，所以先算括号里的++fp 操作：指针自加一后被使用，指针此时指向 foo[1]。打印出 foo[1]的 char 成员'b'。随后执行 printf("%d\t",++fp－>i)，“++”的优先级低于“－>”的优先级，于是先进行“－>”运算；取得此时 fp 指针指向的 i 成员，再进行“++”操作。此时自加 1 的不是指针，而是结构体变量的整型成员 i，后面几个操作就不再累赘了。

结构体指针变量也可以被当作函数参数进行传递。

例 11-7　求公司员工月均工资。

```
#include <stdio.h>
float average(struct employee *p,int m);
struct employee{
    int EId;
    char name[20];
    char tel[12];
    float salary;
} *pemp,emp[] = {{2015,"John","0595576723",5000.0},
                 {2016,"Mike","0595576724",5000.0},
                 {2017,"Smith","0595576323",7000.0},
                 {2018,"Zoe","0595873291",4000.0},
                 {2019,"Evon","0595356723",2500.0},
                 {2020,"Svon","0595579757",7000.0},
                 {2021,"Hiro","0595579871",8000.0},
                 {2022,"Nulin","0595578659",5000.0},
                 {2023,"Bacon","0595576812",5000.0},
                 {2024,"John","0595965788",5000.0}
                 };
void main(void){
    float ave;

    pemp = emp;
    ave = average(pemp,10);
    printf("average salary is $ %.2f\n",ave);
}

float average(struct employee *p,int m){
    int i = 0;
    float s = 0;
    for(i = 0; i < m; i++){
        s = s + (p + i)->salary;
    }
    return s / m;
}
```

运行结果如下：

```
average salary is $5350.00
```

在这个程序中，使用了结构体指针作为函数的参数。形参是结构体指针 p，实参是结构数组名 pemp，该数组名就是一个指向结构体类型的指针。

注意：前面讲过的数组和函数的关系在此仍然是存在的，只是这里的数组不是一般的数组，而是结构体数组而已。同样地，函数的返回值类型也可以是结构体类型或指向结构体类型的指针。例如：

```
#include <stdio.h>
struct employee MaxEid(struct employee emp[],int n);
struct employee{
    int EId;
```

```
    char name[20];
    char tel[12];
    float salary;
} * pemp,emp[] = {{2015,"John","0595576723",5000.0},
                  {2016,"Mike","0595576724",5000.0},
                  {2017,"Smith","0595576323",7000.0},
                  {2018,"Zoe","0595873291",4000.0},
                  {2019,"Evon","0595356723",2500.0},
                  {2020,"Svon","0595579757",7000.0},
                  {2021,"Hiro","0595579871",8000.0},
                  {2022,"Nulin","0595578659",5000.0},
                  {2023,"Bacon","0595576812",5000.0},
                  {2024,"John","0595965788",5000.0}
                  };
void main(void){
    struct employee m = MaxEid(emp,sizeof(emp)/sizeof(struct employee));
    printf("MaxEid = %d\n",m.EId);
}

struct employee MaxEid(struct employee emp[],int n){
    int i = 0;
    struct employee max = emp[0];
    for(i = 1; i < n; i++)
        if(emp[i].EId > max.EId) max = emp[i];
    return max;
}
```

上面函数 MaxEid 返回数组结构 emp 中具有最大 EId 的那个元素,其返回值类型是结构体类型。程序中输出最大 EId 值。再如,修改上面程序如下:

```
#include <stdio.h>
struct employee * AddressMaxEid(struct employee emp[],int n);
struct employee{
    int EId;
    char name[20];
    char tel[12];
    float salary;
} * pemp,emp[] = {{2015,"John","0595576723",5000.0},
                  {2016,"Mike","0595576724",5000.0},
                  {2017,"Smith","0595576323",7000.0},
                  {2018,"Zoe","0595873291",4000.0},
                  {2019,"Evon","0595356723",2500.0},
                  {2020,"Svon","0595579757",7000.0},
                  {2021,"Hiro","0595579871",8000.0},
                  {2022,"Nulin","0595578659",5000.0},
                  {2023,"Bacon","0595576812",5000.0},
                  {2024,"John","0595965788",5000.0}
                  };
void main(void){
    struct employee * pmax = AddressMaxEid(emp,sizeof(emp)/sizeof(struct employee));
    printf("MaxEid = %d\n",pmax->EId);
```

```
}

struct employee * AddressMaxEid(struct employee emp[],int n){
    int i = 0;
    static struct employee * pmax = emp;
    for(i = 1; i < n; i++)
        if(emp[i].EId > pmax -> EId) pmax = emp + i;
    return pmax;
}
```

函数 AddressMaxEid 返回最大 EId 的结构体元素的指针。为了避免返回局部变量的地址,使用了 static 限定词。

从上面内容可以看出,实际上结构体类型的使用方法完全类似于一般类型,一般数据类型可以出现的地方,结构体类型也可以出现。

11.4 链表

一旦声明了数组,该数组的长度就被确定了。C 是不允许使用动态数组的。用一个变量表示长度,对数组进行声明是不可以的。也就是说,当处理预先不知道长度的数据组时,数组这样的数据结构很难起作用,而且在编写程序的时候限制比较多。链表,作为一种动态数据结构,可以动态地分配存储单元,比较好地解决上述问题。

11.4.1 动态存储分配

在 C 中有一些内存管理函数,这些函数是用来动态管理内存空间的。

1. malloc 分配内存空间函数

一般调用形式:

```
(类型说明符 *)malloc(size);
```

malloc 函数在内存中划分出一块大小为 size 字节的连续空间,函数的返回值为这片内存空间区域的首地址。(类型说明符 *)的作用是表示该划分出来的内存空间将用来存放哪一类型的数据,并且把 malloc 函数返回的指针强制转化成这个类型的指针。size 是一个无符号整数。

若分配失败,则返回 NULL 值。

```
char * p = (char * )malloc(20);
```

此语句的作用是在内存中划分出一个 20B 的空间,并且强制将这个空间转化为字符类型,函数返回的指针被强制转化为字符类型的指针变量,并且将这个指针值初始化,赋值给指针 p。

sizeof 函数经常与 malloc 函数同时使用。

```
struct employee * pemp = (struct employee * )malloc(sizeof(struct employee));
```

此语句的作用是在内存中划分出一块空间，这个空间的大小刚好就是一个 employee 结构体变量所占的字节数。并且 malloc 函数返回的指针被强制转化为 struct employee 结构体类型的指针变量，这个指针被赋给了 pemp。

2. calloc 分配内存空间函数

calloc 函数的一般调用形式：

```
(类型说明符 * )calloc(n,size);
```

calloc 函数在内存中划分出一块大小为 n×size 的连续空间，函数的返回值为这片内存空间区域的首地址。(类型说明符 *)的作用同上。

calloc 函数与 malloc 函数的区别就在于 malloc 函数是划分出一块大小为 size 字节的空间，而 calloc 函数是划分出 n 块大小为 size 字节的空间。

若分配失败，则返回 NULL 值。

```
char * p = (char * )calloc(4,20);
```

此语句的作用是在内存中划分出总大小为 4×20B 的连续空间，并将这 80B 的空间强制转化成字符类型，把首地址赋给 p。

3. free 释放内存空间函数

free 函数的一般调用形式：

```
free(p);
```

p 为一个任意的指针类型变量，可以指向一块被 malloc 函数或 calloc 函数分配出来的内存空间的首地址。当 free(p)被调用时，p 所指向的那个区域将被释放。

这 3 个函数的原型说明在头文件＜stdlib. h＞和头文件＜alloc. h＞或＜malloc. h＞中，使用的时候需要选择其中的一个头文件包含到源程序中。

11.4.2 包含指针项的结构体变量构成结点

使用以上的函数可以为一个结构体分配存储空间，就好像为这个存储空间打了一个包。这个包里可以存放结构体的各种成员。

例 11-8 使用动态分配空间的函数，在内存中分配一个存储空间存放员工信息。

```
#include < stdio.h>
void main(void){
    struct employee{
            int EId;
            char name[20];
            char tel[12];
            float salary;
        } * pemp;
    float temp;
    pemp = (struct employee * )malloc(sizeof(struct employee));
```

```
    printf("input EId:");
    scanf("%d",&pemp->EId);
    printf("input name:");
    scanf("%s",pemp->name);
    printf("input tel:");
    scanf("%s",pemp->tel);
    printf("input salary:");
    scanf("%f",&temp);
    pemp -> salary = temp;
    printf("new employee's detail:\n");
    printf("Eid\tname\ttel\t\tsalary\n");
printf("%d\t%s\t%s\t%.2f\n",pemp->EId,pemp->name,pemp->tel,pemp->salary);
}
```

运行结果如下：

```
input EId:1234
input name:Jimmy
input tel:05952269028
input salary:2351
new employee's detail:
Eid     name    tel             salary
1234    Jimmy   0595226902      2351.00
_
```

在无法预先确定所需要的数组大小时，或者在所需要存储的各数据量大小变化频繁时，使用链表是一个较好的选择方案。

刚才的例子使用动态存储函数实现了信息的存储。实际上这就是创建了一个结点。如果这个结点再添加一个成员，使这个成员指向下一个结点，这样就创造出了链表。链表的结点与结点之间的内存区域是可以不连续的，这样构造出来的数据结构就比较灵活。

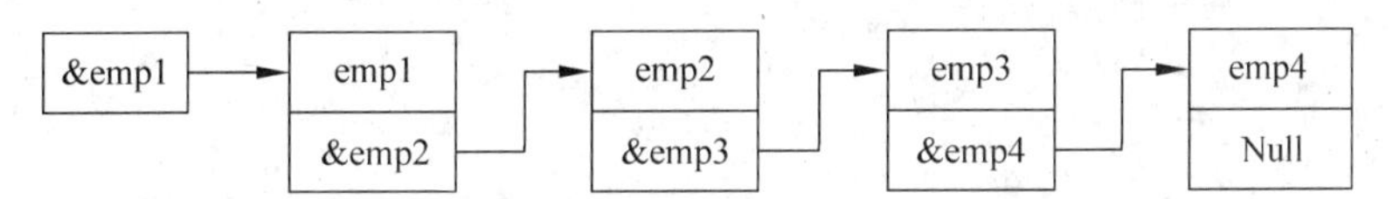

以上的结构就是典型的链表结构。emp1 被添加了一个指针成员，这个指针成员存放着 emp2 结点的地址 &emp2；emp2 结点的指针成员指向 &emp3，emp3 结点的指针成员指向 &emp4，如此重复下去，直到最后一个结点。最后一个结点没有后续的结点了，此时将这个后续结点的指针指向空值 Null。整个链表由一个指向 emp1 所在结点的指针 &emp 来标识，这个指针(就相当于"根")就代表了整个链表，称为头指针，因为根据它可以找到链表上的其他任一结点。

在链表中，所有的结点都必须有一个指针成员，用来指向下一个结点。

employee 结构体数据类型修改为：

```
struct employee{        /* 链表中任一结点的类型定义 */
        int EId;
        char name[20];
        char tel[12];
        float salary;
        struct employee *next;
    }
```

即在每个结点(结构体类型)中增加了一个 *next 指针成员，用来指向下一个 employee 结构体变量的结点。

11.4.3 链表的主要操作

1. 创建链表

例 11-9 创建链表的函数。

```
#define EMPLOYEE struct employee
#define NEW (EMPLOYEE *)malloc(sizeof(EMPLOYEE))
#include <stdlib.h>
#include <string.h>
EMPLOYEE{
        int EId;
        char name[20];
        char tel[12];
        float salary;
        EMPLOYEE * next;
    };
EMPLOYEE * create(void){
              EMPLOYEE * h;

              EMPLOYEE * p, * q;

              char id[5];
              char name[20];
              char tel[12];
              char cSalary[10];
              h = NULL;q = NULL;

              printf("input EId: ");
              gets(id);
              while (strlen(id) != 0){
                  p = NEW;
                  if (p == NULL) {
                      printf("fail to open a new node\n");
                      exit(0);
                  }
                  p -> EId = atoi(id);      /* 将字符串 id 转换成整数,stdlib.h */
                  printf("input name:");
                  gets(p -> name);

                  printf("input tel: ");
                  gets(p -> tel);
                  printf("input salary:");
                  gets(cSalary);
                  p -> salary = atof(cSalary);      /* 将字符串 cSalary 转换成浮点数,
                                                       stdlib.h */
                  p->next = NULL;
                  if (h == NULL)
                      h=p;
```

```
        else
            q -> next = p;
        q = p;
        printf("input EId:");
        gets(id);
    }
    return h;
}
```

创建链表的函数中,使用了以下几个技巧。

(1) 用 define 宏定义使 EMPLOYEE 代替 struct employee,这样在程序中出现了只要是 struct employee 结构体类型,就可以用 EMPLOYEE 代替。也可以使用后面要讲的 typedef(类型定义)命令: typedef struct employee EMPLOYEE;。

(2) 用 define 宏定义使 NEW 代替(EMPLOYEE *)malloc(sizeof(EMPLOYEE)),这样当需要在内存中开辟新的结点时直接用 NEW 就可以了。

这个函数在键盘输入职工 id 不为空值的时候运行,如果为空值,则退出本函数,返回头指针 h。开始循环的时候,首先创建一个新的结点,让指针 p 指向该结点。如果不能够成功创建,程序出现问题,则退出本程序; 如果能够成功创建,使用键盘输入字符串函数 gets,输入这个结点的各个成员值,并且把这个结点的指针成员指向空值。到此,创建新结点过程结束。

将结点顺序放入链表中有两种情况:

(1) 该结点是链表的第一个结点。此时,直接让 h 指向该结点。使用语句 h = p 即可使 h 指向与 p 指向相同。这样就成功地接上了链表的第一个结点。此后,让另外一个指针 q = p,这样做的目的是标记链表的最后一个结点。

(2) 该结点不是链表中的第一个结点。那必然有一个尾部结点,让这个尾部结点的指针指向 p,就可以在链表的尾部再加入一个结点了。新建出来的结点被 p 所指向,尾部结点被 q 所指向。完成加入结点的操作是 q->next=p。加入完成后,尾部结点变成了 p 所指向的那个结点,再进行 q = p 操作,使得 q 指向最后一个结点。

最后,当无新结点添加后,返回头指针 h。

2. 链表的输出

例 11-10　输出链表各个结点的成员的函数。

```
#define EMPLOYEE struct employee
#include <string.h>
void show(EMPLOYEE * h){
    EMPLOYEE * p;
    p = h;
    while (p != NULL){
        printf("%d\t%s\t%s\t\t%.2f\n",p->EId,p->name,p->tel,p->salary);
        p = p->next;
    }
}
```

在这个函数中,指针 p 一开始就被赋值为 h,即 p 指向 h 所指的空间。只要 p 值不为

NULL,就进行循环。在循环体中,先后打印输出指针 p 所指向的那个结构体变量的各个成员。打印完后,将 p 指针移向下一个结点,完成此操作的语句为 p = p－＞next;,意义为 p 指针所指向的结构体变量的 next 指针成员的值赋给了 p,即将 p 指向下一个结点。

请读者思考:如何将该函数改成递归函数实现?

3. 删除结点

例 11-11 删除链表结点的函数。

```
    #include <stdlib.h>
    #include <string.h>
    #define EMPLOYEE struct employee
    #define  NEW  (EMPLOYEE *)malloc(sizeof(EMPLOYEE))
EMPLOYEE{
        int EId;
        char name[20];
        char tel[12];
        float salary;
        EMPLOYEE * next;
    };
EMPLOYEE * del(EMPLOYEE  * h, int i){       /* 删除链表 h 中员工号为 i 的结点 */
    EMPLOYEE * p, * q;
    if (h == NULL){
        printf("This list is empty.");
        return  h;
    }
    p = h;
    while (p -> EId != i && p -> next!= NULL) {
        q = p;
        p = p -> next;
    }
    if (p -> EId == i){
        if (p == h)
            h = p -> next;
        else
            q -> next = p -> next;
        free(p);
    }
    else
        printf("find no record!");
    return  h;
}
```

在这个函数中,需要注意的是,如果要删除一个结点,首先要知道删除什么结点。这里假定要删除一个特定员工号的结点。首先要在链表中找到这个员工号,让一个指针 p 与链表头结点指向同一个位置,于是,指针 p 所指向的那个结点就是链表的第一个结点了。使用循环查找符合条件的,即成员 EId 的值与函数形参 i 的值相等的结点。while 循环中的循环体就是在寻找这样的结点。只要 EId 的值与 i 的值不相等,且结点的 next 成员指针不为空,那么 p 就不停地从一个结点转向下一个结点。一旦找到了该结点,就可以把这个结点删除。如果没找到这个结点,就显示没找到相应的记录。

删除结点有两种情况：

(1) 需要删除的特定的结点是链表的第一个结点。只需要将 h 指向目标结点 p 的下一个结点，即 h = p -> next;。

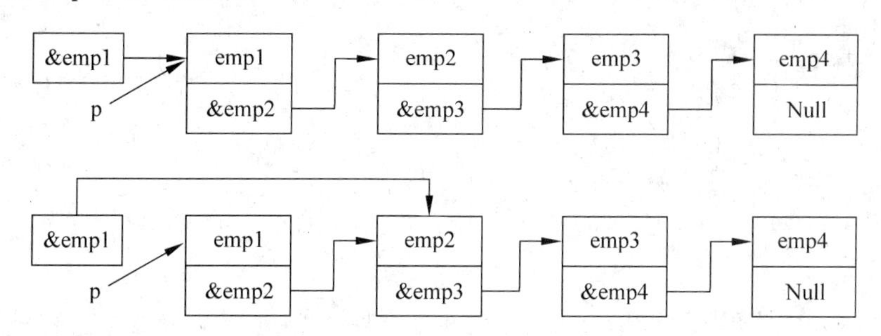

要删除 p 结点，还需要调用 free 函数，释放内存空间，完成结点的删除。

(2) 需要删除的特定的结点是链表中的其他结点。这里需要引入另外一个指针 q。指针 q 表达找到的这个符合条件的结点的前一个结点。在 while 循环中，q 被赋了 p 值之后，p 又指向下一个结点。q 指针与 p 指针始终保持一个在前，一个在后。而 q 所指向的结点的 next 指针成员与 p 指针指向同一个结点。当要删除 p 指针所指向的结点时，只需要跳过 p 结点。p 结点之前的一个结点是 q；p 之后的一个结点是 p->next，要跳过 p 结点，所要进行的操作是：

```
q -> next = p -> next;
```

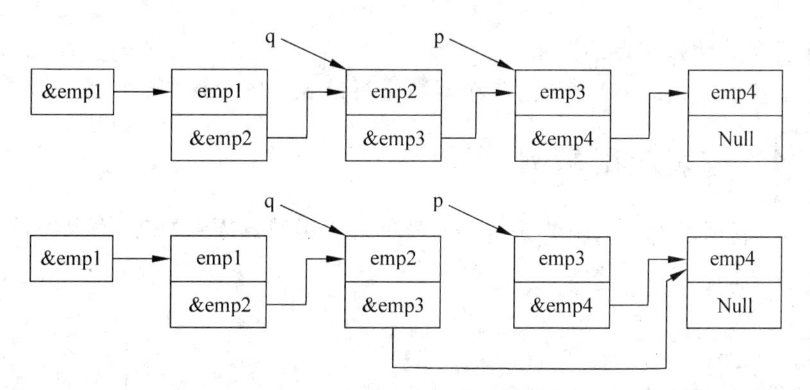

通过指针指向改变 q 之后的一个结点，只是在链表中去掉了指向 p 结点的那个指针。要删除掉 p 结点，还需要调用 free 函数，释放内存空间，完成结点的删除。

4. 插入结点

例 11-12 在已有链表中的指定位置之前插入一个结点。

```
EMPLOYEE * insert(EMPLOYEE * h, EMPLOYEE * pemp, int i){
    EMPLOYEE * p, * q;

    if (h == NULL){
        h = pemp;
        pemp -> next = NULL;
    }
    else{
```

```
        p = h;
        while (p ->EId != i && p -> next != NULL){
            q = p;
            p = q -> next;
        }
        if (p -> EId == i){
            if (p == h)
                h = pemp;
            else
                q -> next = pemp;
            pemp -> next = p;
        }
        else{
            p->next = pemp;
        }
    }
    return  h;
}
```

插入结点，同样需要知道要在哪个已知的链表结点之前插入新的结点。这个函数有 3 个形参，第一个形参代表的是链表的头指针；第二个形参代表的是新建结点的首地址；第三个形参代表的是需要添加到哪个员工号之前。while 循环同上例中一样，是查找结点的。找到符合要求的结点，让指针 p 指向该符合查找要求的结点，让 q 指向这个结点之前的一个结点。

而插入结点又有 3 种情况：插入到第一个结点之前，插入到最后一个结点之后，插入到其他位置。

请在课后完成插入结点的图示。

得到 4 个函数之后，即可调用这 4 个函数进行链表的各个操作。

11.4.4 链表应用举例

例 11-13 利用以上 4 个函数编写一个简单的职工数据库，使之具有基本的创建、插入、删除和输出等功能。

```
#include<stdio.h>
void main(void){
    EMPLOYEE * head = NULL, * pemp;
    char name[20],cSalary[10],temp[5];
    int c,deid,lid;
    char * choice;
    do{
        printf(" 1. insert employees'detail create a list \n");
        printf(" 2. show all the details \n");
        printf(" 3. Delete an employee's detail \n");
        printf(" 4. add a new employee into the list\n");
        printf(" 0. Quit \n");
        printf(" Enter your choice: ");
        gets(choice);
        c = atoi(choice);
        switch(c){
            case 1: head = create(); break;
            case 2: show(head); break;
```

```
            case 3: printf("Input an employee's EId to delete his details:\n");
                gets(temp);
                deid = atoi(temp);
                head = del(head, deid); break;
            case 4: pemp = NEW;
                printf("input a new employee's detail:\n");
                printf("input EId: ");
                gets(temp);
                pemp -> EId = atoi(temp);
                printf("input name:");
                gets(pemp -> name);
                printf("input tel: ");
                gets(pemp->tel);
                printf("input salary:");
                gets(cSalary);
                pemp -> salary = atof(cSalary);
                pemp -> next = NULL;
                printf("\nInsert where you wanna this new employee be in front of\n");
                printf("EId: ");
                gets(temp);
                lid = atoi(temp);
                head = insert(head, pemp, lid);
                break;
            case 0: exit(0);
            default: printf("error input\n");
        }
    }while (1);
}
```

不同输入所对应的运行结果如下：

```
 1. insert employees'detail create a list
 2. show all the details
 3. Delete an employee's detail
 4. add a new employee into the list
 0. Quit
 Enter your choice: 1
input EId: 1234
input name:Sammy
input tel: 0595226901
input salary:1000
input EId:1235
input name:Tommy
input tel: 0595226902
input salary:1100
input EId:1236
input name:Jimmy
input tel: 0595226903
input salary:1200
input EId:
 1. insert employees'detail create a list
 2. show all the details
 3. Delete an employee's detail
 4. add a new employee into the list
 0. Quit
 Enter your choice: 2
1234    Sammy   0595226901              1000.00
1235    Tommy   0595226902              1100.00
1236    Jimmy   0595226903              1200.00
 1. insert employees'detail create a list
 2. show all the details
 3. Delete an employee's detail
 4. add a new employee into the list
 0. Quit
 Enter your choice: 3
Input an employee's EId to delete his details:
1236
 1. insert employees'detail create a list
 2. show all the details
 3. Delete an employee's detail
 4. add a new employee into the list
 0. Quit
 Enter your choice: 2
1234    Sammy   0595226901              1000.00
1235    Tommy   0595226902              1100.00
 1. insert employees'detail create a list
 2. show all the details
 3. Delete an employee's detail
 4. add a new employee into the list
 0. Quit
 Enter your choice:
```

```
 1. insert employees'detail create a list
 2. show all the details
 3. Delete an employee's detail
 4. add a new employee into the list
 0. Quit
 Enter your choice: 4
input a new employee's detail:
input EId: 1237
input name:Bommy
input tel: 0595226905
input salary:1500

Insert where you wanna this new employee be in front of
EId: 1235
 1. insert employees'detail create a list
 2. show all the details
 3. Delete an employee's detail
 4. add a new employee into the list
 0. Quit
 Enter your choice: 2
1234    Sammy   0595226901              1000.00
1237    Bommy   0595226905              1500.00
1235    Tommy   0595226902              1100.00
 1. insert employees'detail create a list
 2. show all the details
 3. Delete an employee's detail
 4. add a new employee into the list
 0. Quit
 Enter your choice: _
```

调用函数的时候,注意事项与其他数据类型没有太大差异。

11.5 共用体

在结构体中,各个成员都有各自的内存空间,而结构体变量所占内存的大小为各个成员所占内存大小之和。而在共用体中,各成员共享内存空间。一个共用体变量所占内存大小为共用体成员中所占内存最多的那个成员所占的字节数。共用体可以被赋任一成员值,但是每次只能赋一个值,赋入的新值取代旧值。在共用体中,只能有一个成员被使用,不可能有两个共用体成员同时有效。

11.5.1 共用体定义

定义一个共用体的一般形式如下:

```
union 共用体名{
    类型说明符 共用体成员名 1;
    类型说明符 共用体成员名 2;
    类型说明符 共用体成员名 3;
    ⋮
    类型说明符 共用体成员名 n;
};
```

其中,共用体名为合法标识符,类型说明符为C语言中合法的数据类型或自定义数据类型。

例如,定义一个共用体,这个共用体用来存储网络即时联系方式,有qq号码联系和写msn联系两种。

```
union online{
    long int qq;
    char msn[30];
};
```

如果保留QQ号,则使用长整型数据;而保存msn号,则使用30个字节长度的字符串。

11.5.2 共用体的声明和使用

共用体变量的声明与结构体声明方式相同,也有三种方法。

(1) 先定义,再声明。

```
union online{
    long int qq;
    char msn[30];
};
online on1,on2;
```

(2) 定义与声明同时。

```
union online{
    long int qq;
    char msn[30];
}on1,on2;
```

(3) 直接声明。

```
union {
    long int qq;
    char msn[30];
}on1,on2;
```

与结构体不同的地方在于,这些共用体变量所占内存大小为最长的那个成员所占内存数。long int qq 占 4 个字节,而 char msn[30]占 30 个字节,所以 on1 与 on2 分别会被分配 30 个字节的长度。

共用体变量的成员调用与结构体成员调用所使用的操作符是一样的,即“.”。

例如:

```
on1.qq;
on2.msn;
```

共用体指针变量的成员引用操作符与结构体指针变量的引用也是一样的,即“−>”。

例 11-14 打印出共用体 on1 的整型成员,on2 的字符数组成员。

```
#include <stdio.h>
void main(void){
    union {
        long int qq;
        char msn[30];
    }on1,on2;
    on1.qq = 874658424;
    strcpy(on2.msn,"Rosemsn@hotmail.com");
    printf("%ld\n",on1.qq);
    printf("%s\n",on2.msn);
}
```

运行结果如下:

```
374658424
Rosemsn@hotmail.com
```

11.5.3 共用体变量的引用

共用体的成员一次只能取一种类型的值。所以在编写程序的时候需要特别留心，因为不同类型的值的处理方法会不一样。共用体在节省内存的同时，在编写程序的时候会带来一定的麻烦。

例 11-15 在 employee 结构体中需要增加一个网络联系方式，修改 employee 结构体并打印出员工的信息。

```
#include <stdio.h>
void main(void){
    struct employee{
          int EId;
          char name[20];
          char tel[12];
          float salary;
          char qqOrMsn;
          union online{
              long int qq;
              char msn[30];
          }on;
      } * pemp;
    float temp;
    pemp = (struct employee * )malloc(sizeof(struct employee));
    printf("input EId:");
    scanf(" % d",&pemp -> EId);
    printf("input name:");
    scanf(" % s",pemp -> name);
    printf("input tel:");
    scanf(" % s",pemp -> tel);
    printf("input salary:");
    scanf(" % f",&temp);
    pemp -> salary = temp;
    printf("input online comunication method(Q or M):");
    scanf(" % * c % c",&pemp -> qqOrMsn);
    if(pemp -> qqOrMsn == 'Q' || pemp -> qqOrMsn == 'q'){
        printf("input QQ number:\n");
        scanf(" % ld",&(pemp -> on).qq);
        printf("new employee's detail:\n");
        printf("Eid\tname\ttel\t\tsalary\tonline\n");
        printf(" % d\t % s\t % s\t % .2f\t % ld\n",pemp -> EId,pemp -> name, pemp -> tel, pemp
        -> salary, (pemp -> on).qq);
    }
    else if(pemp -> qqOrMsn == 'M' || pemp -> qqOrMsn == 'm'){
        printf("input MSN:\n");
```

```
        scanf(" %s",(pemp -> on).msn);
        printf("new employee's detail:\n");
        printf("Eid\tname\ttel\t\tsalary\tonline\n");
        printf(" %d\t%s\t%s\t%.2f\t%s\n",pemp->EId, pemp->name, pemp->tel, pemp
        ->salary, (pemp -> on).msn);
    }else{
        printf("error input\n");
        exit(0);
    }
}
```

选 Q 时的运行结果如下：

```
input EId:1237
input name:Rose
input tel:04751234745
input salary:2000
input online comunication method(Q or M):Q
input QQ number:
1023123487
new employee's detail:
Eid     name    tel             salary  online
1237    Rose    0475123474      2000.00 1023123487
```

选 m 时的运行结果如下：

```
input EId:1236
input name:Rose
input tel:04751234745
input salary:2000
input online comunication method(Q or M):m
input MSN:
RoseTest@hotmail.com
new employee's detail:
Eid     name    tel             salary  online
1236    Rose    0475123474      2000.00 RoseTest@hotmail.com
```

共用体成员如果种类不同，输入数据，打印数据的时候，使用到的语句是不一样的。例如，长整型数据的输入为 scanf("%ld",&(pemp -> on).qq)，而字符串的输入则使用 gets((pemp -> on).msn)，这时需要使用分支语句，分情况对共用体变量的成员赋值与调用。

11.6 枚举类型

有些变量是被限定在一定范围内取值使用的，如一周有 7 天，每天星期几的取值一定不会超出 7 天范围；球赛要么赢，要么输，要么平，不可能超出这个范围；事实要么是真的，要么是假的等。C 中提供了枚举类型来解决这样的问题。

11.6.1 枚举类型变量的定义与声明

枚举类型的一般定义方式：

```
enum 枚举类型名{枚举值 1,枚举值 2,…,枚举值 n};
```

例如：

```
enum weekday{Mon, Tue, Wed, Thu, Fri, Sat, Sun};
enum result{Lost, Draw, Win};
enum truth{false, true};
```

在枚举值中集合了所有这种枚举类型能够得到的值。

枚举类型变量的声明与结构体共用体一样，有三种方法：先定义，再声明；定义的同时声明；直接声明。

```
enum result{lost, draw, win};
result r1;
```

或者

```
enum result{lost, draw, win}r1;
```

或者

```
enum{lost, draw, win}r1;
```

都是可以的。

11.6.2 枚举变量的使用

实际上，枚举常量代表的是整型的值。枚举值有隐式定义与显式定义两种。

当没有说明枚举值为多少的时候，系统规定枚举值从0开始，依次+1后赋给以后的枚举值。

```
enum result{lost, draw, win};
```

此时没有说明，于是 lost = 0，draw = 1，win = 2。

枚举常量是整型常量值，所以一旦在声明中规定，就不能在程序中做出更改。如果需要这个枚举值在使用的时候对应某个特定的整型值，则需要在声明的时候就做出显示定义。在程序中，使用变量赋值的方法是不可以的。

例如：

```
win = 3;
```

或者

```
win = lost;
```

都是不可以的。

只能在声明的时候：

```
enum result{lost, draw, win = 3};
```

在显示定义作出后，进行完显示定义的枚举值之后没有赋值的枚举值将顺次+1。例如：

```
enum color{red, blue = 8, yellow, green = 4, brown, pink};
```

此时，red 的值为 0，yellow 的值为 9，brown 的值为 5，pink 的值为 6。

```
enum result{lost, draw, win = 3}r1;
```

r1 的取值只能从 lost，draw，win 中取。

```
r1 = lost;
r1 = win;
```

都是可以的，但是不能写为：

```
r1 = 1;
r1 = 0;
```

但可以这样：r1=(enum result)1;，即可以使用强制类型转换。

例 11-16　打印枚举变量。

```
#include <stdio.h>
void main(void){
    enum result{lost, draw, win = 3}r1,r2;
    r1 = lost;
    r2 = win;
    printf("%d,%d\n",r1,r2);
}
```

运行结果如下：

```
0,3
_
```

尽管在编写程序的时候能够很直观地进行书写，但是在打印的时候，依然没有办法做到直观。因为枚举值本身实际上就是整型的常量。在打印的时候，只能打印出枚举变量所代表的整型值。所以控制符只能是“%d”而不是“%s”或其他的控制符。

在应用中，往往使用两种方法处理。

(1) 使用分支语句。

例 11-17　打印出枚举变量所代表的意义。

```
#include <stdio.h>
void main(void){
    enum result{lost, draw, win = 3}r1;
    r1 = lost;
    switch(r1){
        case lost: printf("lost\n");break;
        case draw: printf("draw\n");break;
        case win: printf("win\n");
    }
}
```

运行结果如下：

```
lost
```

只需要给 r1 赋值，就能很直观地在屏幕上打印出输，赢，或者是平。

(2) 使用数组。

例 11-18　输入星期中的一天，打印出这天的英文缩写。

```
#include <stdio.h>
void main(void){
```

```
    enum weekday{sun, mon, tur, wed, thu, fri, sat};
    char * rs[] = {"Sun","Mon","Tur","Wed","Thu","Fri","Sat"};
    enum weekday wd;
    int day;
    printf("input the day you wanna to know(0--6):[ ]\b\b");
    scanf("%d",&day);
    wd = (enum weekday)day;
    printf("%s\n",rs[wd]);
}
```

运行结果如下：

```
input the day you wanna to know(0--6):[5]
Fri
```

由于隐式定义的枚举值从0开始，往后会自加1，因此可以利用一个二维的字符数组来进行处理。程序中，从键盘输入一个整数day，day被强制转化成了enum weekday类型的枚举值。可以使用day或者wd枚举变量作为rs字符串的下标，都会得到相同的结果。

11.7 typedef 定义类型

typedef的一般形式为：

typedef 原有类型名 新自定义类型名

typedef是用来让用户自己定义类型说明符的关键字。前面EMPLOYEE的例子中用了宏替换来完成部分typedef的工作。宏替换与typedef的区别就在于宏替换是在预处理过程中完成，而typedef在编译的时候完成，而且typedef比宏替换的功能更强大。

在编写循环的时候会用到计数器。声明变量i用于计数器的时候：

```
int i;
for(i = 1; i < 10; i++){
    …
}
```

i为一个整型变量。

如果使用typedef来做一个处理，定义出自己的计数器类的说明符COUNT：

```
typedef int COUNT;
```

COUNT以后就能代替int，在这个语句之后，COUNT就能作为一个计数器类型来用。

```
COUNT i;
```

很直观的就能看出来，i是用来当计数器用的。

typedef广泛地使用于各种指针、结构体和共用体中，如在结构体：

```
typedef struct emp{
        int EId;
        char name[20];
```

```
        char tel[12];
        float salary;
        EMPLOYEE * next;
    }EMP;
```

此后,用户自己定义的 EMP 类型就能代替 struct emp 结构体类型。

声明的时候只需要 EMP emp1, emp2;就能代替,而 struct EMP emp1 的写法是错误的。

如在指针:

```
typedef int * IP
```

此后,用户可以使用 IP 来代替指向整型数的指针。

声明指针变量的时候只需要 IP p;,而 IP * p 则变成了一个二级指针。

如在字符串数组:

```
typedef char NAME[20];
```

此后,用户使用 NAME 就能代替一个长度为 20 的字符数组。

声明的时候只需要 NAME name1, name2;这样的声明,等效于 char name1[20], name2[20];。再如:

```
typedef int ( * Pfun)(int,int);  Pfun p1;
```

等效于

```
int ( * p1)(int,int);     /* 声明 p1 是一个指向函数的指针变量,所指函数的返回值为 int,带两
                             个 int 参数 */
typedef int ( * Parray1)[10]; Parray1 p;
```

等效于

```
int ( * p)[10];      /* 声明 p 是一个指向长度为 10 的一维数组的指针 */
```

总之,使用 typedef 是为了便于直观、简易地书写程序。

作为思考:请读者自己分析下面的程序所用到的 typedef 含义及程序的运行结果。

```
#include <stdio.h>
#include <stdlib.h>

typedef int Array1[10];
typedef Array1 ( * PArray1);

void main(void){
 /* int a[3][10]; */
 int i,j;

 PArray1 p;
 p = (PArray1)malloc(3 * sizeof(Array1));

for(i = 0;i < 3;i++)
```

```
    for(j = 0;j < 10;j++)
        p[i][j] = i * 10 + j;

    for(i = 0;i < 3;i++){
        for(j = 0;j < 10;j++)
            printf(" % - 4d",p[i][j]);
        printf("\n");
    }
}
```

```
0   1   2   3   4 , 5   6   7   8   9
10  11  12  13  14  15  16  17  18  19
20  21  22  23  24  25  26  27  28  29
Press any key to continue
```

习题

1. 使用结构体存储一个学生的信息，如学号，姓名，宿舍，语文成绩，数学成绩和英语成绩。键盘输入，屏幕输出。

2. 扩展题1，使得程序能够存储10名学生的信息。

3. 为饭店编写一个信息系统的数据类型原型，要求既能输入输出员工信息，又能输入输出住店客户信息。员工的信息包括身份证号，姓名，住址，所属部门，工资。住店客户信息包括身份证号，姓名，住店客房号，住店日期，住店天数。

4. 自己编写函数，使用结构体类型作为其参数。

5. 自己编写函数，函数返回结构体类型。

6. 自己编写函数，函数返回结构体类型的指针。

7. 已知一个足球队胜一场积3分，平一场积1分，输了以后没有积分。从键盘输入一支球队的胜负平场数，求这支球队的积分。

8. 创建一个链表L=(1,−2,3,−4,5,−6,7,−8,9,−10)，输出其中的负整数。

9. 对题8中创建的链表，在末元素之后增加整数100。

10. 自己书写程序，使用typedef。

第12章 文件

12.1 文件

文件就是存储在外部存储介质上的数据的有序集合。存储在磁介质上的文件存储了信息，这些信息即使在断电之后依然能够保存。这个集合有各种各样的文件名。在C中，用*.c文件存储C的源程序，*.obj文件存储目标文件，生成的可执行文件是*.exe。磁介质上的文件在使用的时候被调入内存储器中，由CPU进行运算后得出结果。

C的文件分为两大类：普通文件和设备文件。C对文件的存取是以字符为单位的。

12.1.1 文件的概念

普通文件保存在外部磁介质上，这些文件可以是各种名称，各种用途，可以是原始数据，也可以是处理结果。只要是需要保存的，断电之后，第二次通电，又需要用到的，就可以作为普通文件进行存储。

C中，把各种外设看成是设备文件。显示器是设备文件，键盘也是设备文件。C把对显示器的输出看成是对设备文件进行写操作。而键盘的输入看成是设备文件的读操作。显示器是标准输出文件，而键盘则是标准输入文件。

文件在磁介质上存储的时候，有的文件按照ASCII码进行存储，有的文件则以二进制编码进行存储。

ASCII码文件能够被人所看懂。ASCII码保存的文件被称为文本文件。每个字符对应一个字节的ASCII码。例如：

'A'　　保存为　　65

'a'　　保存为　　97

'1'　　保存为　　49

这些文件都是以字符的形式保存ASCII码到文件中。

有的文件以内存中的二进制编码保存，这些文件人是没办法读懂的，因为并不知道某个数字代表什么意思。

比如，如果用ASCII码来保存2009的话，需要将2009看成占4个字节的字符串。分解后，找到相应的ASCII码。

2　　对应的ASCII码为50，二进制表达为00110010；

0　　对应的ASCII码为48，二进制表达为00110000；

0　　对应的ASCII码为48,二进制表达为00110000;

9　　对应的ASCII码为57,二进制表达为00111001。

于是,如果要保存2009文本的话,需要保存4个字节。

如果用二进制文件保存2009的话,首先要将2009这个数字转换为二进制数:

00000111　11011001

占两个字节,不足部分补0。

ASCII码文件与二进制文件是不同的。

从普通文件读数据时,从磁盘文件中读一批数据到划分出的缓冲区中,然后从缓冲区将数据逐个送入相对应的变量中;而向文件写数据时,是先将变量中的数据送到缓冲区,在缓冲区满后,将缓冲区内的数据一起存到普通磁盘文件中。

12.1.2 文件类型的指针

C中,用一个指针变量指向一个文件,通过对文件指针的操作来对这个指针所指向的文件进行操作。

文件指针声明的一般形式为:

```
FILE * 指针变量名;
```

FILE为系统定义的一个结构体,这个结构体中包含有文件的各种信息,如文件名、文件当前位置、文件状态和缓冲区大小等。FILE是包含在stdio.h中的。每一个文件在使用之前都必须声明一个指针,让这个指针指向这个结构体。在stdio.h中,FILE的定义为:

```
typedef struct{
        short           level;          /* fill/empty level of buffer */
        unsigned        flags;          /* File status flags    */
        char            fd;             /* File descriptor      */
        unsigned char   hold;           /* Ungetc char if no buffer */
        short           bsize;          /* Buffer size          */
        unsigned char   *buffer;        /* Data transfer buffer */
        unsigned char   *curp;          /* Current active pointer */
        unsigned        istemp;         /* Temporary file indicator */
        short           token;          /* Used for validity checking */
}FILE;
```

在编写程序的时候,不必弄清楚FILE的每一个细节,只需声明一个指针变量指向内存中划出的FILE结构体变量空间的首地址就可以了。

```
FILE * fp;
```

fp为指针变量,通过fp就可以找到内存中划出来的结构体变量空间,然后按照结构体中的成员变量所提供的信息就可以找到文件,对文件进行操作。

12.1.3 标准文件

标准文件是特殊的设备文件,这些标准文件指针是C定义的,并由C自动打开和关闭。

这三个标准文件分别是:

(1) 标准输入文件,指针为 stdin:键盘。

(2) 标准输出文件,指针为 stdout:显示器。

(3) 标准错误输出文件,指针为 stderr:输出错误信息。

12.2 缓冲型文件的打开、关闭与读写

在 C 中,如果需要操作文件,首先要打开一个文件,使用完后,需要关闭这个文件。打开文件的操作,实际上就是让文件指针指向一个内存区域,文件的各种信息被调入并存放在这个内存区域中。而关闭则是指断开指针与文件之间的联系,释放文件缓冲区。

12.2.1 fopen()

fopen()是文件打开函数,用来以一个特定的打开方式打开一个文件。

一般形式为:

```
FILE * fp;
fp = fopen(文件名,文件打开方式);
```

其中,fp 为文件指针,这个指针指向 FILE 结构体变量。文件名为被打开文件的名字,在名字之前可以加上路径,文件名可以是字符数组或者字符串常量。而文件打开方式,则是要如何操作文件。

文件的打开方式有 12 种,由 r(read)、w(write)、a(append)、t(text)、b(binary)和+组合而成。

三种基本的文本文件打开方式:

(1) rt:只读方式。以只读方式将文本文件打开,将文件信息调入内存。若文件打开不成功,则返回 NULL。

(2) wt:只写方式。以只写方式将文本文件打开。若文件不存在,则在磁盘上相应的位置新建一个文件;若文件已存在,则去除掉原来该文件中的所有信息,重新往该文件中写入缓冲区信息。

(3) at:追加方式。以只写方式将文本文件打开。若文件不存在,则返回空值 NULL;若文件已存在,在原来的文件数据后写入缓冲区信息。

t 在书写的时候可以被省略掉。

三种基本的二进制文件打开方式:

(1) rb:只读方式。以只读方式将二进制文件打开,将文件信息调入内存。若文件打开不成功,则返回 NULL。

(2) wb:只写方式。以只写方式将二进制文件打开。若文件不存在,则在磁盘上相应的位置新建一个文件;若文件已存在,则去除掉原来该文件中的所有信息,重新往该文件中写入缓冲区信息。

(3) ab:追加方式。以只写方式将二进制文件打开。若文件不存在,则返回空值 NULL;若文件已存在,在原来的文件数据后写入缓冲区信息。

“+”的意思是读和写都允许,“+”经常与这 6 种方式一起。例如,rt+表示以读写方式

打开一个文本文件,可以读数据,也可以写数据。

wt 和 wb 的特性决定了如果需要向原来的文件中添加其他信息,而不是以新的信息覆盖原有信息,则不能使用 wt 或 wb,只能使用 at 或 ab。

12.2.2 fclose()

当文件调用结束后,要使用 fclose()把文件关闭。

fclose()的一般使用方式:

```
fclose(fp);
```

正常关闭的时候将返回 0 值,而发生错误的时候返回非 0 值。

12.2.3 fgetc()与 fputc()

字符读函数 fgetc()和字符写函数 fputc()是 C 提供的用来操作文件的函数。

(1) fgetc()从文件中读取一个字符,一般使用方式:

```
char ch;
FILE * fp;
```

文件以只读或者读写打开之后:

```
ch = fgetc(fp);
```

这样,就将 fp 指针所指向的那个文件中的一个字符读出来,赋值给 ch。ch 保留了 fgetc()读出来的字符。在文件中另外有一个位置指针。位置指针在刚开始打开文件的时候指向这个文件的第一个字符。一旦读取完成,则指针自加,移动到下一个字符。这个步骤是C 自动完成的,不需要编写程序来实现。

若操作成功,则返回读入的字符;若操作不成功,或者文件结束,则返回 EOF。

例 12-1 从一个已知的文件中读入所有的字符,打印显示到屏幕上。已知 C 盘根目录已经存在一个 sayhello.txt 文档。

```
#include <stdio.h>
#include <stdlib.h>

void main(void){
    FILE * fp;
    char c;
    char file [30];
    printf("input directory and file: ");
    gets(file);
    if ((fp = fopen(file,"r")) == NULL){
        printf("Open error on reading\n", file);
        exit(0);
    }
    while ((c = fgetc(fp))!= EOF)
        putchar(c);
    fclose(fp);
}
```

运行结果如下：

```
input directory and file: c:\sayhello.txt
Say Hello to everyone!_
```

在这个程序中，if ((fp=fopen(filename,"r"))==NULL)表达的意思是若没有成功打开这个文件，则运行 if 里面的打印语句 printf("Open error on reading\n", file)；和退出语句 exit(0)；。若能成功打开一个文件，那么返回值 fp != NULL 就不会运行 if 里面的语句体，就会跳过分支，而执行下面的后续语句。fp 执行后续语句的时候，已经指向了结构体的首地址。在 while 循环中，(c=fgetc(fp))!= EOF 表达的意思是使用 fgetc 函数获取字符后赋值给 c。若获取的字符不是 EOF(文件结束标志)，则进行循环，将得到的字符 c 通过 putchar(c)函数打印到屏幕上。循环到 EOF 出现就结束，之后使用 fclose 函数关闭文件。

(2) fputc()往文本文件中写入一个字符，一般使用方式：

```
fputc(字符,文件指针);
```

这个函数的作用是将字符写入到文件指针所指的那个文件中去。fputc 函数调用的时候，文件必须以只写、读写或者追加方式打开，而每写入一个字符，文件内的指针会往后跳一个字节。使用 w 方式与 a 方式是有区别的，如果使用 w 方式，文件内部指针会从文件头开始重新写入；而使用 a 方式，则是从已存在的文件尾部继续写入。

若操作成功，则返回写入的字符；若操作不成功，则返回 EOF。

例 12-2 从键盘输入字符串，将字符串记录到指定文本文件中，最后在屏幕上打印出这个文本文件中的内容字符串，以回车结束。

```
#include <stdio.h>
#include <stdlib.h>

void main(void){
    FILE *fp;
    char c;
    char file[30];
    printf("input directory and file: ");
    gets(file);
    if ((fp = fopen(file,"w")) == NULL){
        printf("open error on writing in\n");
        exit(0);
    }
    while ((c = getchar( )) != '\n'){
        fputc(c, fp);
    }
    fclose(fp);
    if ((fp = fopen(file,"r")) == NULL){
        printf("open error on reading\n");
        exit(0);
    }
    while ((c = fgetc(fp)) != EOF)
        putchar(c);
    fclose(fp);
}
```

运行结果如下：

input directory and file: c:\text.txt
abcdefg
abcdefg

在这个例子中，程序的第一个循环是使用 fputc 函数记录到以 w 方式打开的文件中。这个文件可以存在，也可以不存在。如果不存在的话，就新建一个。只要输入结束标志'\n'没有出现，循环就一直继续。

12.2.4 fread()与 fwrite()

fread()与 fwrite()是用来整块地读写数据的。

fread()的一般形式为：

```
fread(buffer, size, n, fp);
```

若操作成功，从 fp 所指向的文件中读取 n 个数据项存放到 buffer 指针所指向的内存区域，并且返回读出的数据项个数；若文件结束或操作失败，则返回 0。

fwrite()的一般形式为：

```
fwrite(buffer, size, n, fp);
```

若操作成功，则将 buffer 指针所指向的内存区域中的 n 个数据项写入 fp 所指向的文件中；若操作失败，则返回 0。

在 fread()中，buffer 用来表示存放数据的首地址指针；而在 fwrite()中，buffer 表示的是存放输入数据的首地址指针。size 为数据块的字节数。n 为数据块的个数。fp 为指向文件的指针。

例 12-3 在 EMPLOYEE 职工信息系统中输入数据，保存到文件中去，并且从文件中读出数据。

```
#include <stdio.h>
#include <stdlib.h>
void main(void){
    struct employee{
        int EId;
        char name[20];
        char tel[12];
        float salary;
        } * pemp, * p;
    FILE * fp1, fp2;
    float temp;
    if((fp1 = fopen("c:\\tc\\example.txt","w+")) == NULL){
        printf("open error on writing in");
        exit(0);
    }
    printf("input EId:");
    scanf("%d",&pemp->EId);
    printf("input name:");
```

```
        scanf("%s",pemp->name);
        printf("input tel:");
        scanf("%s",pemp->tel);
        printf("input salary:");
        scanf("%f",&temp);
        pemp -> salary = temp;
        fwrite(pemp,sizeof(struct employee),1,fp1);
        fclose(fp1);

        if((fp2 = fopen("c:\\tc\\example.txt","r+")) == NULL){
            printf("open error on reading");
            exit(0);
        }
        fread(p, sizeof(struct employee), 1, fp2);
        printf("new employee's detail:\n");
        printf("Eid\tname\ttel\t\tsalary\n");
        printf("%d\t%s\t%s\t%.2f\n",p->EId,p->name,p->tel,p->salary);
        fclose(fp2);
    }
```

在这个例子中，首先以 fwrite 函数往一个文件中写了数据，又以 fread 函数从这个文件中读出数据。if((fp＝fopen("c:\\tc\\example.txt","w＋")) ＝＝ NULL)语句用来以 w＋方式打开一个文件。之所以用到“\\”，是因为在 C 中如果要表达“\”，需要用到转移字符“\\”。这里表达的路径文件名就是“c:\tc\example.txt”。结构体指针 pemp 所有的成员都被写入到了 example.txt 文件中。而从该文件中提取出来的内容被结构体指针 p 所指向，而且使用指针 p 读出了该结构体成员的所有值。

12.3 文件 I/O

上一个例子中，仅仅是保存了结构体变量的成员值。而且，记录到文本文件中后，不借助程序重现，也许根本就不知道记录的是什么东西。C 中提供了专门的语句来实现格式化的读写

12.3.1 fprintf 函数与 fscanf 函数

fprintf 函数与 fscanf 函数实际上与 printf()，scanf()很相似。不同的只是 scanf()与 printf()是从键盘读写，打印到屏幕上，也就是从设备文件输入输出。而 fscanf()和 fprintf()则是对普通文件进行操作。fscanf()和 fprintf()的格式控制符与 scanf()和 printf()的格式控制符相同。

fprintf()的一般使用形式：

```
fprintf(文件指针,格式控制符,输入表);
```

若操作成功，则将输出项按照制定格式写入文件指针所指向的文件中，并且返回写入的字节数；若操作不成功，则返回 EOF。

fscanf()的一般使用形式：

fscanf(文件指针,格式控制符,输入表);

若操作成功,则从文件指针所指向的文件中读取数据,送到制定的内存地址中,并且返回实际读出的数据项个数,若没有读取数据项,则返回 0；若操作不成功,或者文件结束,则返回 EOF。

例 12-4 使用 fscanf()和 fprintf()完成上面的例子。

```
#include <stdio.h>
#include <stdlib.h>
void main(void){
    struct employee{
        int EId;
        char name[20];
        char tel[12];
        float salary;
        } *pemp, *p;
    FILE *fp1, *fp2;
    float temp;
    if((fp1 = fopen("c:\\tc\\example.txt","w+")) == NULL){
        printf("open error on writing in");
        exit(0);
    }
    printf("input EId:");
    scanf("%d",&pemp->EId);
    printf("input name:");
    scanf("%s",pemp->name);
    printf("input tel:");
    scanf("%s",pemp->tel);
    printf("input salary:");
    scanf("%f",&temp);
    pemp -> salary = temp;
    fprintf(fp1,"%d\t%s\t%s\t%.2f\n",pemp -> EId, pemp -> name,
                                    pemp -> tel, pemp -> salary);
    fclose(fp1);

    if((fp2 = fopen("c:\\tc\\example.txt","r+")) == NULL){
        printf("open error on reading");
        exit(0);
    }
    fscanf(fp2,"%d%s%s%f",p->EId, p->name, p->tel, &temp);
    p->salary = temp;
    printf("new employee's detail:\n");
    printf("Eid\tname\ttel\t\tsalary\n");
    printf("%d\t%s\t%s\t%.2f\n",p->EId,p->name,p->tel,p->salary);
    fclose(fp2);
}
```

当一个文本文件中又有字符串,又有各种其他基本数据类型的时候,会给编程带来一定的困难，建议使用字符串进行读写。C提供了数值转字符串的函数。

12.3.2 fgets()与 fputs()

fgets()与 fputs()用来处理字符串往文件中的读写问题。

(1) fgets 函数。

fgets 函数用来从指定的文件中读取字符串到内存中。其调用形式为：

```
fgets(字符串首地址,n,文件指针);
```

若操作成功，就可以从文件中读取字符串，至多 n-1 个字符，加上一个'\0'放入到内存中的字符数组，返回字符数组的首地址；若操作不成功，或者文件结束，则返回 NULL。

例 12-5 从文件中读取 8 个字符的字符串，并打印出来。

```
#include< stdio.h>
#incldue< stdlib.h>
void main(void){
    FILE * fp;
    char * string = "";
    if((fp = fopen("c:\\tc\\example.txt", "r+")) == NULL){
        printf("open error on reading");
        exit(0);
    }
    fgets(string, 9, fp);
    printf("%s\n", string);
    fclose(fp);
}
```

在这个函数中，至多读出 9-1=8 个字符。一旦读完 8 个字符以前遇到了 EOF 或者回车换行，则读入字符结束。读完字符后，在字符数组后加上一个'\0'转换成一个字符串。

(2) fputs 函数。

fputs 函数用来向文件写入字符串。其调用的一般形式为：

```
fputs(字符串,文件指针);
```

若操作成功，函数中的字符串将被写入文件指针所指的文件中去，且返回一个非 0 值；若操作失败，则返回 0 值。

例 12-6 在文件 c:\tc\example.txt 中以字符串"This is an Example"覆盖掉其他文件内容。

```
#include< stdio.h>
#incldue< stdlib.h>
void main(void){
    FILE * fp;
    char * string = "This is an Example\n";
    if((fp = fopen("c:\\tc\\example.txt","w+")) == NULL){
        printf("open error on reading");
        exit(0);
    }
```

```
    fputs(string, fp);
    printf("%s\n",string);
    fclose(fp);
}
```

12.3.3 文件读写指针移动函数 fseek()与 rewind()

rewind 函数是把文件内部的指针重新移回到文件首。rewind 函数调用的一般形式：

rewind(文件指针);

函数调用后，文件内部的指针又回到文件首。

fseek 函数是移动文件内部的指针。fseek 函数调用的一般形式：

fseek(文件指针,位移量,位移起点);

位移量是指文件内部指针被移动了多少个字节。位移量是一个长整型数据，所以在表示位移量的时候，要使用长整型变量或者长整型常量，在整型常量后加 L 即可。如 3L、5L。

位移起点有三个取值：SEEK_SET(0)、SEEK_CUR(1)和 SEEK_END(2)。

如果要从起点开始，则位移起点取 0；如果从文件尾部开始，则位移起点取 2；如果位移起点从文件内部指针现在所处的位置开始，则位移起点取值为 1。

```
fseek(fp,10,0);
```

表达的意义就是 fp 文件从文件首开始，指针位移 10 个位置，指向第 10 个字符。

12.3.4 ftell()和 feof()

(1) ftell()。

ftell()的作用是得到文件指针的当前位置，用相对于文件开头的位移量来表示。由于文件中的位置指针经常移动，当需要知道其当前位置时，就可以用 ftell 函数返回当前值。出错时，返回值为－1L。

调用 ftell 函数的一般形式为：

```
ftell(fp);
```

例如：

```
long int pos = ftell(fp);
if(i == -1L) printf("error\n");
```

如下面程序可以输出文件 wj.txt 内容的字节数。

```
#include <stdio.h>
void main(void){
  FILE *fp;long int N;
  fp = fopen("wj.txt","rb");

  fseek(fp,0,SEEK_END);
  N = ftell(fp);
```

```
  fclose(fp);
  printf("%ld",N);
}
```

(2) feof()。

函数原型:

```
int feof(FILE *fp);
```

功能:检测流文件指针是否已到达文件结尾。当文件指针已经到达文件结尾处,函数返回1;否则返回0。

请读者分析如下程序的功能(打开一个文件,使用feof函数检查是否文件指针已经到达文件末尾,如果没有到达,则读出一个字节并打印在标准输出上;否则关闭退出程序)。

```
#include<stdio.h>
 #include<string.h>
 void main(void){
   FILE* fp;
   char buf[50];
   char* text = "this is a test for feof function!");
   char ch;
   /* 提示用户输入要打开的文件路径 */
   printf("please input a file path to open:");
   scanf("%s",buf);
   fp = fopen(buf, "w");                    /* 将文件以只写方式打开 */
   if(fp == NULL)                           /* 如果打开失败,提示出错 */
    printf("file open failed!");
   /* 打开成功 */
   else{
     fwrite(text,strlen(text) + 1,1,fp);    /* 写入字符串 */
     fclose(fp);                            /* 关闭 */
     fp = fopen(buf, "r");                  /* 重新以只读方式打开 */
     while(1){
       ch = fgetc(fp);                      /* 读出一个字符 */
       if(feof(fp))                         /* 如果已经到达文件结尾,则退出 */
          break;
       fputc(ch,stdout);                    /* 打印读出结果 */
     }
     fputc('\n',stdout);                    /* 最后加上一个回车 */
     fclose(fp);                            /* 关闭文件 */
   }
}
```

习题

1. 使用fputc函数把键盘输入的字符存入文本文件c:\test.txt中。
2. 使用fgetc函数把文本文件c:\test.txt中的内容显示到显示器上。
3. 使用fgetc和fputc函数实现文本文件的复制功能,将c:\test.txt内容复制到

c:\test2.txt。

4. 将结构体存储的一个学生的信息,如学号,姓名,宿舍,语文成绩,数学成绩和英语成绩从键盘输入,屏幕输出,并存储到 student.txt 中。

5. 使用 fwrite 函数对已经存在的 c:\student.txt 文件进行操作,使得一个学生的学生信息可以写入文件,并可在文件后追加新的学生信息。

6. 使用 fread 函数读出 c:\student.txt 中所有的学生信息。

7. 自己编写程序,使用 fseek()和 rewind()。

8. 自己编写程序,使用 feof()和 ftell()。

ASCII表

十进制	八进制	十六进制	字符	说明(控制字符)
0	000	00	NUL	null 空,串结束
1	001	01	SOH	start of heading 标题开始
2	002	02	STX	start of text 文本开始
3	003	03	ETX	end of text 文本结束
4	004	04	EOT	end of transmission 传输结束,文件结束
5	005	05	ENQ	equiry 询问
6	006	06	ACK	acknowledge 肯定应答
7	007	07	BEL	bell 蜂鸣,报警
8	010	08	BS	backspace 退一格
9	011	09	HT	horizontal tab 水平制表
10	012	0A	NL	NL line feed, new line 换行
11	013	0B	VT	vertical tab 垂直制表
12	014	0C	NP	NP form feed, new page 换页
13	015	0D	CR	carriage return 回车
14	016	0E	SO	shift out
15	017	0F	SI	shirt in
16	020	10	DLE	data link escape 数据连接码
17	021	11	DC1	device control 1 设备控制 1,恢复滚屏
18	022	12	DC2	device control 2 设备控制 2
19	023	13	DC3	device control 3 设备控制 3,停止滚屏
20	024	14	DC4	device control 4 设备控制 4
21	025	15	NAK	negative acknowledge 拒绝应答
22	026	16	SYN	synchronous idle 同步停顿
23	027	17	ETB	end of trans. block 结束传输块
24	030	18	CAN	cancel 取消
25	031	19	EM	end of medium 消息结束,中断
26	032	1A	SUB	substitute 替换,退出
27	033	1B	ESC	escape 换码
28	034	1C	FS	file separator 文件分隔符
29	035	1D	GS	group separator 组分隔符
30	036	1E	RS	record separator 记录分隔符
31	037	1F	US	unit separator 单元分隔符
32	040	20	SP	space 空格符

续表

十进制	八进制	十六进制	字符	说明(控制字符)
33	041	21	!	
34	042	22	"	
35	043	23	#	
36	044	24	$	
37	045	25	%	
38	046	26	&	
39	047	27	'	
40	050	28	(	
41	051	29	)	
42	052	2A	*	
43	053	2B	+	
44	054	2C	,	
45	055	2D	-	
46	056	2E	.	
47	057	2F	/	
48	060	30	0	
49	061	31	1	
50	062	32	2	
51	063	33	3	
52	064	34	4	
53	065	35	5	
54	066	36	6	
55	067	37	7	
56	070	38	8	
57	071	39	9	
58	072	3A	:	
59	073	3B	;	
60	074	3C	<	
61	075	3D	=	
62	076	3E	>	
63	077	3F	?	
64	100	40	@	
65	101	41	A	
66	102	42	B	
67	103	43	C	
68	104	44	D	
69	105	45	E	
70	106	46	F	
71	107	47	G	
72	110	48	H	
73	111	49	I	
74	112	4A	J	

续表

十进制	八进制	十六进制	字符	说明(控制字符)
75	113	4B	K	
76	114	4C	L	
77	115	4D	M	
78	116	4E	N	
79	117	4F	O	
80	120	50	P	
81	121	51	Q	
82	122	52	R	
83	123	53	S	
84	124	54	T	
85	125	55	U	
86	126	56	V	
87	127	57	W	
88	130	58	X	
89	131	59	Y	
90	132	5A	Z	
91	133	5B	[	
92	134	5C	\	
93	135	5D	]	
94	136	5E	^	
95	137	5F	_	
96	140	60	‘	
97	141	61	a	
98	142	62	b	
99	143	63	c	
100	144	64	d	
101	145	65	e	
102	146	66	f	
103	147	67	g	
104	150	68	h	
105	151	69	i	
106	152	6A	j	
107	153	6B	k	
108	154	6C	l	
109	155	6D	m	
110	156	6E	n	
111	157	6F	o	
112	160	70	p	
113	161	71	q	
114	162	72	r	
115	163	73	s	
116	164	74	t	

续表

十进制	八进制	十六进制	字符	说明(控制字符)
117	165	75	u	
118	166	76	v	
119	167	77	w	
120	170	78	x	
121	171	79	y	
122	172	7A	z	
123	173	7B	{	
124	174	7C	|	
125	175	7D	}	
126	176	7E	～	
127	177	7F	DEL	delete 删除,抹掉

附录B 标准C函数库

标准 C 函数库包含有可供程序员直接调用的函数。一个好的程序设计风格是尽可能调用标准函数库来实现自己所需要的功能。因此,熟悉函数库将有助于提高用户的程序设计能力。常用的标准函数库有数学函数、字符和字符串函数、I/O 函数、动态内存分配函数等。

B.1 常用的数学函数

函数名	原型和功能描述	头文件
abs	int abs(int x); 返回整数 x 的绝对值。如果其结果不能用一个整数表示,则这个行为是未定义的。参见 labs()和 fabs()	math. h
acos	double acos(double x); 返回 arccos(x) 的值	math. h
asin	double asin(double x); 返回 arcsin(x)的值	math. h
atan	double atan(double x); 返回 arctan(x)的值	math. h
atan2	double atan(double x,double y); 返回 arctan(x/y)的值	math. h
atof	double atof(const char * nptr); 将 nptr 所指向的字符串的前面部分转换成 double 数值,然后返回转换后的值	stdlib. h
atoi	int atoi(const char * nptr); 将 nptr 所指向的字符串的前面部分转换成 int 数值,然后返回转换后的值	stdlib. h
ceil	double ceil(double x); 函数返回不小于 x 的最小整数值。参见 floor()	stdlib. h
cos	double cos(double x); 返回 cos(x)的值。x 的单位为弧度	math. h
cosh	double cosh(double x); 返回 cosh(x)的值	math. h

续表

函数名	原型和功能描述	头文件
div	div_t div(int number,int denom); 返回两个整数(number 为被除数,denom 为除数)相除后的商和余数。返回值类型为 typedef struct{ long int quot; /* 商 */ long int rem; /* 余数 */}div_t;	stdlib.h
exp	double exp(double x); 返回 e^x 的值	math.h
fabs	double fabs(double x); 返回实型 x 的绝对值。参见 labs() 和 abs()	math.h
floor	double floor(double x); 函数返回不大于 x 的最大整数值。参见 ceil()	math.h
fmod	double fmod(double x,double y); 返回整除 x/y 所产生的余数	math.h
frexp	double frexp(double val,int * exp); 将双精度数 val 分成小数部分 x 和指数部分 n,即 val=$x*2^n$,n 存放在由指针 exp 所指的位置。函数返回 x。其中,$0.5\leqslant x<1$。当必须在那些浮点格式不兼容的计算机之间传递浮点时,该函数非常有用。参见 ldexp 函数	math.h
labs	long int labs(long int x); 其功能与 abs()相同,但它的作用对象是长整型。参见 abs()	stdlib.h
ldexp	double ldexp(double x,int exp); 函数返回 x 乘以 2 的 exp 次幂的值。参见 frexp()	math.h
log	double log(double x); 返回自然对数 lnx 的值	math.h
log10	double log10(double x); 返回 $\log_{10}x$ 的值	math.h
max	(type) max(a,b); a 和 b 为任何数字类型的变量,返回两个参数中较大的一个,其类型和参数相同	stdlib.h
min	(type) max(a,b); a 和 b 为任何数字类型的变量,返回两个参数中较小的一个,其类型和参数相同	stdlib.h
modf	double modf(double x,int * p); 将双精度数 x 分解成整数部分和小数部分,整数部分存放在 p 所指的位置。函数返回其中的小数部分	math.h
poly	double poly(double x,int n,double c[]); 返回根据参数计算的多项式(一元 n 次)值。x 为变量值,n 为多项式中变量的最高次数,c 存储多项式各项(从低到高)的系数数组	
pow	double pow(double x,double y); 返回幂指数 x^y 的值。由于在计算这个值时可能要用到对数,所以如果 x 是一个负数且 y 不是一个整数,就会出现一个定义域错误	math.h
pow10	double pow10(int p); 返回 10 的 p 次幂	math.h

续表

函数名	原型和功能描述	头文件
rand	int rand(void) 函数返回 0～RAND_MAX 之间的一个随机整数。RAND_MAX 是一个宏常量,它定义在 stdlib. h 中,其值至少是 32 767。参见 srand()	stdlib. h
random	int random(int num); 返回 0～num－1 范围内的随机整数	stdlib. h
randomize	void randomize(void); 初始化随机数发生器,使它产生新的随机序列	stdlib. h
sin	double sin(double x); 返回 sin(x)的值。x 的单位为弧度	math. h
sinh	double sinh(double x); 返回双曲正弦函数 sinh(x)的值	math. h
sqrt	double sqrt(double x); 返回 x 的平方根	math. h
srand	void srand(unsigned int seed); 为了避免程序每次运行时调用 rand()获得相同的随机数序列,用不同的参数 seed 作为随机数种子。在调用 rand()之前,先调用 srand 函数对随机数发生器进行初始化,就可获得不同的随机数序列。参见 rand()	stdlib. h
tan	double tan(double x); 返回 tan(x) 的值。x 的单位为弧度	math. h
tanh	double tanh(double x); 返回双曲线正切函数 tanh(x)的值	math. h

B.2 常用的字符串函数

字符函数用于处理单独的字符,它可分为两组:一组用于对字符分类,一组用于字符转换。C 语言没有字符串类型,它不是以字符串常量的形式出现,就是必须存储于字符数组或动态分配的内存中。字符串函数可分为两大类:一类是对字符数组的操作,一类是将一个内存块视为一个字符串的操作。

头文件 ctype. h 中包含了字符函数的原型和声明,string. h 中包含了字符串函数所需的原型和声明。

函数名	原型和功能描述	头文件
atof	double atof(const char * nptr); 把 nptr 所指的字符串转换成浮点数值,遇到不可识别的字符时转换结束	math. h 或 stdlib. h
atoi	int atoi(const char * nptr); 把 nptr 所指的字符串转换成整数值,若无法转换,返回 0,遇到不可识别的字符时转换结束	stdlib. h
atol	long atol(const char * nptr); 若无溢出,返回字符串转换成的长整型值	stdlib. h

续表

函数名	原型和功能描述	头文件
isalnum	int isalnum(int ch); 如果ch是字母或数字，则返回非0；否则返回0	ctype.h
isalpha	int isalpha(int ch); 如果ch是字母，则返回非0；否则返回0	ctype.h
iscntrl	int iscntrl(int ch); 如果ch是控制字符(ASCII值在00～x1F0之间)，则返回非0；否则返回0	ctype.h
isdigit	int isdigit(int ch); 如果ch是数字(0～9)，则返回非0；否则返回0	ctype.h
isgraph	int isgraph(int ch); 如果ch是任何图形字符(ASCII值在0x21～0x7E之间)，则返回非0；否则返回0	ctype.h
islower	int islower(int ch); 如果ch是小写字母，则返回非0；否则返回0	ctype.h
isprint	int isprint(int ch); 如果ch是可打印字符，则返回非0；否则返回0	ctype.h
ispunct	int ispunct(int ch); 如果ch是标点符(即除字母、数字、空格外的所有可打印字符)，则返回非0；否则返回0	ctype.h
isspace	int isspace(int ch); 如果ch是空白字符(含空格、'\f'、'\n'、'\r'、'\t'和'\v')，则返回非0，否则返回0	ctype.h
isupper	int isupper(int ch); 如果ch是大写字母，则返回非0；否则返回0	ctype.h
isxdigit	int isxdigit(int ch); 如果ch是十六进制数字字符(即0～9，或A～F、a～f之一)，则返回非0；否则返回0	ctype.h
itoa	char * itoa(int value,char * string,int radix); 将指定的整数值value转换为以空字符NULL结束的字符串。转换后的字符串存于参数string所指的位置，参数radix指定转换所使用的基数(2～36)	stdlib.h
ltoa	char * ltoa(long int value,char * string,int radix); 将指定的长整数值value转换为以空字符NULL结束的字符串。转换后的字符串存于参数string所指的位置，参数radix指定转换所使用的基数(2～36)	stdlib.h
memchr	void * memchr(const void * s,int ch,size_t len); 从s的起始位置开始查找字符ch(转换为unsigned char类型)第一次在字符串s前len个字符出现的位置，函数返回指向该位置的指针，它共查找len个字节，即使遇到0值也不终止。如果字符ch未出现，则返回一个空指针	string.h

续表

函数名	原型和功能描述	头文件
memcmp	void * memcmp(const void * a,const void * b,size_t len); 将 a 和 b 的前 len 个字节作比较,如果前者大于、等于、小于后者,则函数的返回值分别大于、等于、小于 0。由于参与比较的值是按照无符号字符逐字节比较,因此如果用于比较不是单字节的数据(如整数),那么其结果可能是无法预知的。该函数可实现对非字符串数据的比较,即比较两个特定内存块的内容	string. h
memcpy	void * memcpy(void * dest,const void * source,size_t len); 该函数从 source 复制 len 个字节数据到 dest 中,返回 dest。如果 dest 和 source 的位置发生重叠,则其结果是未定义的。可以用该函数复制任何类型的数据,而并非仅适用于字符串,即将一个内存块的数据复制到另一个内存块。参见 strcpy()和 memmove()	string. h
memmove	void * memmove(void * dest,const void * source,size_t len); 从 source 复制 len 个字节数据到 dest 中,返回 dest。它与 memcpy()的区别在于允许 dest 和 source 的位置发生重叠。因此,也可以复制任何类型的数据。参见 strcpy()和 memcpy()	string. h
memset	void * memset(void * a,int ch,size_t len); 把从 a 开始的 len 个字节都设置为字符值 ch,函数返回 a。该函数的典型应用是将指定的缓冲区清零	string. h
strcat	char * strcat(char * dest,const char * source); 将字符串 source 连接到字符串 dest 后面构成一字符串,然后返回 dest。在连接前,dest 可以是空字符串。如果 dest 和 source 的位置重叠,则其结果是未定义的	string. h
strchr	char * strchr(const char * str,int ch); 该函数在字符串 str 中寻找字符 ch 第一次出现的位置。若找到,则返回指向该位置的指针;否则返回 NULL。这是在字符串中查找一个特定字符的函数	string. h
strcmp	int strcmp(const char * str1,const char * str2); 比较字符串 str1 和 str2。如果 str1>str2,则返回正数;如果 str1==str2,则返回 0;如果 str1<str2,则返回负数	string. h
strcoll	int strcoll(const char * str1,const char * str2); 比较字符串 str1 和 str2,两个字符串都被解释为适合当前环境的 LC_COLLATE 类型。如果 str1>str2,则返回正数;如果 str1==str2,则返回 0;如果 str1<str2,则返回负数	string. h
strcpy	char * strcpy(char * dest,const char * source); 将字符串 source 复制到 dest 中,返回 dest。如果 dest 和 source 的位置重叠,则其结果是未定义的	string. h
strcspn	size_t strcspn(const char * str1,const char * str2); 该函数与 strspn()正好相反,它返回字符串 str1 起始部分与字符串 str2 中任意字符的不匹配字符数。该函数多用于查找一个字符串的前缀	string. h
strlen	size_t strlen(const char * str); 求字符串 str 的长度,返回 str 包含的字符数	string. h

续表

函数名	原型和功能描述	头文件
strlwr	char * strlwr(char * str); 将字符串 str 中的字母转换为小写字母,返回 str	string. h
strncat	char * strncat(char * dest,const char * source,size_t len); 将字符串 source 中的前 len 个字符连接到 dest 的后面,并在结果后面添加一个字符串结束符,然后返回 dest	string. h
strncmp	int strncmp(const char * str1,const char * str2,size_t len); 与 strcmp()一样比较两个字符串,但最多比较字符串的前 len 个字符。如果两个字符串在第 len 个字符之前存在不相等的字符,则这个函数就像 strcmp()一样结束比较,返回结果。如果两个字符串的前 len 个字符相同,则函数返回 0	string. h
strncpy	char * strncpy(char * dest,const char * soure,int len); 将字符串 source 中的前 len 个字符复制到 dest 中,然后返回 dest。如果 strlen(source)的值小于 len,就将字符串 source 复制到 dest 中; 如果 strlen(source)的值大于或等于 len,就将字符串 source 中的前 len 个字符复制到 dest 中(不含结束符'\0')	string. h
strpbrk	char * strpbrk(const char * str1,const char * str2); 函数返回一个指针,它指向 str1 中第一个匹配 str2 中任何一个字符的位置。如果 str2 中没有字符在 str1 中出现,则返回一个空指针。该函数的主要用途不是查找某个特定的字符,而是查找任何一组字符第一次在字符串中出现的位置	string. h
strrchr	char * strchr(const char * str, int ch); 与 strch()功能基本相同,只是它所返回的是一个指向字符串中字符 ch 最后一次出现的位置。这是在字符串中查找一个特定字符的函数	string. h
strrev	char* strrev(char * str); 将字符串的顺序逆转,返回逆转后的字符串	string. h
strspn	size_t strspn(const char * str1,const char * str2); 用于在字符串的起始位置对字符计数。函数返回字符串 str1 起始部分匹配字符串 str2 中任意字符的字符数。该函数多用于查找一个字符串的前缀。参见 strcspn()	string. h
strstr	char * strstr(const char * str1,const char * str2); 找出字符串 str2 在字符串 str1 中第一次出现的位置,函数返回一个指向该位置的指针。如果 str2 并没有完整地出现在 str1 中,则函数返回 NULL;如果 str2 是一个空字符串,则函数返回 str1。这是在字符串中查找子串的函数	string. h
strtok	char * strtok(char * str1,const char * str2); str2 是一个字符串,它定义了用作分隔的字符集合。str1 指定一个字符串,它包含 0 个或多个由 str2 中一个或多个分隔符分隔的标记。该函数找到 str1 的下一个标记,并将其用 NULL 结尾,然后返回一个指向这个标记的指针。若没有标记,则返回空指针	string. h
strupr	char * strupr(char * str); 将字符串 str 中的字母转换为大写字母,返回 str	string. h

续表

函数名	原型和功能描述	头文件
toascii	int toascii(int c); 返回字符 c 转换成的 ASCII 码值(0～127)	
tolower	int tolower(int ch); 将 ch 中的字母转换为小写字母并返回	ctype. h
toupper	int toupper(int ch); 将 ch 中的字母转换为小写字母并返回	ctype. h

B.3　常用的 I/O 函数

I/O 函数是以文本流或二进制流处理数据的。头文件 stdio. h 包含了使用 I/O 库函数所需要的声明,其中定义了数量众多的与输入输出有关的常量。一些主要的常量说明如下:

- _IOFBF:指定一个完全缓冲的流。
- _IOLBF:指定一个行缓冲的流。
- _IONBF:指定一个不缓冲的流。

以上三个都具有唯一的整常数表达式,用作函数 setvbuf 的第三个参数。

- BUFSIZ:整型常数表达式,为函数 setbuf 所用缓冲区的大小。
- EOF:负整型常数表达式,表示文件尾。
- FILE:一种数据结构,它记录访问一个流所需要的全部信息。要访问一个流,每个流都应有一个相应的 FILE 与它相关联。
- FILENAME_MAX:整型常数表达式,一个字符数组应多大以便容纳编译器所支持的文件名的最大长度。
- FOPEN_MAX:整型常数表达式,允许一个程序能够同时打开的最少文件数。
- fops_t:能表示文件中任一位置信息的对象类型。
- L_tmpnam:整型常数表达式,表示足以容纳函数 tmpnam 所生成的最长临时文件名的字符数组的大小。
- NULL:空指针常数。

以下三个常数表达式用作函数 fseek 的第三个参数。

- SEEK_CUR
- SEEK_END
- SEEK_SET

ize_t:无符号整数类型。

tderr:文件指针型表达式,指向与标准错误相关联的 FILE 对象。

tdin:文件指针型表达式,指向与标准输入流相关联的 FILE 对象。

tdout:文件指针型表达式,指向与标准输出流相关联的 FILE 对象。

MP_MAX:整型常数表达式,允许函数 tmpnam 生成的文件的最小数目。

函数名	原型和功能描述	说　明
clearer	void clearer(FILE * stream); 清除 stream 所指向的流的相关文件的文件结束标志和出错标志	
fclose	int fclose(FILE * stream); 刷新 stream 所指向的流,关闭相关文件,并在关闭前刷新缓冲区。如果关闭成功,则函数返回 0;否则返回 EOF	
feof	int feof(FILE * stream); 若遇文件结束则返回非 0; 否则返回 0	
fflush	int fflush(FILE * stream); 此函数迫使 stream 所指的输出流的缓冲区内的数据立即物理写入,并刷新缓冲区,而不管它是否已满。如果发生写错误,则函数返回 EOF;否则返回 0。当需要立即清空输出缓冲区时,应该使用该函数	
fgetc	int fgetc(FILE * stream); 从 stream 所指向的输入流中读取下一个字符,并把它作为函数的返回值。如果到了文件尾而未读到字符,则函数返回 EOF	参见 getc() 与 getchar()
fgets	int * fgets(char * buf, int n, FILE * stream); 从指定的 stream 流中读取最多 n－1 个字符,并把它们存放到 buf 所指的缓冲区中,当读取到换行符或文件结束符后将终止读取。最后一个字符读入缓冲区后,接着添加一个 NULL 字符,使它成为一个字符串。如果成功,则函数返回 buf。如果在任何字符读取前就到达了文件尾,则缓冲区的内容不变并返回一个 NULL 指针	参数 buf 所指缓冲区的长度不能小于 2。如果缓冲区溢出,fgets 也不引起错误
fgetpos	int fgetpos(FILE * stream,fops_t * pos); 将 stream 所指流的文件当前位置值存入 pos 所指的位置。如果成功,则函数返回 0;否则返回非零	则该函数事实上是 ftell 函数的替代方案
fopen	FILE * fopen(const char * fname,const char * mode); 以 mode 方式打开以 fname 所指向的字符串为文件名的文件,并为该文件创建一个流。如果打开成功,则该函数返回一个指向 FILE 结构的指针,该结构代表这个新创建的流; 如果失败,则函数返回 NULL 指针	
fprintf	int fprintf (FILE * stream, const char * format,…); 按 format 指定的格式将输出信息写入 stream 所指向的流。如果写入成功,则函数返回实际写入的字符数;否则返回一个负值	参见 printf() 和 sprintf()
fputc	int fputc(int ch, FILE * stream); 将 ch 中的字符写入 stream 所指向的输出流中。如果写入成功,则函数返回所写的字符;否则返回 EOF	参见 putc()和 putchar()
fputs	int fputs(const char * str,FILE * stream); 将 str 中的字符串写入 stream 所指向的输出流中。字符串结束符不被写入。如果写入成功,则函数返回一个非负值;否则返回 EOF	参见 fgets()、gets()和 puts()
fread	size_t fread(void * buf,size_t size, size_t count,FILE * steam); 从 stream 所指流中读取长度为 size 的 count 个数据元素,写入到由 buf 所指的缓冲区。函数返回成功读入元素的个数,如果发生错误或遇到文件结束符,则返回值可能小于 count	
freeopen	FILE * freeopen(const char * fname,const char * mode,FILE * stream); 打开以 fname 所指向的字符串为文件名的文件,使其与 stream 流相关联。参数 mode 的用法同 fopen 函数。成功返回 stream 的值; 失败返回 NULL	

续表

函数名	原型和功能描述	说 明
fscanf	int fscanf(FILE * stream,const char * format,…); 从 stream 所指流中读取输入数据,按 format 指定的格式存入其后面的一系列指针参数所指的对象中。读取成功,则返回读取的数据个数;出错或遇文件结束,则返回 EOF	
fseek	int fseek(FILE * stream,long offset,int from); 定位 stream 所指流的文件位置指针。新位置通过 from 指定的位置加上 offset 得到。若 from 为 SEEK_SET、SEEK_CUR 或 SEEK_END,则分别把文件位置指针定位在文件开头、文件当前位置或文件末尾。成功返回当前位置;否则返回-1	
fsetpos	int fsetpos(FILE * stream,fops_t const * pos);	参见 fseek()
ftell	long ftell(FILE * stream); 返回 stream 所指流的当前位置	参见 fgetpos()
fwrite	size_t fwrite(const void * buf,size_t size,size_t n,FILE * stream); 将 buf 所指缓冲区中的 n * size 个字节写入 stream 所指的流中。n 为元素个数,size 是元素的字节数。函数返回成功写入的元素数,如果写入出错,则返回值可能小于 n	
getc	int getc(FILE * stream); 从 stream 所指流中读取一个字符。读取成功则返回读取的字符;出错或遇文件结束则返回 EOF	参见 fgetc()
getchar	int getchar(void); 从 stdin(标准输入设备)所指的输入流读取下一个字符,函数返回所读字符。若流到了文件尾或出错,则函数返回 EOF	参见 getc()
gets	char * gets(char * str); 从 stdin 所指的输入流读取字符送 * str 中,直到读到文件尾或新行符(按 Enter 键)结束。所有新行符被丢弃,最后一个字符读到 * str 后再补写一个串结束符。若成功则返回 str;否则返回 NULL	
printf	int printf(const char * format,arg_list); 参数 arg_list 是输出项列表。函数将 arg_list 中的输出项按 format 指定的格式写入 stdout 流中(标准输出设备)。成功则返回输出字符的个数;否则返回负数	参见 fprintf()
putc	int putc(int ch, FILE * stream); 将 ch 中的字符写入 stream 所指向的输出流中。如果成功,则函数返回写入的字符;否则返回 EOF。等同于 fputc()	
putchar	int putchar(int ch); 将 ch 中的字符输出到标准输出设备(即写入 stdout 流中)。如写入成功,则函数返回写入的字符;出错返回 EOF	
puts	int puts(const char * str); 将 str 所指的字符串写入 stdout 所指的流中(即输入标准设备),并再添加一换行符。若成功则函数返回一个非负数;否则返回 EOF	参见 fputs()
remove	int remove(const char * fname); 删除 fname 所指文件,如果该文件处于打开状态,则其结果取决于编译器。若成功则函数返回 0;否则返回非零值	

续表

函数名	原型和功能描述	说　明
rename	int rename(const char * oldfname,const char * newfname); 将名为 oldname 的文件重命名为 newname。如果名为 newname 的文件已存在,其结果取决于编译器。成功返回 0; 否则返回－1	
rewind	void rewind(FILE * stream); 将文件读/写指针定位到 stream 所指流的起始位置,同时清除流的错误提示标志	
scanf	int scanft(const char * format,…); 从标准输入设备(stdin)按 format 指定的格式读取数据,存入其后面的一系列指针参数所指的对象中。读取成功,函数返回读取的数据项个数;发生输入出错时返回 EOF	参见 fscanf()
sprintf	int sprintf(FILE * buf,const char * format,…); 此函数与 fprintf 函数功能基本相同,区别在于这里的参数 buf 是一个数组而不是流。输出内容被写入数组,并在最后再写入一个字符串结束符。如果写入成功,则函数返回实际写入的字符数;否则返回一个负值	参见 printf()和 fpirntf()
sscanf	int sscanf(const char * str,const char * format,…); 此函数与 fscanf 函数功能基本相同,区别在于这里的参数 str 指定的不是流,而是一个字符串,函数从该字符串中获取输入内容。遇到字符串结束符时等同于 fscanf 遇到文件结束符	参见 fscanf()
tmpfile	FILE * tmpfile(void); 创建一个临时二进制文件,当文件被关闭或程序终止时,这个文件将自动关闭。该文件是以 wb＋方式打开的,这使它可用于二进制和文本数据。函数返回一个指向所创建文件流的指针。如果文件不能创建,则函数返回一个空指针	
ungetc	int ungetc(int ch,FILE * stream); ungetc 函数把一个先前读取的字符 ch 退回到由 stream 所指向的流中,这样它可以在以后被重新读取。如果成功,则函数返回转换成 int 类型的退回字符; 失败则返回 EOF	

B.4 常用的内存相关函数

函数名	原型和功能描述	头文件
calloc	void * calloc(size_t n, size_t size); 把连续的内存块分配给 n 个数据项,每个数据项大小为 size 个字节。如果分配成功,则返回分配的内存空间起始地址;否则返回 NULL。所分配的内存空间已被初始化为 0。参数 size 的类型为 size_t,它是一个无符号整数类型	stdlib. h
free	void free(void * ptr); 释放由 ptr 所指向的一块内存,该内存块是之前由 calloc()或 malloc()调用分配的	stdlib. h

续表

函数名	原型和功能描述	头文件
malloc	void * malloc(size_t size); 分配 size 个字节的内存块。如果分配成功,则返回所分配的内存空间起始地址;否则返回 NULL。所分配的空间未初始化	stdlib. h
realloc	void * realloc(void * ptr,size_t newsize); 将 ptr 所指的原先已分配的内存块的大小改为 newsize 字节,返回新分配的内存空间起始地址。分配不成功返回 NULL。被分配的空间可能被整体移动	stdlib. h

B.5　其他库函数

函数名	原型和功能描述	头文件
abort	void abort(void); 除非信号 SIGABRT 被捕获且信号处理函数不返回,否则使程序异常终止。此函数不能返回到其调用者	stdlib. h
assert	void assert(int expression); assert 实际上是一个宏,其功能用于诊断。当它执行时,如果表达式参数 expression 的值为假,则宏 assert 将特定调用失败的信息写到标准错误文件中,然后 assert 再调用函数 abort 终止程序。通常,对于用户无法消除的错误,使用宏 assert 还是合适的	assert. h
atexit	int atexit(void(* fun)(void)); 把 fun 所指向的无参函数注册为程序正常结束时要调用的函数。如果注册成功,则函数返回 0;否则返回非 0 值。参见 exit 函数	stdlib. h
clock	clock_t clock(void); clock 函数返回从程序开始执行起处理器所消耗的时间。这个值可能是个近似值,若需要更精确的值,则可以在 main 函数刚开始执行时调用 clock,然后把以后调用 clock 返回的值减去前面这个值。如果机器无法提供处理器时间,或时间值大得不能用 clock_t 类型的变量表示,则函数返回－1。如果要把返回的时间值转换为秒,则应把它除以常量 CLOCKS_PER_SEC	time. h
exit	void exit(int status); 此函数使得程序正常终止。如果一个程序对函数 exit 的调用多于一次,则其行为是不可预知的。如果 status 的值为 0 或 EXIT_SUCCESS,则返回一个正常终止状态;如果 status 的值为 EXIT_FAILURE,则返回一个异常终止状态。此函数不能返回调用者	stdlib. h
time	time_t time(time_t * timer); 此函数返回当前日历时间的最佳近似值。如果日历时间不能得到,则函数返回－1。如果参数 timer 是一个非空指针,则时间值也被存储在该指针所指位置	time. h

运算符的优先级与结合性

<table>
<tr><th>优先等级</th><th>运 算 符</th><th>结 合 性</th></tr>
<tr><td>1</td><td>()、[]、－＞、.</td><td>自左至右</td></tr>
<tr><td>2</td><td>!、~、＋＋、－－、(类型转换运算符)、－(负号运算符)、*(指针运算符)、&(地址运算符)、sizeof(长度运算符)</td><td>自右至左</td></tr>
<tr><td>3</td><td>*(乘法运算符)、/、%</td><td rowspan="10">自左至右</td></tr>
<tr><td>4</td><td>＋、－</td></tr>
<tr><td>5</td><td>＜＜、＞＞</td></tr>
<tr><td>6</td><td>＜、＜＝、＞、＞＝</td></tr>
<tr><td>7</td><td>＝＝、!＝</td></tr>
<tr><td>8</td><td>&(按位与运算符)</td></tr>
<tr><td>9</td><td>^</td></tr>
<tr><td>10</td><td>|</td></tr>
<tr><td>11</td><td>&&</td></tr>
<tr><td>12</td><td>‖</td></tr>
<tr><td>13</td><td>?:</td><td rowspan="2">自右至左</td></tr>
<tr><td>14</td><td>＝、＋＝、－＝、*＝、/＝、%＝、＞＞＝、＜＜＝、&＝、^＝、|＝</td></tr>
<tr><td>15</td><td>,</td><td>自左至右</td></tr>
</table>

参 考 文 献

[1] 潘金贵等. TURBO C 程序设计技术. 南京：南京大学出版社,1990.

[2] 谭浩强著. C 程序设计(第三版). 北京：清华大学出版社,2005.

[3] 范慧琳主编. C 语言程序设计习题解析与实验指导. 北京：中国铁道出版社,2007.

[4] 尹德淳编著. C 函数速查手册. 北京：人民邮电出版社,2009.

[5] 丁有和编著. C 实用教程. 北京：电子工业出版社,2009.

[6] 李峰,骆剑锋主编. 程序员考前重点辅导. 北京：清华大学出版社,2010.

[7] 教育部考试中心. C 语言程序设计. 北京：高等教育出版社,2003.

[8] [美]Herbert Schildt. C 语言大全(第四版). 王子恢,戴健鹏,译. 北京：电子工业出版社,2003.

21世纪高等学校数字媒体专业规划教材

ISBN	书 名	定价(元)
9787302224877	数字动画编导制作	29.50
9787302222651	数字图像处理技术	35.00
9787302218562	动态网页设计与制作	35.00
9787302222644	J2ME手机游戏开发技术与实践	36.00
9787302217343	Flash多媒体课件制作教程	29.50
9787302208037	Photoshop CS4中文版上机必做练习	99.00
9787302210399	数字音视频资源的设计与制作	25.00
9787302201076	Flash动画设计与制作	29.50
9787302174530	网页设计与制作	29.50
9787302185406	网页设计与制作实践教程	35.00
9787302180319	非线性编辑原理与技术	25.00
9787302168119	数字媒体技术导论	32.00
9787302155188	多媒体技术与应用	25.00

以上教材样书可以免费赠送给授课教师，如果需要，请发电子邮件与我们联系。

教学资源支持

敬爱的教师：

感谢您一直以来对清华版计算机教材的支持和爱护。为了配合本课程的教学需要，本教材配有配套的电子教案(素材)，有需求的教师可以与我们联系，我们将向使用本教材进行教学的教师免费赠送电子教案(素材)，希望有助于教学活动的开展。

相关信息请拨打电话010-62776969或发送电子邮件至weijj@tup.tsinghua.edu.cn咨询，也可以到清华大学出版社主页(http://www.tup.com.cn或http://www.tup.tsinghua.edu.cn)上查询和下载。

如果您在使用本教材的过程中遇到了什么问题，或者有相关教材出版计划，也请您发邮件或来信告诉我们，以便我们更好地为您服务。

地址：北京市海淀区双清路学研大厦A座708　计算机与信息分社魏江江　收

邮编：100084　电子邮件：weijj@tup.tsinghua.edu.cn

电话：010-62770175-4604　邮购电话：010-62786544

《网页设计与制作》目录

ISBN 978-7-302-17453-0

蔡立燕　梁　芳　主编

图书简介：

Dreamweaver 8、Fireworks 8 和 Flash 8 是 Macromedia 公司为网页制作人员研制的新一代网页设计软件，被称为网页制作“三剑客”。它们在专业网页制作、网页图形处理、矢量动画以及 Web 编程等领域中占有十分重要的地位。

本书共 11 章，从基础网络知识出发，从网站规划开始，重点介绍了使用“网页三剑客”制作网页的方法。内容包括了网页设计基础、HTML 语言基础、使用 Dreamweaver 8 管理站点和制作网页、使用 Fireworks 8 处理网页图像、使用 Flash 8 制作动画、动态交互式网页的制作，以及网站制作的综合应用。

本书遵循循序渐进的原则，通过实例结合基础知识讲解的方法介绍了网页设计与制作的基础知识和基本操作技能，在每章的后面都提供了配套的习题。

为了方便教学和读者上机操作练习，作者还编写了《网页设计与制作实践教程》一书，作为与本书配套的实验教材。另外，还有与本书配套的电子课件，供教师教学参考。

本书适合应用型本科院校、高职高专院校作为教材使用，也可作为自学网页制作技术的教材使用。

目　　录：